国家级特色专业（物联网工程）规划教材

U0210426

物联网系统设计
（第2版）

桂劲松　编著

电子工业出版社

Publishing House of Electronics Industry

北京·BEIJING

内 容 简 介

本书是依托中南大学国家级特色专业（物联网工程）的建设，结合国内物联网工程专业的教学情况编写的。本书主要介绍物联网设计方面的知识，首先对物联网系统的设计进行概要描述，给出物联网体系结构和网络的设计方法，然后就物联网的感知层、网络层和应用层的设计进行详细的描述，最后给出智能家居和智能医疗这两个典型的物联网系统的设计实例，以及简单的物联网应用设计。本书的内容涉及物联网系统集成方法、物联网体系结构及其各层次（感知层、网络层、应用层）的设计原则与方法、典型物联网系统应用案例分析等，能为物联网工程专业的学生和其他感兴趣的读者提供实质性的帮助。

本书可作为普通高等学校物联网工程及其相关专业的教材，也可供从事物联网及其相关专业的人士阅读。

本书配有教学课件，读者可登录华信教育资源网（www.hxedu.com.cn）免费注册后下载。

图书在版编目（CIP）数据

物联网系统设计/桂劲松编著. —2 版. —北京：电子工业出版社，2017.6
国家级特色专业（物联网工程）规划教材
ISBN 978-7-121-31515-2

Ⅰ. ①物… Ⅱ. ①桂… Ⅲ. ①互联网络－应用－系统设计－高等学校－教材②智能技术－应用－系统设计－高等学校－教材 Ⅳ. ①TP393.409②TP18

中国版本图书馆 CIP 数据核字（2017）第 105169 号

责任编辑：田宏峰
印　　刷：涿州市般润文化传播有限公司
装　　订：涿州市般润文化传播有限公司
出版发行：电子工业出版社
　　　　　北京市海淀区万寿路 173 信箱　邮编　100036
开　　本：787×980　1/16　印张：14.75　字数：330 千字
版　　次：2013 年 1 月第 1 版
　　　　　2017 年 6 月第 2 版
印　　次：2025 年 2 月第 11 次印刷
定　　价：48.00 元

出版说明

　　物联网是通过射频识别（RFID）、红外感应器、全球定位系统、激光扫描器等信息传感设备，按约定的协议，把任何物品与互联网相连接，进行信息交换和通信，以实现智能化识别、定位、跟踪、监控和管理的一种网络概念。物联网是继计算机、互联网和移动通信之后的又一次信息产业的革命性发展。物联网产业具有产业链长、涉及多个产业群的特点，其应用范围几乎覆盖了各行各业。

　　2009 年 8 月，物联网被正式列为国家五大新兴战略性产业之一，写入"政府工作报告"，物联网在中国受到了全社会极大的关注。

　　2010 年年初，教育部下发了高校设置物联网专业申报通知，截至目前，我国已经有 100 多所高校开设了物联网工程专业，其中有包括中南大学在内的 9 所高校的物联网工程专业于 2011 年被批准为国家级特色专业建设点。

　　从 2010 年起，部分学校的物联网工程专业已经开始招生，目前已经进入专业课程的学习阶段，因此物联网工程专业的专业课教材建设迫在眉睫。

　　由于物联网所涉及的领域非常广泛，很多专业课涉及其他专业，但是原有的专业课的教材无法满足物联网工程专业的教学需求，又由于不同院校的物联网专业的特色有较大的差异，因此很有必要出版一套适用于不同院校的物联网专业的教材。

　　为此，电子工业出版社依托国内高校物联网工程专业的建设情况，策划出版了"国家级特色专业（物联网工程）规划教材"，以满足国内高校物联网工程的专业课教学的需求。

　　本套教材紧密结合物联网专业的教学大纲，以满足教学需求为目的，以充分体现物联网工程的专业特点为原则来进行编写。今后，我们将继续和国内高校物联网专业的一线教师合作，以完善我国物联网工程专业的专业课程教材的建设。

电子工业出版社

教材编委会

编委会主任：施荣华　黄东军

编委会成员：（按姓氏字母拼音顺序排序）
董　健　高建良　桂劲松　贺建飚
黄东军　刘连浩　刘少强　刘伟荣
鲁鸣鸣　施荣华　张士庚

再版前言

本书自 2013 年初次出版以来已有 4 年，期间不少老师通过电子邮件索要套配课件，自知书中存在诸多不足，套配课件也有待进一步完善，感觉有愧于使用本书作为教材的各位老师们的期望。鉴于本人学识、时间、精力等各方面的局限，尚难对本书有根本性改进与完善，但逐步向好的愿望是一直存在的。

本次再版仅是对其中部分章节的内容进行了补充，具体补充了第 4 章的 RPL 路由协议的扩展内容，以及第 6 章的简单物联网应用系统设计。前一部分包括 RPL 路由协议的 QoS 机制、QoS 保证的路由度量目标函数、支持节点移动的 RPL 路由协议；后一部分包括应用系统设计的一般模式与应用系统设计的样例。

本书分为 6 章，每章后面都提供一定数量的思考与习题，以便于读者复习巩固本章的重点。前后章节之间是递进关系，建议初学者从头开始按章节顺序阅读，而有一定基础的读者可选择感兴趣的章节以获得自己所需的知识，例如，对一些核心协议的学习。

第 1 章是对物联网系统设计的概述，内容涉及物联网定义与分类、系统集成要求与步骤、系统设计标准与规范，以及用户需求分析等。本章内容是后面章节内容展开的铺垫。

第 2 章讲述物联网体系结构与网络设计方法，内容包括常见的物联网三层、五层体系结构模型，相应的安全体系结构模型，网络系统设计的目标、原则、步骤以及折中考虑等。后面的第 3、4、5 章将在本章讲述的三层体系结构上依次展开阐述。

第 3 章讲述物联网感知层涉及的主要技术和设计方法，内容涉及感知层的基本拓扑结构、信息读写和传输、频谱的规范与使用等，其中，感知层信息读写与传输所涉及的防冲突协议是本章学习的重点，同时也是难点。

第 4 章讲述物联网网络层涉及的主要技术和设计方法，内容涉及网络层的基本拓扑结构、基于网关的网络层设计，以及基于 IPv6 的网络层设计等，其中，LoWPAN 适配层协议、RPL 路由协议、支持节点移动的 RPL 路由协议是本章学习的重点，同时也是难点。

第 5 章讲述物联网应用层涉及的主要技术和设计方法，内容涉及应用业务的网络性能需求分析、适用于物联网的应用层协议 CoAP、应用业务服务质量设计，以及负载均衡设计等，其中 CoAP 协议是本章学习的重点，同时也是难点。

第 6 章给出两个典型的物联网设计的应用案例，以便引导读者在掌握前述章节知识的基础上，自己构思设计物联网应用系统。为了便于读者快速掌握开发自己的小型物联网系统，对物联网应用系统设计的一般模式做了详细阐述与归纳总结，并给出了三个不同应用领域的设计样例，以方便初学者快速掌握物联网系统设计的最基本方法。

本书由桂劲松编著，由中南大学信息科学与工程学院计算机科学与技术系黄东军教授审阅。在编写的过程中，作者参阅了大量书籍和文献资料，借鉴了许多网络系统设计的工程经验，得到了很多专家、同行的帮助。中南大学信息科学与工程学院为本书的完成提供了大力支持。为此，作者对所有为本书的顺利出版提供帮助的各界人士以及所有参阅书籍和文献的作者，一并致以敬意，并表示衷心的感谢。

由于作者水平有限，本书难免存在不足之处，敬请各位读者批评指正。在使用本书的过程中，若发现错误或不妥之处，甚至有更好的建议，都欢迎通过 jsgui06@163.com 与作者联系，作者将不胜感谢。同时也恳请学界和业界同仁批评指正，以期共同为物联网工程专业的教学工作献计献策。

作　者
2017 年 4 月

第 **1** 章

物联网系统设计概论

1.1　物联网概论

1.1.1　物联网定义

物联网这个名字自提出以来，其概念的内涵就经历着不断演进的过程：1995 年比尔·盖茨首次提出"物与物"相联的"物联网"（Internet of Things，IoT）雏形；1998 年麻省理工学院提出了"物联网"的构想；1999 年美国自动识别中心提出了"物联网"的初步概念；2005 年国际电信联盟（International Telecommunication Union，ITU）发布报告，正式提出了"物联网"的基本概念，指出物联网是囊括所有物品的联网及应用；2008 年 IBM 基于物联网提出了"智慧地球"的概念，美国奥巴马政府将其作为刺激经济复苏的核心环节上升为国家战略，并预测今后 10 年，世界上物联网的业务将达到互联网的 30 倍。至此，日、韩、欧盟、新加坡、中国台湾等地都着手"智慧城市"的研究和部署。2009 年 6 月欧盟委员会提出了针对物联网行动方案。2009 年 8 月国务院总理温家宝提出，要"尽快建立'感知中国'中心"，"要着力突破传感网、物联网关键技术"。各行各业人士对物联网基本内涵的理解有以下几种。

理解一：物联网是指通过安装在物体上的各种信息传感设备，如射频识别（Radio Frequency Identification，RFID）装置、红外感应器、全球定位系统（Global Positioning System，GPS）、激光扫描器等，按照约定的协议，并通过相应的接口，把物品与互联网相连，进行信息交换和通信，从而实现智能化识别、定位、跟踪、监控和管理的一种巨大网络。

理解二：物联网是互联网的延伸和扩展，是在计算机互联网的基础上，利用射频识别技术、无线传感网技术、无线通信技术等构造一个无所不在的网络。其实质就是利用智能化的终端技术，通过计算机互联网实现全球物品的自动识别，达到信息的互连与实时共享。

理解三：物联网是随机分布的，集成有传感器、数据处理单元和通信单元的微小节点，通过自组织的方式构成的无线传感器网络。其实质是借助于节点中内置的智能传感器，探测温度、湿度、噪声等表征物体特征的实时参数。

第二种理解是在射频识别基础上构建物联网，第三种理解是基于传感器基础构建传感网，而第一种理解则是将后二者融合，构建泛在网。将上述理解综合起来看，物联网大体上涉及电子电路、仪器仪表（含传感器）、信息、通信、计算机、自动化、互联网等多个技术领域，涵盖的行业繁多，产品多种多样，应用形态渗透到生产、生活、社会的各个方面。因此，物联网被认为是实现物理世界与信息世界无缝连接的泛在网络。

2011 年 5 月，我国工业和信息化部电信研究院发布的《物联网白皮书（2011 年）》正式给出物联网的官方解释：物联网是通信网和互联网的拓展应用和网络延伸，它利用感知技术与智能装置对物理世界进行感知识别，通过网络传输互连，进行计算、处理和知识挖掘，实现人与物、物与物信息交互和无缝连接，达到对物理世界实时控制、精确管理和科学决策的目的。也就是说，物体通过装有 RFID 装置或国际移动设备识别码（International Mobile Subscriber Identification Number，IMSI）标识等的信息传感设备，按约定的协议与承载网相连，形成智能网络。物品将其信息通过承载网络（电信网、互联网、广电网）传送到管理者的计算机或手机终端，实现对物体的智能化识别、定位、跟踪、监控和管理。

从分析传感网、通信网、互联网、物联网、泛在网的相互关系，可以进一步理解物联网的基本内涵。传感网是信息感知网，是"物与物"互连；通信网和互联网是信息传输和共享网络，是"人与人"互连；物联网则是传感网、通信网和互联网的渗透与融合，是"物与人"互连；泛在网则是指无处不在的社会网，包括现在和未来所有网络的互连互通和共融。物联网是泛在网和"智慧地球"的核心，而"智慧地球"的核心是"更透彻的感知、更全面的互连互通和更深入的智慧化"。基于上述内容，从用户实体角度来看，物联网是"物与物"相联、"物、人、信息、社会"相通、无处不在的智能化泛在网；从技术角度来看，物联网是"智能终端（Intelligent Terminal，IT）"、"计算机、通信、控制（Computer Communication Control，3C）"与 Internet 的多技术渗透融合网。

物联网概念随着信息领域及相关学科的发展仍将不断改变与充实，因此，目前仍难以提出一个权威、完整和精确的物联网定义。不同领域的研究者给出了一些有代表性的物联网定义。

定义 1：物联网是未来网络的整合部分，它是以标准、互通的通信协议为基础，具有自我配置能力的全球性动态网络设施。在这个网络中，所有实质和虚拟的物品都有特定的编码和物理特性，通过智能界面无缝连接，实现信息共享[1]。

定义 2：由具有标识、虚拟个性的物体/对象所组成的网络，这些标识和个性运行在智能空间，使用智慧的接口与用户、社会和环境的上下文进行连接和通信[2]。

定义 3：物联网指通过信息传感设备，按照约定的协议，把任何物品与互联网连接起来，进行信息交换和通信，以实现智能化识别、定位、跟踪、监控和管理的一种网络，它是在互联网基础上延伸和扩展的网络[3]。

定义 4：狭义上的物联网指连接物品到物品的网络，实现物品的智能化识别和管理；广义上的物联网则可以看成信息空间与物理空间的融合，将一切事物数字化、网络化，在物品之间、物品与人之间、人与现实环境之间实现高效信息交互方式，并通过新的服务模式使各种信息技术融入社会行为，是信息化在人类社会综合应用达到的更高境界[4]。

定义 5：物联网是通信网和互联网的拓展应用和网络延伸，它利用感知技术与智能装置对物理世界进行感知识别，通过网络传输互连，进行计算、处理和知识挖掘，实现人与物、物与物信息交互和无缝连接，达到对物理世界实时控制、精确管理和科学决策的目的[5]。

定义 6：物联网是指具有感知和智能处理能力的可标识的物体，基于标准的可互操作的通信协议，在宽带移动通信、下一代网络和云计算平台等技术的支撑下，获取和处理物体自身或周围环境的状态信息，对事件及其发展及时做出判断，提供对物体进行管理和控制的决策依据，从而形成信息获取、物体管理和控制的全球性信息系统[6]。

定义 7：物联网指的是将无处不在的末端设备和设施，包括具备"内在智能"的，如传感器、移动终端、工业系统、楼宇控制系统、家庭智能设施、视频监控系统等，以及"外在使能"的，如贴上 RFID 的各种资产、携带无线终端的个人与车辆等"智能化物件或动物"或"智能尘埃"，通过各种无线和/或有线的长距离和/或短距离通信网络实现互连互通、应用大集成，以及基于云计算的 SaaS 营运等模式，在内网、专网或互联网环境下，采用适当的信息安全保障机制，提供安全可控乃至个性化的实时在线监测、定位追溯、报警联动、调度指挥、预案管理、远程控制、安全防范、远程维保、在线升级、统计报表、决策支持、领导桌面（集中展示的 Cockpit Dashboard）等管理和服务功能，实现对"万物"的"高效、节能、安全、环保"的"管、控、营"一体化[7]。

1.1.2　物联网分类

从物联网的运营角度，物联网可以分成两大类：面向公众提供的物联网服务和面向行业提供的物联网专用服务。面向公众提供的物联网服务是建设一张面向公众服务的广域物联网，网络建设和网络维护需要长期投入人力和物力，从集约化和节省全社会成本的角度来看，通信运营商凭借丰富的专业经验、较低的人员维护成本、一体化的维护优势，是最佳的建设方和维护方。面向行业提供的物联网专用服务又分为两种类型：行业专网服务和行业公网服务。行业专网服务主要指某些行业单独设立的通信专网，只为本行业服务，不面向社会公众提供服务。行业公网服务主要指面向一种行业，但是为与此行业相关的各种人员和机构提供服务的网络。

从物联网的管理架构角度，物联网管理可以分成三个层次，即国家、行业/区域、企业。国家层次是国家物联网管理中心，即一级管理中心，负责与国际物联网互连，负责全局相关数据的存储与发布，并对二级物联网管理中心进行管理。行业/区域层次包括行业/区域物联网管理中心和公共服务平台。行业/区域物联网管理中心是国内二级管理中心，存储各行业、各领域、各区域内部的相关数据，并将部分数据上传给国家管理中心。行业/区域公共服务平台为本行业或者区域的企业和政府提供公共的物联网服务。企业层次包括企业及单位内部的 RFID、传感器、GPS 等信息采集系统，以及局域物联网应用系统。

从物联网的所有权角度，物联网可以分成互联网（Internet）、内联网（Intranet）、专用网（Extranet/VPN）。因"物"的所有权特性，物联网应用在相当长的一段时间内都将主要在内联网和专用网中运行，形成分散的众多"物连网"，但最终会走向互联网，形成真正的"物联网"，如 Google PowerMeter。因此，从物联网的所有权特征角度分，物联网有四大网络群：短距离无线通信网、长距离无线通信网、短距离有线通信网、长距离有线通信网。短距离无线通信网包括多种已存在的短距离无线通信（如 ZigBee、蓝牙、RFID 等）标准网络，以及组合形成的无线网状网（Wireless Mesh Networks）；长距离无线通信网包括 GPRS/CDMA、3G、4G、5G 等蜂窝（伪长距离通信）网，以及真正的长距离 GPS 卫星移动通信网；短距离有线通信网主要依赖多种现场总线（如 ModBus、DeviceNet 等）标准，以及 PLC 电力线载波等网络；长距离有线通信网包括计算机网、广电网、电信网（三网融合），以及国家电网的通信网。

物联网按其部署方式通常分成四类：私有物联网（Private IoT）、公有物联网（Public IoT）、社区物联网（Community IoT）、混合物联网（Hybrid IoT）。私有物联网一般面向单一机构内部提供服务，可能由机构或其委托的第三方实施和维护，主要存在于机构内部（On Premise）内网（Intranet）中，也可存在于机构外部（Off Premise）；公有物联网基于互联网（Internet）向公众或大型用户群体提供服务，一般由机构（或其委托的第三方，少数情况）运行与维护；社区物联网是向一个关联的"社区"或机构群体（一个城市政府下属的各委办局，如公安局、交通局、环保局、城管局等）提供服务，可能由两个或以上的机构协同运行与维护，主要存在于内联网和专用网（Extranet/VPN）中；混合物联网是上述两种或两种以上物联网的组合，但后台有统一运行与维护实体。

1.2 物联网系统集成

1.2.1 系统集成的定义与特点

系统集成是将不同的系统，根据应用需要，有机地组合成一个一体化的、功能更加强大的新型系统的过程和方法。

系统集成是在系统工程科学方法的指导下，根据用户需求，优选各种技术和产品，将各个分离的子系统连接成为一个完整可靠、经济和有效的整体，并使之能彼此协调工作，发挥整体效益，达到整体性能最优。

系统集成有以下几个显著特点：

- 系统集成要以满足用户的需求为根本出发点；
- 系统集成不是选择最好的产品的简单行为，而是要选择最适合用户的需求和投资规模的产品和技术；
- 系统集成不是简单的设备供货，它更多体现的是设计、调试与开发的技术和能力；
- 系统集成包含技术、管理和商务等方面，是一项综合性的系统工程，技术是系统集成工作的核心，管理和商务活动是系统集成项目成功实施的可靠保障；
- 性能性价比的高低是评价一个系统集成项目设计是否合理和实施是否成功的重要参考因素。

总而言之，系统集成既是一种商业行为，也是一种管理行为，其本质是一种技术行为。

1.2.2　系统集成的要求

物联网系统集成通过结构化的拓扑设计和各种网络技术，将各个分离的设备、功能和信息等集成到相互关联、统一协调的系统之中，使资源达到充分共享，实现集中、高效、便利的管理。系统集成应采用功能集成、网络集成、软件界面集成等多种集成技术。

系统集成实现的关键在于解决系统之间的互连和互操作性问题，它是一个多厂商、多协议和面向各种应用的体系结构。这需要解决各类设备、子系统间的接口、协议、系统平台、应用软件等与子系统、建筑环境、施工配合、组织管理和人员配备相关的一切面向集成的问题。

系统集成本质就是最优化的综合统筹设计，即所有部件和成分合在一起后不但能工作，而且全系统是低成本的、高效率的、性能匀称的、可扩充性和可维护的系统。为了达到此目标，需要高素质的系统集成技术人员，他们不仅要精通各个厂商的产品和技术，能够提出系统模式和技术解决方案，更要对用户的业务模式、组织结构等有较好的理解。同时还要能够用现代工程学和项目管理的方式，对信息系统各个流程进行统一的进程和质量控制，并提供完善的服务。

1.2.3　系统集成的步骤

网络系统集成的步骤通常包括网络系统的需求分析、逻辑网络的设计、物理网络设计、选择系统集成商或设备供货商、系统安装和调试、系统验收与测试、用户培训和系统维护。

1．网络系统的需求分析

需求分析是从软件工程和管理信息系统引入的概念，是任何一个工程实施的第一个环节，也是关系一个物联网系统设计工程成功与否最重要的砝码。如果物联网系统设计工程应用需求分析做得透彻，物联网系统设计工程方案的设计就会赢得用户方青睐。同时网络系统体系结构架构得好，物联网系统设计工程实施及网络应用实施就相对容易得多。反之，如果设计方没有对用户方的需求进行充分的调研，不能与用户方达成共识，那么随意需求就会贯穿整个工程项目的始终，并破坏工程项目的计划和预算。从事信息技术行业的技术人员都清楚，网络产品与技术发展非常快，通常是同一档次网络产品的功能和性能在提升的同时，产品的价格却在下调。这也就是物联网系统设计工程设计方和用户方在论证工程方案时，一再强调的工程性价比。

因此，物联网系统设计工程项目是贬值频率较快的工程，贵在速战速决，使用户方投入的有限的工程资金尽可能快地产生应用效益。如果用户方遭受项目长期拖累，迟迟看不到系统应用的效果，集成公司的利润自然也就降到了一个较低的水平，甚至到了赔钱的地步。一旦集成公司不盈利，用户方的利益自然难以保证。因此，要把网络应用的需求分析作为网络系统集成中至关重要的步骤来完成。应当清楚，反复分析尽管不可能立即得出结果，但它却是物联网系统设计工程整体战略的一个组成部分。

需求分析阶段主要完成用户方网络系统调查，了解用户方建设网络的需求，或用户方对原有网络升级改造的要求。需求分析包括物联网系统设计工程建设中的拓扑结构、网络环境平台、网络资源平台、网络管理者和网络应用者等方面的综合分析，为下一步制定适合用户方需求的工程方案打好基础。

（1）物联网系统工程需求调研。需求调研的目的是从用户方网络建设的需求出发，通过对用户方现场实地调研，了解用户方的要求、现场的地理环境、网络应用及工程预计投资等情况，使工程设计方获得对整个工程的总体认识，为系统总体规划设计打下基础。

这里首先要进行网络用户调查。网络用户方调查是与需要建网的企事业单位的信息化主管、网络信息化应用的主要部门的用户进行交流。一般情况下可以把用户方的需求归纳为以下几个方面：

- 网络延迟与可预测响应时间；
- 可靠性/可用性，即系统不停机运行；
- 伸缩性，网络系统能否适应用户不断增长的需求；
- 高安全性，保护用户信息和物理资源的完整性，包括数据备份、灾难恢复等。

概括起来，系统分析员对网络用户方调查可通过填写调查表来完成。

其次要进行网络应用调查，弄清用户方建设网络的真正目的。一般的网络应用，从文件信息资源共享到 Intranet/Internet 信息服务（WWW、E-mail、FTP 等），从数据流到多媒体的音频、视频多媒体流传输应用等。只有对用户方的实际需求进行细致的调查，并从中得出用户方的应用类型、数据量的大小、数据源的重要程度、网络应用的安全性及可靠性、实时性等要求，才能设计出适合用户实际需要的物联网系统工程方案。应用调查通常由网络系统工程师深入现场，以会议或走访的形式，邀请用户方的代表发表意见，并填写网络应用调查表。网络应用调查表设计要注意网络应用的细节问题，如果不涉及应用开发，则不要过细，只要能充分反映用户方比较明确的需求、没有遗漏即可。

（2）网络安全、可靠性分析。一个完整的网络系统应该渗透到用户方业务的各个方面，其中包括比较重要的业务应用和关键的数据服务器。安全需求分析具体表现在以下几个方面：

- 分析存在弱点、漏洞与不当的系统配置；
- 分析网络系统阻止外部攻击行为和防止内部员工违规操作行为的策略；
- 划定网络安全边界，使内部网络系统和外界的网络系统能安全隔离；
- 确保租用通信线路和无线链路的通信安全；
- 分析如何监控内部网络的敏感信息，包括技术专利等信息；
- 分析工作桌面系统的安全。

为了全面满足以上安全系统的需求，必须制定统一的安全策略，使用可靠的安全机制与安全技术。安全不单纯是技术问题，而是策略、技术与管理的有机结合。

（3）工程预算分析。首先要设法弄清建网单位的投资规模，即用户方能拿出多少钱来建设网络。一般情况下，用户方能拿出的建网经费与用户方的网络工程的规模及工程应达到的目标是一致的。用户方在认定合作者时，要对系统集成商的工程方案、工程质量、工程效率、工程服务、工程价格等进行全面、综合的考虑。只有知道用户方对网络投入的底细，才能据此确定网络硬件设备和系统集成服务的"档次"，产生与此相配的网络设计方案。

2．逻辑网络的设计

逻辑网络是指将各种不同应用的信息通过高性能的网络设备相互连接起来，提供可靠、连续的通信能力，并使网络资源的使用达到最优化的程度。逻辑设计过程主要由以下三个步骤组成：确定逻辑设计目标、网络服务评价、技术选项评价。逻辑网络设计目标主要来自于需求分析说明书中的内容，网络需求部分。

第一，逻辑网络设计的目标包括：合适的应用运行环境、成熟而稳定的技术选型、合理的网络结构、合适的运营成本、逻辑网络的可扩充性能、逻辑网络的易用性、逻辑网络的可管理性、逻辑网络的安全性。需要关注的问题有以下几个方面。

（1）设计要素：包括用户需求、设计限制、现有网络、设计目标。

（2）设计面临的冲突：最低的安装成本、最低的运行成本、最高的运行性能、最大的适应性、最短的故障时间、最大的可靠性、最大的安全性。不可能存在一个网络设计方案，能够使得所有的子目标都达到最优。可采用优先级和建立权重的方法权衡各目标的关心度。

（3）成本与性能：设计方案时，所有不超过成本限制、满足用户要求的方案，都称为可行方案。

第二，网络服务评价涉及服务质量和安全。网络管理服务可为服务质量提供保障，常用网络管理服务包括：网络故障诊断、网络的配置及重配置、网络监视。在网络安全上，应明确需要安全保护的系统、确定潜在的网络弱点和漏洞、尽量简化安全制度。

第三，技术选项评价，包括通信带宽、技术成熟性、连接服务类型、可扩充性、高投资产出。

3. 物理网络设计

依据逻辑网络设计的要求，确定设备的具体物理分布和运行环境；分析现有网络和新网络的各类资源分布，掌握网络所处的状态；根据需求规范和通信规范，实施资源分配和安全规划；理解网络应该具有的功能和性能，最终设计出符合用户需求的网络。在物理网络设计中，设备选型要考虑的产品技术指标有：成本因素、与原有设备的兼容性、产品的延续性、设备可管理性、厂商的技术支持、产品的备用备件库、综合满意度分析、对于网络安全设备是否通过了国家权威机构的评测。物理层技术选择原则包括：可扩展性与可伸缩性、可靠性、可用性和可恢复性、安全性、节约成本。

4. 选择系统集成商或设备供货商

系统集成商（System Integrator）指能为客户提供系统集成产品与服务的专业机构，通常为法人企业或企业联合。系统集成商需要有一定的资质认证，需要掌握三种技术：网络、软件、业务。系统集成包括设备系统集成和应用系统集成，因此系统集成商也分为设备系统集成商和应用系统集成商。系统集成商需要具有国家住房和城乡建设部、工业和信息化部、公安部颁发的专业资质，对于不同的项目，应需要其中一项或多项专业资质。另外，系统集成商必须掌握集成领域的主要厂商的技术、产品与应用方案，因此也需获得厂商的技术工程师认证和集成商资格认证。系统集成商通常由厂商供货或厂商的分销商供货。

一般选用下列方式之一挑选供货商：

（1）招标选择供货商，这种方式适用于采购标的数额较大、市场竞争比较激烈的设备供应，易于使采购方获得较为有利的合同价格。

（2）询价-报价-签订合同：采购方向若干家供货商发出询价函，要求他们在规定时间内提出报价。采购方收到各供货商的报价后，通过对产品的质量、供货能力、报价等方面综合考虑，与最终选定的供货商签订合同。

（3）直接订购：采购方直接向供货商报价，供货商接受报价，双方签订合同。大型设备采购合同由于标的物的特殊性，要求供货方应具备一定的资质条件，因此均应采用公开招标或邀请招标的方式，由采购方以合同形式将生产任务委托给承揽加工制造的供货商来实施。

5．系统安装和调试

安装与调试流程可分为如下几个部分。

（1）设备要求：网络设备应安装整齐、固定牢靠，便于维护和管理，高端设备的信息模块和相关部件应正确安装，空余槽位应安装空板；设备上的标签应标明设备的名称和网络地址，跳线连接应稳固，走向清楚明确，线缆上应有标签。

（2）机柜安装：设备根据设计要求安装在标准机柜内或独立放置。除机械尺寸注意空间外，还须满足水平度和垂直度的要求，螺钉安装应紧固，最重要的是设备本身及机架外壳的接地线符合规范标准和设计要求。

（3）系统配置：检查系统配置要求。按各生产厂家提供的安装手册和要求，规范地编写或填写相关配置表格并应符合网络系统的设计要求。按照配置表，通过控制台或仿真终端对交换机进行配置，保存配置结果。

（4）连通性测试：连接相关的广域网接入线路，观察接入设备运行状态及 IP 地址，确认正常连接及路由的配置正确。从接在网络集线器或交换机端口的站点上 Ping 接在另一端口站点的 IP 地址，检查网络集线器或交换机端口的连通性，确认所有的端口均能正常连通。连通性检测方法可采用相关测试命令进行测试；或根据设计要求使用网络测试仪测试网络的连通性。路由检测方法可采用相关测试命令进行测试；或根据设计要求使用网络测试仪测试网络路由设置的正确性。

（5）网管软件测试包括：

- 软件的版本及对应的操作系统平台与设计（或合同）相符；
- 配置一台网络管理软件所需的计算机，并安装好网络管理软件所需的操作系统；
- 按照网络管理软件的安装手册和随机文档，安装网络管理软件，并符合设计要求。

（6）网络管理软件应具备如下管理功能：

- 网管系统应能够搜索到整个网络系统的拓扑结构图和网络设备连接图；

- 网络系统应具备自诊断功能，当某台网络设备或线路发生故障后，网管系统应能够及时报警和定位故障点；
- 应能够对网络设备进行远程配置，检测网络的性能，提供网络节点的流量、广播率和错误率等参数；
- 网络管理软件功能测试，应符合设计和合同的要求。

确认网络管理软件能够监测所需管理的设备状态和动态地显示网络流量，并据此设置这些设备的属性，使网络系统得到优化。

（7）设备容错测试：容错功能的检测方法应采用人为设置网络故障，检测系统正确判断故障及自动恢复的功能，切换时间应符合设计要求。检测内容应包括以下两个方面：

- 对具备容错能力的网络系统，应具有错误恢复和隔离功能，主要部件有备份，并在出现故障时可自动切换；
- 对有链路冗余配置的网络系统，当其中的某条链路断开或有故障发生时，整个系统仍应保持正常工作，并在故障恢复后应能自动切换回主系统运行。

6．系统验收与测试

验收可能由软/硬件设备采购、应用系统开发、整体安装部署等多个方面组成，验收工作应根据子系统不同参考产品采购项目、应用系统开发项目等进行。

（1）软/硬件设备到货验收：参考产品采购项目到货验收。

（2）初步集成验收：初步集成验收应包括分系统检查、集成测试和文档检查。

- 分系统检查：检查系统集成设备安装情况、设备供电系统的可靠性、设备联合调试的完成情况；子系统涉及应用系统开发的，验收工作参考应用系统项目验收。
- 集成测试：集成测试包括各子系统性能测试和功能测试，以及联调联试。设备安装、调试完成后，进行功能测试，软件系统验收工作参考应用系统开发项目进行。
- 文档检查：检查系统设计方案、设备拓扑结构图、主要设备配置表等。

（3）最终验收：系统集成项目最终验收要进行分系统测试检查，并审核试运行期间集成系统设备运行记录和问题记录单。

- 文档检查，填写试运行报告以及试运行期间问题处理单；
- 培训检查，检查合同约定的相关培训的执行情况及培训效果；
- 服务检查，核实系统巡检情况，审核巡检记录等；
- 终验结果，组织项目的交接工作。

7．用户培训和系统维护

网络系统维护是为保证系统能够正常运行而进行的定期检测、修理和优化。应严格按照 ISO 9001：2000 质量体系标准，运用完整的质量管理运作流程，总结出一套适宜的网络应用案例的作业保证体系，不但为客户提供各种最佳设计和实施方案，而且为保证方案的应用落实提供优质、可靠的服务保障体系。另外，为使系统用户尽快了解和掌握系统的使用方法，做好系统的维护和应用的培训也十分重要。

网络服务的维护方法与保障机制应包括：为所有网络设备进行全面维护、升级和标准化工作；为客户提供信息技术知识咨询、操作、维护等方面的技术培训工作；建立客户网络信息化档案。维护档案内容包括：申请人、时间、机器名、服务内容、故障现象、处理结果、维护人员、验收人员等信息情况；维护档案一式两份，双方各执一份，以便查询。

服务保障机制的建立包括：

（1）建立行业服务中心，专业人员与队伍来保证对客户的及时服务。

（2）保证各类问题及时响应服务。

（3）服务有电话支持、网络支持、现场服务。通过电话服务对客户的故障设备做出基本故障判定、故障排除、操作指导的服务，通过电子邮件等网络交流方式向客户提供技术支持，需现场服务的保证及时到位，排除故障。

1.3　网络系统设计标准与规范

1.3.1　设计标准

2010 年以前，无论是国际还是国内，物联网标准化工作都处在初期阶段。每个标准组织都还是针对物联网的某一方面或者自己擅长的部分进行研究，研究是零散的、缺乏系统化的。近年来，标准化活动日益活跃。物联网涉及技术较多，应用形式多样，因此，标准化工作分散在不同的标准组织中。在国外，ITU-T 的标准化集中在泛在总体框架、标识、应用三个方面；国际标准化组织（ISO）、美国电气及电子工程师学会（IEEE）主要侧重于传感器网的标准化作；EPCglobal（国际物品编码协会 EAN 和美国统一代码委员会的一个合资公司）主要侧重于 RFID 的标准化工作。这些组织需要携手才可能完成物联网的整个标准化工作。在国内，2010 年 3 月 9 日，中国物联网标准联合工作组筹备工作启动，目标是整合国内物联网相关标准化资源，联合产业各方共同开展物联网技术的研究，积极推进物联网标准化工作，加快符合中国发展需求的物联网技术标准。

1. 国际上主要的标准化活动

2000 年 12 月 IEEE 标准委员会成立了 802.15.4 工作组[8]，目标是开发一个低速无线个人区域网（LR-WPAN）标准。2004 年 11 月 IETF 成立了 6LoWPAN（IPv6 over low power WPAN）工作组[9]，目标是制定基于 IPv6 的以 IEEE 802.15.4 作为底层标准的 LR-WPAN 标准[10-12]。2008 年 2 月 IETF 成立了 ROLL（Routing Over Low-power and Lossy network）工作组[13]，目标是使得公共的、可互操作的第 3 层路由能够穿越任何数量的基本链路层协议和物理媒体[14-15]。2010 年 3 月 IETF 成立了 CoRE（Constrained Restful Environment）工作组[16]，目标是研究资源受限物体的应用层协议[17]。2011 年 3 月 IETF 成立了 LWIP（Light-Weight IP）工作组[18]，目标是在小设备实现轻量级 IP 协议栈[19]。

在标准化活动中，关于 RFID 技术，目前受标准化进展缓慢而发展减缓，主要集中在两个领域：RFID 射频和阅读器-标签通信协议、置于标签中的数据格式。涉及 RFID 系统的主要标准组织（团体）有 EPCglobal、ETSI、ISO。

EPCglobal 属于全球非营利标准组织 GS1，它的主要目标在于促进与支持标签唯一身份，即电子产品标签（Electronic Product Code，EPC）的全球采纳，以及相关工业驱动标准的采用。提出的 EPCglobal 体系结构框架产品是 EPCglobal 目标（与专家团体和多个组织共享，包括 Auto-ID Labs、GS1 Global Office、GS1 等组织成员，以及政府代理、非政府组织）。

在欧洲委员会的努力中，可能最强烈影响未来 RFID 标准化过程的事件无疑是一个名为"RFID 实现的非正式工作组"的官方章程，这是由一组利益相关方（工业、经营者、欧洲标准组织民间社会组织、数据保护权威等）组成的，他们有了解 RFID、数据保护、RFID 推荐等的需求。

欧洲标准化委员会（European Committee for Standardization，法语缩写为 CEN），尽管没有从事任何相关于 IoT 的活动，但对 RFID 向 IoT 的演进感兴趣。在它的工作组（Working Groups，WG）中，与 IoT 相关的是 WG 1-4 BARCODES、WG 5 RFID、全球 RFID 互操作标准论坛（Global RFID Interoperability Forum for Standards，GRIFS）。GRIFS 是由 GS1、ETSI、CEN 协作发起的工程，目的在于定义与物理对象（阅读器、标签、传感器）、通信设施、RFID 使用的频谱、影响 RFID 隐私和安全等相关的标准。

不同于上述工作，ISO 更关注技术问题，如可用频谱、调制方案、防冲突协议。

关于物联网，一个大的范例是欧洲电信标准协会（European Telecommunications Standards Institute，ETSI）已开始的一个很有趣的标准化尝试，它产生了全球可用的 ICT 相关标准。在 ETSI 中，成立了机器对机器（Machine-to-Machine，M2M）技术委员会，目的是管理与 M2M 系统和传感器网络（从物联网的角度）相关的标准化活动。M2M 是物联网的一个真实的优秀范例，但很少有这方面的标准化工作，市场上各种各样的解决方案使用了标准的因特网、蜂窝网、Web 技术。因此，ETSI M2M 委员会的目标包括 M2M 端到端体系的开发与维护、加强 M2M 的标准化尝试（如传感器网络集成、命名、寻址、定位、QoS、安全、收费、管理、应用、硬件接口等）。

在因特网工程任务组（Internet Engineering Task Force，IETF）与物联网相关的活动中，成立了低功率无线个人区域网上的 IPv6（即 IPv6 over Low-Power Wireless Personal Area Networks，6LoWPAN）IETF 小组。6LoWPAN 定义了一组协议，能够被用于集成传感器节点到 IPv6 网络中。6LoWPAN 体系结构的核心协议已被详细规范，一些实现这组协议的商业产品已经发布。6LoWPAN 工作组目前正推动 4 个因特网草案朝着标准轨迹（改进的头部压缩、6LoWPAN 邻居发现）和信息轨迹（使用案例、路由要求）迈进。

一个与路由相关的 IETF 工作组被命名为低功率和损耗网络上路由（Routing Over Low power and Lossy networks，ROLL）。目前已产生了 RPL 路由协议草案，这虽然包括 6LoWPAN 在内的低功率和损耗网络上路由的已有基础，但仍需诸多努力方可得到完整的解决方案。

基于上述，日渐形成的看法是视物联网标准化为未来因特网定义与标准化过程的一个主要部分。欧洲 R&D 的物联网工程集群（Cluster of European R&D Projects on the IoT，CERP-IoT）也持有同样的看法。据此，不同物集成到更广的网络（移动或固定），将使得它们能够与未来的因特网相互连接。表 1-1 总结了国际上主要的标准化活动的特征。

表 1-1　国际上主要的标准化活动的特征

标　准	目　　标	状况	通信范围/m	数据速率/kbps	单位成本/$
EPCglobal	集成 RFID 技术到电子产品编码（Electronic Product Code，EPC）框架，允许相关产品的信息共享	完成	≈1	≈100	≈0.01
GRIFS	欧洲协作行动，旨在定义 RFID 标准以支持从局部 RFID 应用到物联网的过渡	进行中	≈1	≈100	≈0.01
M2M	机器对机器（Machine-to-Machine，M2M）高性价比解决方案的定义，有益于相关市场的发展	进行中	N.S.	N.S.	N.S.
6LoWPAN	低功率 IEEE 802.15.4 装置与 IPv6 网络的综合（集成）	进行中	10～100	≈100	≈1
ROLL	异构低功率和易损网络路由协议的定义	进行中	N.S.	N.S.	N.S.
NFC	一组低速率双向通信协议的定义	完成	≈100	可达 424	≈0.1
Wireless Hart	IEEE 802.15.4 装置之上自组织、自愈、网格体系结构协议的定义	完成	10～100	≈100	≈1
ZigBee	性能可靠、性价比高、低功率、无线网络、监控和控制产品	完成	10～100	≈100	≈1

尤其需要再提的是国际上各大标准化组织中 M2M 相关研究和标准制定工作的不断推进。M2M 是"机器对机器通信（Machine-to-Machine）"或者"人对机器通信（Man-to-Machine）"

的简称，主要指通过"通信网络"传递信息从而实现机器对机器或人对机器的数据交换，即通过通信网络实现机器之间的互连互通。M2M 是物联网在现阶段的最普遍的应用形式。

几个主要的标准化组织按照各自的工作职能范围，从不同角度开展了针对性研究。ETSI 从典型物联网业务用例，如智能医疗、电子商务、自动化城市、智能抄表和智能电网的相关研究入手，完成了对物联网业务需求的分析、支持物联网业务的概要层体系结构设计以及相关数据模型、接口和过程的定义。

（1）ETSI 在 M2M 相关标准工作上的进展。ETSI 是国际上较早系统展开 M2M 相关研究的标准化组织，2009 年初成立了专门的 TC 来负责统筹 M2M 的研究。其研究范围可以分为两个层面：第一个层面是针对 M2M 应用用例的收集和分析；第二个层面是在用例研究的基础上，开展应用无关的统一 M2M 解决方案的业务需求分析，网络体系架构定义和数据模型、接口和过程设计等工作。

ETSI 研究的 M2M 相关标准有十多个，具体内容包括

① M2M 业务需求：描述了支持 M2M 通信服务的端到端系统能力的需求。

② M2M 功能体系架构：重点研究为 M2M 应用提供 M2M 服务的网络功能体系结构，包括定义新的功能实体，与 ETSI 其他 TB 或其他标准化组织标准间的标准访问点和概要级的呼叫流程。M2M 技术涉及通信网络中从终端到网络，再到应用的各个层面。M2M 的承载网络包括了 3GPP、TISPAN 及 IETF 定义的多种类型的通信网络。

③ M2M 术语和定义：对 M2M 的术语进行定义，从而保证各个工作组术语的一致性。

④ Smart Metering（智能计量）的 M2M 应用实例研究：即对 Smart Metering 的用例进行描述，包括角色和信息流的定义，将作为智能抄表业务需求定义的基础。

⑤ eHealth 的 M2M 应用实例研究：即通过对智能医疗这一物联网重点应用用例的研究，来展示通信网络为支持 M2M 服务在功能和能力方面的增强。

⑥ 用户互连的 M2M 应用实例研究：该研究报告定义了用户互连这一用例。

⑦ 城市自动化的 M2M 应用实例研究：本课题通过收集自动化城市用例和相关特点，来描述未来具备 M2M 能力网络支持该应用的需求和网络功能与能力方面的增强。

⑧ 基于汽车应用的 M2M 应用实例研究：该课题通过收集自动化应用用例和相关特点，来描述未来具备 M2M 能力网络支持该应用的需求和网络功能与能力方面的增强。

⑨ ETSI 关于 M/441 的工作计划和输出总结：这一研究属于欧盟 Smart Meters 项目（EU Mandate M/441）的组成部分。

⑩ 智能电网对 M2M 平台的影响：该课题基于 ETSI 定义的 M2M 概要级的体系结构框

架，研究 M2M 平台针对智能电网的适用性并分析现有标准与实际应用间的差异。

⑪ M2M 接口，该课题在网络体系结构研究的基础上，主要完成协议/API、数据模型和编码等工作。

（2）3GPP 在 M2M 相关标准工作上的进展。3GPP 早在 2005 年 9 月就开展了移动通信系统支持物联网应用的可行性研究。M2M 在 3GPP 内对应的名称为机器类型通信（Machine-Type Communication，MTC）。3GPP 并行设立了多个工作项目（Work Item）或研究项目（Study Item），由不同工作组按照其领域，并行展开针对 MTC 的研究，下面按照项目的分类简述 3GPP 在 MTC 领域相关研究工作的进展情况。

① FS_M2M：这个项目是 3GPP 针对 M2M 通信进行的可行性研究报告，由 SA1 负责相关研究工作。研究报告《3GPP 系统中支持 M2M 通信的可行性研究》于 2005 年 9 月立项，2007 年 3 月完成。

② NIMTC 相关课题，重点研究支持机器类型通信对移动通信网络的增强要求，包括对 GSM、UTRAN、EUTRAN 的增强要求，以及对 GPRS，EPC 等核心网络的增强要求，主要的项目包括

- FS_NIMTC_GERAN：该项目于 2010 年 5 月启动，重点研究 GERAN 系统针对机器类型通信的增强。
- FS_NIMTC_RAN：该项目于 2009 年 8 月启动，重点研究支持机器类型通信对 3G 的无线网络和 LTE 无线网络的增强要求。
- NIMTC：这一研究项目是机器类型通信的重点研究课题，负责研究支持机器类型终端与位于运营商网络内、专网内或互联网上的物联网应用服务器之间通信的网络增强技术。

由 SA1、SA2、SA3 和 CT1、CT3、CT4 工作组负责其所属部分的工作。3GPP 的 SA1 工作组负责机器类型通信业务需求方面的研究，于 2009 年年初启动技术规范，将 MTC 对通信网络的功能需求划分为共性和特性两类可优化的方向。3GPP 的 SA2 工作组负责支持机器类型通信的移动核心网络体系结构和优化技术的研究，于 2009 年年底正式启动研究报告《支持机器类型通信的系统增强》，报告针对第一阶段需求中给出共性技术点和特性技术点给出解决方案。3GPP 的 SA3 工作组负责安全性相关研究，于 2007 年启动了《远程控制及修改 M2M 终端签约信息的可行性研究》报告，研究 M2M 应用在 UICC 中存储时，M2M 设备的远程签约管理，包括远程签约的可信任模式、安全要求及其对应的解决方案等。2009年启动的《M2M 通信的安全特征》研究报告，计划在 SA2 工作的基础上，研究支持 MTC 通信对移动网络的安全特征和要求。

③ FS_MTCe：支持机器类型通信的增强研究是计划在 R11 阶段立项的新研究项目，主

要负责研究支持位于不同 PLMN 域的 MTC 设备之间的通信的网络优化技术。此项目的研究需要与 ETSI TC M2M 中的相关研究保持协同。

④ FS_AMTC：本研究项目旨在寻找 E.164 的替代，用于标识机器类型终端，以及终端之间的路由消息，是 R11 阶段新立项的研究课题，已于 2010 年 2 月启动。

⑤ SIMTC：支持机器类型通信的系统增强研究，此为 R11 阶段的新研究课题。在 FS_MTCe 项目的基础上，研究 R10 阶段 NIMTC 的解决方案的增强型版本。

3GPP 支持机器类型通信的网络增强研究课题在 R10 阶段的核心工作为 SA2 工作组正在进行的 MTC 体系结构增强的研究，其中重点述及的支持 MTC 通信的网络优化技术包括如下内容。

体系架构研究：报告提出了对 NIMTC 体系结构的修改，其中包括增加 MTC IWF 功能实体以实现运营商网络与位于专网或公网上的物联网服务器进行数据和控制信令的交互，同时要求修改后的体系结构需要提供 MTC 终端漫游场景的支持。

拥塞和过载控制：由于 MTC 终端数量可能达到现有手机终端数量的几个数量级以上，所以由于大量 MTC 终端同时附着或发起业务请求造成的网络拥塞和过载是移动网络运营商面对的最急迫的问题。研究报告在这一方面进行了重点研究，讨论了多种拥塞和过载场景要求网络能够精确定位拥塞发生的位置和造成拥塞的物联网应用，针对不同的拥塞场景和类型，给出了接入层阻止广播、低接入优先级指示和重置周期性位置更新时间等多种解决方案。

签约控制研究：报告分析了 MTC 签约控制的相关问题，提出 SGSN/MME 具备根据 MTC 设备能力、网络能力、运营商策略和 MTC 签约信息来决定启用或禁用某些 MTC 特性的能力。同时也指出了需要进一步研究的问题，如网络获取 MTC 设备能力的方法、MTC 设备的漫游场景下等。

标识和寻址：MTC 通信的标识问题已经另外立项进行详细研究，报告主要研究了 MT 过程中 MTC 终端的寻址方法，按照 MTC 服务器部署位置的不同，报告详细分析了寻址功能的需求，给出了 NATTT 和微端口转发技术寻址两种解决方案。

时间控制特性：时间受控特性适用于那些可以在预设时间段内完成数据收发的物联网应用。报告指出，归属网络运营商应分别预设 MTC 终端的许可时间段和服务禁止时间段。服务网络运营商可以根据本地策略修改许可时间段，设置 MTC 终端的通信窗口等。

MTC 监控特性：MTC 监控是运营商网络为物联网签约用户提供的针对 MTC 终端行为的监控服务，包括监控事件签约、监控事件侦测、事件报告和后续行动触发等完整的解决方案。

（3）3GPP2 在 M2M 相关标准工作上的进展。为推动 CDMA 系统 M2M 支撑技术的研究，3GPP2 在 2010 年 1 月曼谷会议上通过了 M2M 的立项。建议从以下方面加快 M2M 的研究进程。

- 当运营商部署 M2M 应用时，应给运营商带来较低的运营复杂度。
- 降低处理大量 M2M 设备群组对网络的影响和处理工作量。
- 优化网络工作模式，以降低对 M2M 终端功耗的影响等研究领域。
- 通过运营商提供满足 M2M 需要的业务，鼓励部署更多的 M2M 应用。

3GPP2 中 M2M 的研究参考了 3GPP 中定义的业务需求，研究的重点在于 CDMA2000 网络如何支持 M2M 通信，具体内容包括 3GPP2 体系结构增强、无线网络增强和分组数据核心网络增强。

2. 国内主要的标准化活动

2010 年 6 月中国正式成立物联网标准联合工作组，明确方向、突出重点、统一部署、分步实施，稳步推进物联网标准的制定，加强与欧、美、日、韩等国家和地区的交流和合作，逐渐成为制定物联网国际标准的主导力量之一。

物联网标准体系是一个渐进发展成熟的过程，在物联网的标准化工作中，有研究者提倡首先分离各行业的共性技术特点和应用特殊要求，形成相应的基础技术标准，保证必要的统一，然后依托共性技术标准，根据不同行业的成熟度和特点，构建各行业的应用标准，并统一面向公众的应用标准。在具体的实施层面，可根据物联网技术与应用密切相关的特点，按照产业共性技术和行业应用技术两个层次，引用现有标准、裁剪现有标准或制定新规范等策略，形成包括体系架构、组网通信协议、接口、协同处理组件、网络安全、编码标识、骨干网接入与服务等技术基础规范和产品、行业应用规范的标准体系，以求通过标准体系指导物联网标准制定工作，同时为在今后的物联网产品研发和应用开发中对标准的采用提供重要的支持。

根据物联网技术与应用密切相关的特点，按照技术基础标准和应用子集标准两个层次，应采取引用现有标准、裁剪现有标准或制定新规范等策略，形成包括总体技术标准、感知层技术标准、网络层技术标准、服务支撑技术标准和应用子集类标准的标准体系框架。

物联网中相关技术的发展水平并不均衡。经过近些年的投入和发展，RFID、互联网、移动通信网等技术、标准和应用已相对成熟，其中更是涌现出 TD-SCDMA 等具有自主知识产权的技术与标准。通观物联网的三层技术体系架构可以看出，网络层作为物联网中数据的远距离传输通道，技术和标准成熟度最好，已经基本能够承载近期物联网的初步应用，当然为满足未来物联网的深度应用，还需对网络层技术和标准进行扩展。作为与物理世界最直接的沟通媒介，物联网的大规模应用必将带来感知层技术和设备的广泛布设。

当前，为了提升我国与国外差距巨大的感知层技术与标准整体水平，必须把智能传感器、超高频 RFID、嵌入式系统、协同信息处理和服务支持等基础关键技术标准作为重中之重，以自主创新的核心技术带动标准的突破和创新。物联网的应用层直接紧密联系着千差万别的行业应用模式，担负着使物联网成为可运营、可管理、可持续壮大的综合性信息服务系统的重任，其标准化工作没有先例可循，须立即着手进行标准化研制工作。总之，物联网的标准化应重点突出，集中力量攻克感知层和应用层关键技术与标准。针对 ISO、IEC、ITU、IEEE、IETF 等国际标准化组织陆续开展物联网相关技术的标准化工作，国内一些重要标准化组织也在同步开展国家和行业标准的研制工作，并已提出协同信息处理与服务支撑接口等国际标准提案。

中国通信标准化协会（China Communications Standards Association，CCSA）在 M2M 相关标准工作上的进展为：M2M 相关的标准化工作在中国通信标准化协会中主要在移动通信工作委员会（TC5）和泛在网技术工作委员会（TC10）进行，主要工作内容如下。

（1）TC5 WG7 完成了移动 M2M 业务研究报告，描述了 M2M 的典型应用，分析了 M2M 的商业模式、业务特征及流量模型，给出了 M2M 业务标准化的建议。

（2）TC5 WG9 于 2010 年立项支持 M2M 通信的移动网络技术研究，任务是跟踪 3GPP 的研究进展，结合国内需求，研究 M2M 通信对 RAN 和核心网络的影响及其优化方案等。

（3）TC10 WG2 M2M 业务总体技术要求，定义 M2M 业务概念，描述 M2M 场景和业务需求、系统架构、接口以及计费认证等要求。

（4）TC10 WG2 M2M 通信应用协议技术要求，规定 M2M 通信系统中端到端的协议技术要求。

1.3.2 文档与规范

文档编写规范如下所述。

1. 制定文档模板

工程项目中有很多文档需要编写，文档编写人员一定要与项目经理和客户确认好文档的格式。最好的办法是先编写一个小文档的设计文档，提交到项目经理和客户手中，看是否能得到项目经理和客户的认可。认可后，再统一编写其他的设计文档。

2. 编写文档

编写文档注意事项如下。

（1）详细阅读客户需求。理解客户的要求很重要，因为后期与客户进行产品对接时，客户要按照客户需求的招标文件书来进行对接，所以一定要按照客户的需求编写文档。

（2）与研发人员沟通。研发人员也是根据客户需求进行设计的，所以研发人员是比较了解客户需求的。根据研发人员需求理解信息，再与标书需求进行对照，如果完全一致，则编写文档；如果有不相同的地方，要与项目经理确认，来解决分歧；如果还有问题存在，就得与客户进行交流确认。文档编写需要研发人员配合，遇到要更改的地方时，一定要说明更改原因，说服研发人员修改，不要强制研发人员修改，一定要保持良好的工作氛围。

（3）与客户沟通。首先要了解客户这个项目的功能需求，并将现在不理解的需求讲解明白（主要是什么地方不明白，加一些自己的建议和想法）。让客户来协商该项目的负责人来确认相关问题，并将确认相关结果记录下来，并将协商结果再给客户说一遍，确认完毕后编写文档。

（4）文档排版。在编写完文档后，要详细检查文档排版是否有问题，如目录更新、各个章节编号、页码是否正确、图标是否正确等，不要因为排版问题影响最后的签字。

（5）文档修改后一定要填写修改日志。

设计文档应考虑的问题：给出一致的轮廓，即系统概述。一个网络系统构架需要现有概括的描述，开发人员才能从上千个节中建立一致的轮廓。构架的目标应该能够清楚说明系统概念，构架应尽可能简化，最好的构架文件应该简单、简短，清晰而不杂乱，解决方案自然。构架应当先定义上层的主要子系统，描述各子系统的任务。构架应该描述不同子系统间相互通信的方式，构架不能只依据静态的系统目标来设计，也应当考虑动态的开发过程，如人力资源、进度要求、开发环境等情况。构架必须支持阶段性规划，应该能够提供阶段性规划中如何开发与完成的方式。不应该依赖无法独立运行的子系统构架，将系统各部分的依赖关系找出来，形成一套开发计划。

1.3.3 网络系统设计文档编制

一份设计文档包含的主要题目有执行摘要、工程目标、工程范围、设计需要、当前网络状态、逻辑设计、物理设计、网络系统设计测试结果、实施计划、工程预算、投资收益、设计文档附录等。

（1）一份全面的设计文档可能有很多页，因此，有必要在文档的开头包含一个简明扼要的介绍，即执行摘要，其长度不应超过一页。执行摘要可以包括一些技术信息，但不应提供技术细节。执行摘要的目标是说服决策者采纳设计方案。

（2）工程目标部分的长度不应超过一个段落，通常只写成一句话。编写的方式要有利于决策者在阅读文档时明白设计者已经了解网络系统设计工程的主要目的和重要性。

（3）工程范围部分要提供关于工程范围的信息，要明确说明是建新网还是旧网改造升级。

（4）设计需求部分要列出所有主要的商业目标和技术目标。商业目标有助于组织机构为客户提供较好的产品及服务。若认识到网络系统设计者已经了解了组织机构的商业任务，那么阅读文档的经理、主管等人员将更有可能接受设计方案。技术目标具体包括可扩展性、可用性、网络性能、安全性、可管理性、易用性、适应性等。技术目标部分也应该阐述有关客户愿意采取的任何折中措施。此外，设计需求部分也包括用户社区、数据存储，以及网络应用。

（5）当前网络状态部分简要描述现有网络的结构和性能，应包含一张或多张网络图，标识出互联网主要设备的位置、数据处理和存储系统、网络分段等。网络图也应该标识互联网的逻辑拓扑和互联网的网络组成，网络图或与图有关的文本应该指出网络是层次化的或平面的、结构化或无组织的、分层或不分层的，等等。当前的网络状态文档也应该简要描述客户对网络的寻址和设备命名的全部策略或标准。

（6）逻辑设计部分包括的文档有网络拓扑、寻址网段和设备的模型、命名网络设备的模型、网络管理体系结构、安全机制、设计使用的路由等协议、设计基本原理等。

（7）物理设计部分描述实现设计选择使用的技术和设备特性，也应包含有关产品可用性的信息。

（8）网络系统设计测试结果部分描述验证网络设计的测试结果。因为这里为设计者提供了一个向客户证明所做的设计将会满足性能、安全、可用性、可管理性等要求的机会，所以它是设计文档中最重要的部分。设计者可以描述任何原型或实验系统，以及下列测试组件，如测试目的、测试验收标准、测试工具、测试脚本、结果和观察报告。

（9）实施计划部分包括设计者对网络设计展开实施的推荐做法。下列主题适用于规划实施部分：工程进度表，和厂商或服务提供商一起规划工程安装，规划或推荐外购网络的实施或管理，设计与客户和管理部门间的通信，网络管理员和用户的培训计划，实施后测量设计有效性的计划，可能延迟工程的风险列表，网络实施失败情况下将采用的备用计划，当新的应用需求和目标出现时展开的网络设计规划。

（10）工程预算部分应该为客户购买设备、维护和支持协议、服务合同、软件许可证、培训人员所提供的资金编写文档。预算也包括咨询费和外购费用。

（11）投资收益部分可以包括投资回报分析、解释新的设计或设备何时收到回报。投资回报分析的目标是向客户证明设计者推荐的设计方案将会很快收到回报。

（12）大多数设计文档都包括有关设计和实现补充信息的一个或多个附件，即设计文档附录。补充信息包含详细的拓扑图、设备配置、网络地址、详细的命名和全面的网络系统设计测试结果。若需要，也可以包含一些商业信息，有时也包括采购单复印件、合法的合同条款、未公开的协议书等。若合适，设计文档附录也可以包括已经使用所提供解决方案的其他客户的推荐信[20]。

1.4 物联网系统设计的用户需求分析

1.4.1 需求分析概述

1. 需求分析的定义与特点

需求分析指的是在建立一个新的或改变一个现存的系统时描写新系统的目的、范围、定义和功能时所要做的工作。需求分析是任何工程中的一个关键过程，在这个过程中，系统分析员和工程师确定顾客的需要，只有在确定了这些需要后他们才能够分析和寻求系统的解决方法。需求分析阶段的任务是确定系统功能，是一项重要的工作，也是最困难的工作，该阶段工作有以下特点。

（1）用户与开发人员很难进行交流。需求分析是对用户的业务活动进行分析，明确在用户的业务环境中系统应该"做什么"。但是在开始时，开发人员和用户双方都不能准确地提出系统要"做什么"。因为开发人员不是用户问题领域的专家，不熟悉用户的业务活动和业务环境，又不可能在短期内搞清楚；而用户不熟悉网络系统的有关问题。由于双方互相不了解对方的工作，又缺乏共同语言，所以在交流时存在着隔阂。

（2）用户的需求是动态变化的。对于一个大型且复杂的系统，用户很难精确完整地提出其功能和性能要求。一开始只能提出一个大概、模糊的功能，只有经过长时间的反复认识才逐步明确。有时进入到设计、编程阶段才能明确，更有甚者，到开发后期还在提新的要求。这无疑会给软件开发带来困难。

（3）系统变更的代价呈非线性增长。需求分析是网络系统开发的基础，假定在该阶段发现一个错误，解决它需要用一小时的话，而到设计、安装、测试和维护阶段解决，则要花数倍的时间。

因此，对于大型复杂系统而言，首先要进行可行性研究。开发人员对用户的要求及现实环境进行调查、了解，从技术、经济和社会因素三个方面进行研究并论证该项目的可行性，根据可行性研究的结果，决定项目的取舍。

2. 需求分析的任务

虽然功能需求是对网络系统的一项基本需求，但却并不是唯一的需求，通常对网络系统有下述几方面的综合要求：功能需求、性能需求、可靠性和可用性需求、出错处理需求、

约束和逆向需求、将来可能提出的要求。

此外，根据在分析过程中获得的对系统更深入的了解，可以比较准确地估计系统的成本和进度，修正以前制订的开发计划。

1.4.2　用户需求获取

1．获取用户需求的步骤

（1）调查组织机构情况，包括了解该组织的部门组成情况，各部门的职能等，为分析信息流程作准备。

（2）调查各部门的业务活动情况，包括了解各个部门输入和使用什么数据，如何加工处理这些数据，输出什么信息，输出到什么部门，输出结果的格式是什么。

（3）协助用户明确对新系统的各种要求，包括信息要求、处理要求、完全性与完整性要求。

（4）确定新系统的边界，确定哪些功能由系统完成或将来准备让系统完成，哪些活动由人工完成，由系统完成的功能就是系统应该实现的功能。

2．获取用户需求的方法

（1）跟班作业，通过亲身参加业务工作来了解业务活动的情况，这种方法可以比较准确地理解用户的需求，但比较耗费时间。

（2）开调查会，通过与用户座谈来了解业务活动情况及用户需求，座谈时，参加者之间可以相互启发。

（3）请专人介绍。

（4）询问，对某些调查中的问题，可以找专人询问。

（5）设计调查表请用户填写，如果调查表设计得合理，这种方法是很有效的，也很容易被用户接受。

（6）查阅记录，即查阅与原系统有关的数据记录，包括原始单据、账簿、报表等。通过调查了解了用户需求后，还需要进一步分析和表达用户的需求。分析和表达用户需求的方法主要有自顶向下和自底向上两类方法。

1.4.3　物联网业务需求分析

物联网的业务需求因应用领域不同而存在差异。进行需求分析的通用原则在前文已有阐述，这里着重介绍一下不同领域的物联网的业务需求的特点。

（1）在农业信息化中，物联网的主要业务需求包括：精准施肥、生态环境监控、气象监测、节水灌溉、智能温室、病虫防灾、动物个体识别健康养殖、动植物生长情况监测、产品分拣、物流配送全路径、仓库存储管理、产品供应链可追溯、机械故障诊断、机械远程控制、机械工作情况监测等。

（2）在物流业中，速度、效率、正确率、信息的整合一直是所有物流公司重点追求的目标，主要业务需求包括：远距离、超低功耗、高速移动的标识物的识别和追踪定位；物流业物品查找、防盗窃及物流链被搅乱带来的损耗等问题；免除跟踪过程中的人工干预，节省大量人力物力的同时极大地提高工作效率。

（3）在医疗服务信息化中，物联网的主要业务需求包括：利用正确、有效的病人标识来降低医疗事故，完善医疗管理；帮助医生或护士对交流困难的病人进行身份的确认；帮助医院对病人进行管理并在紧急时刻找到最需要的医生；监视、追踪未经许可进入高危区的人员；保证发药正确和用药安全；帮助医生、护士移动查房，实时查看病人的病历和治疗情况，输入医嘱；帮助医院对资产定位管理，了解资产的当前使用状态，寻找可用资产的位置，对资产进行定期检修和保养；帮助医院对特殊药品的定位管理。

（4）在军事应用上，应当以现有军用网络为基础，将其末端延伸到具体武器装备，连通现实战场环境与实时后勤保障体系，从而实现物物相连的智能化网络。该网络能使战场感知精确化、武器装备智能化、综合保障灵敏化，从而提升信息化条件下作战打击的精确度和自动化程度。军事物联网的主要业务需求包括：全方位、全频谱、全时域的全维侦察监视预警；物资在储、在运和在用状态自动感知与智能控制；重要物资的定位、寻找、管理和高效作业。

由上可见，物联网涉及面广，包含多种业务需求、运营模式、技术体制、信息需求、产品形态均不同的应用系统，因此统一、系统的业务体系结构，才能够满足物联网全面实时感知、多目标业务、异构技术体制融合等需求。各业务应用领域可以对业务类型进行细分，包括绿色农业、工业监控、公共安全、城市管理、远程医疗、智能家居、智能交通、环境监测、军事应用等各类不同的业务服务，根据业务需求不同，对业务、服务、数据资源、共性支撑、网络和感知层的各项技术进行裁剪，形成不同的解决方案；该部分可以承担一部分呈现（Presentation）和人机交互功能。应用层将为各类业务提供统一的信息资源支撑，通过建立、实时更新可重复使用的信息资源库和应用服务资源库，使得各类业务服务根据用户的需求随需组合，使得物联网的应用系统对于业务的适应能力明显提高。因此，能够提升对应用系统资源的重用度，为快速构建新的物联网应用奠定基础，满足在物联网环境中复杂多变的网络资源应用需求和服务。

1.4.4 物联网系统性能需求分析

物联网可以应用到绿色农业、工业监控、公共安全、城市管理、远程医疗、智能家居、智能交通、环境监测、军事应用等行业的各个方面。不同的行业和应用场景，其要求是不一样的，需求也是不一样的，它导致了物联网产品的形态、系统的应用和物联网感知的服务是多样化的。因此，不同的行业和应用场景对物联网系统性能需求也不一样。为了便于物联网系统性能需求分析，已有研究者将物联网的应用大致分为监控型（视频监控、环境监测）、查询型（远程抄表、物流查询）、控制型（智能交通、路灯控制）、扫描型（手机钱包）等几大类。不同应用的特性及对 QoS 的需求[21]如表 1-2 所示。

表 1-2 不同物联网应用的特性及对 QoS 的需求

业　　务		移动性	时　　延	流　　量	在线时间
监控型	视频监控	否	敏感	大	永远
	环境监测	否	敏感	大	永远
查询型	远程抄表	否	不敏感	小	短
	物流查询	是	不敏感	小	短
控制型	智能交通	是	敏感	小	永远
	路灯控制	否	不敏感	小	短
扫描型	手机钱包	是	敏感	小	短

物联网应用既有小流量的 M2M，也有大量占用高带宽的应用，如平安城市、公共交通等以视频图像为主的监控业务。表 1-2 中的查询型、控制型和扫描型业务对带宽和时延要求不高，中等及以上流量物联网业务的接入网可以满足其对性能的要求。如果是以视频监控为主的流媒体业务，由于此类业务一般需要传输视频信号，对带宽和时延要求较高，需要更高流量物联网业务的接入网。

思考与练习题

（1）为什么到目前尚未有一个权威、完整和精确的物联网定义？你对物联网的理解是什么？

（2）简述物联网的分类。

（3）阐述网络系统集成的特点、要求和步骤。

（4）简述目前国内外有关物联网标准的研究现状，阐述你对物联网标准化趋势的看法。

第 2 章

物联网体系结构与网络设计方法

2.1 物联网体系结构

2.1.1 物联网体系结构概述

体系结构是指导具体系统设计的首要前提。物联网应用广泛,系统规划和设计极易因角度的不同而产生不同的结果,因此需要遵循具有框架支撑作用的体系结构。另外,随着应用需求的不断发展,各种新技术将逐渐纳入物联网体系中,体系结构的设计也将决定物联网的技术细节、应用模式和发展趋势。但是,与物联网的概念与定义类似,目前还没有一个全球统一、规范化的物联网体系结构模型。

ITU 在 2005 年的物联网报告中重点描述了物联网的四个关键性应用技术:标识事物的 RFID 技术,以及感知事物的传感器技术、思考事物的智能技术,以及微缩事物的纳米技术。目前,国内物联网技术的关注热点主要集中在传感器、RFID、云计算及普适服务等领域。物联网技术涉及多个领域,这些技术在不同的行业通常具有不同的应用需求和技术形态。但物联网的共性技术包括感知与标识技术、网络与通信技术、计算与服务技术,以及管理与支撑技术四大体系。

1. 感知与标识技术

感知和标识技术是物联网的基础,负责采集物理世界中发生的物理事件和数据,实现外部世界信息的感知和识别,包括多种发展成熟度差异性很大的技术,如传感技术、识别技术等。

传感技术利用传感器和多跳自组织传感器网络,协作感知、采集网络覆盖区域中被感知对象的信息。传感器技术依附于敏感机理、敏感材料、工艺设备和计测技术,对基础技术和综合技术要求非常高。目前,传感器在被检测量类型、精度、稳定性、可靠性、低成本、低功耗方面还没有达到规模应用水平,是物联网产业化发展的重要瓶颈之一。

识别技术涵盖物体识别、位置识别和地理识别。对物理世界的识别是实现全面感知的基础。物联网标识技术以二维码、RFID 标识为基础，构建对象标识体系，是物联网的一个重要技术点。从应用需求的角度出发，识别技术首先要解决的是对象的全局标识问题，需要物联网的标准化物体标识体系指导，再融合及适当兼容现有各种传感器和标识方法，并支持现有的和未来的识别方案。

2．网络与通信技术

网络是物联网信息传递和服务支撑的基础设施，通过泛在的互连功能，实现感知信息高可靠性、高安全性的传送，主要技术包括接入与组网、通信与频谱管理等。

物联网的接入与组网技术涵盖泛在接入和骨干传输等多个层面的内容。以 IPv6 为核心的下一代网络，为物联网的发展创造了良好的基础网条件。以传感器网络为代表的末梢网络在规模化应用后，面临与骨干网络的接入问题，并且其网络技术需要与骨干网络进行充分协同，涉及固定、无线和移动网，以及 Ad Hoc 组网技术、自治计算与连网技术等。

物联网需要综合各种有线及无线通信技术，其中近（短）距离无线通信技术在物联网中被广泛使用。由于物联网终端一般使用工业科学医疗（ISM）频段进行通信，例如，全世界通用的免许可证的 2.4 GHz ISM 频段，此类频段内包括大量的物联网设备，以及现有的 Wi-Fi、超宽带（UWB）、ZigBee、蓝牙等设备，频谱空间极其拥挤，这将制约物联网的实际大规模应用。为提升频谱资源的利用率，让更多物联网业务能实现空间并存，需要切实提高物联网规模化应用的频谱保障能力，保证异种物联网的共存，并实现其互连互通互操作。

3．计算与服务技术

海量感知信息的计算与处理是物联网的核心支撑，服务和应用则是物联网的最终价值体现，主要技术包括海量感知信息计算与处理技术、面向服务的计算技术等。

海量感知信息计算与处理技术是物联网应用大规模发展后所必需的，包括海量感知信息的数据融合、高效存储、语义集成、并行处理、知识发现和数据挖掘等关键技术，以及物联网"云计算"中的虚拟化、网格计算、服务化和智能化技术。核心是采用云计算技术实现信息存储资源和计算能力的分布式共享，为海量信息的高效利用提供支撑。

物联网的发展应以应用为导向，在"物联网"的语境下，服务的内涵将得到革命性的扩展，不断涌现的新型应用将使物联网的服务模式与应用开发受到巨大的挑战，如果继续沿用传统的技术路线必定束缚物联网应用的创新。从适应未来应用环境变化和服务模式变化的角度出发，需要面向物联网在典型行业中的应用需求，提炼行业普遍存在或要求的核心共性支撑技术，需要针对不同应用需求的规范化、通用化服务体系结构，以及应用支撑环境、面向服务的计算技术等的支持。

4. 管理与支撑技术

随着物联网网络规模的扩大、承载业务的多元化、服务质量要求的提高，以及影响网络正常运行因素的增多，管理与支撑技术是保证物联网实现"可运行、可管理、可控制"的关键，包括测量分析、网络管理和安全保障等方面。

测量是解决网络可知性问题的基本方法，可测性是网络研究中的基本问题。随着网络复杂性的提高与新型业务的不断涌现，需要高效的物联网测量分析关键技术，建立面向服务感知的物联网测量机制与方法。

物联网具有"自治、开放、多样"的自然特性，这些自然特性与网络运行管理的基本需求存在着突出矛盾，需要新的物联网管理模型与关键技术，保证网络系统正常、高效的运行。

安全是基于网络的各种系统运行的重要基础之一，物联网的开放性、包容性和匿名性也决定了其不可避免地存在信息安全隐患，需要物联网安全关键技术，满足机密性、真实性、完整性、抗抵赖性的四大要求，同时还需要解决物联网中的用户隐私保护与信任管理问题。

2.1.2 物联网的三层体系结构

尽管在物联网体系结构上尚未形成全球统一规范，但目前大多数文献将物联网体系结构分为三层，即感知层、网络层和应用层。感知层主要完成信息的采集、转换和收集，网络层主要完成信息传递和处理，应用层主要完成数据的管理和数据的处理，并将这些数据与行业应用相结合。一种典型的物联网三层体系结构[22]如图 2-1 所示。

感知层犹如人的感知器官，物联网依靠感知层识别物体和采集信息。感知层包括信息采集和通信子网两个子层。以传感器、二维码、条形码、RFID、智能装置等作为数据采集设备，并将采集到的数据通过通信子网的通信模块和延伸网络与网络层的网关交互信息。延伸网络包括传感网、无线个域网（WPAN）、家庭网、工业总线等。感知层的主要组成部件有传感器和传感器网关，包括多种发展成熟度且差异性很大的技术，如二维码技术、RFID技术、温/湿度传感、光学摄像头、GPS 设备、生物识别等各种感知设备。在感知层中，嵌入感知器件和射频标签（RFID）的物体形成局部网络，协同感知周围环境或自身状态，并对获取的感知信息进行初步处理和判决，以及根据相应的规则积极进行响应，同时通过各种接入网络把中间或最终处理结果接入网络层。

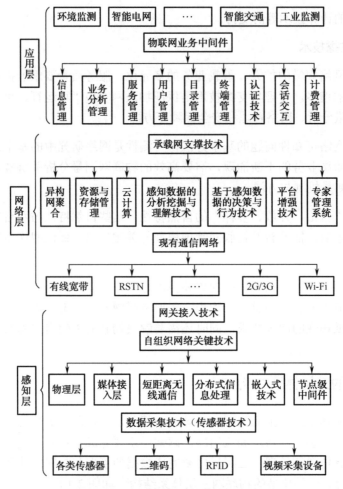

图 2-1　物联网三层体系结构

网络层犹如人的大脑和中枢神经。感知层获取信息后，依靠网络层进行传输，目前网络层的主体是互联网、网络管理系统和计算平台，也包括各种异构网络、私有网络。网络层包括各种无线/有线网关、接入网和核心网，实现感知层数据和控制信息的双向传送、路由和控制。接入网包括 IAD、OLT、DSLAM、交换机、射频接入单元、2G/3G 移动接入、卫星接入等。核心网主要有各种光纤传送网、IP 承载网、下一代网络（NGN）、下一代互联网（NGI）、下一代广电网（NGB）等公众电信网和互联网，也可以依托行业或企业的专网。网络层包括宽带无线网络、光纤网络、蜂窝网络和各种专用网络，在传输大量感知信息的同时对传输的信息进行融合等处理。

应用层是物联网和用户（包括人、组织和其他系统）的接口，能够针对不同用户、不同行业的应用，提供相应的管理平台和运行平台，并与不同行业的专业知识和业务模型相结合，实现更加准确、精细的智能化信息管理。应用层应包括数据智能处理子层、应用支撑子层，以及各种具体物联网应用。支撑子层为物联网应用提供通用支撑服务和能力调用接口。数据智能处理子层是实现以数据为中心的物联网的核心技术，包括数据汇聚、存储、查询、分析、挖掘、理解，以及基于感知数据决策和行为的理论和技术。数据汇聚将实时、非实时物联网业务数据汇总后存放到数据库中，方便后续数据挖掘、专家分析、决策支持和智能处理。

物联网的应用可分为监控型（物流监控、环境监测）、查询型（智能检索、远程抄表）、控制型（智能交通、智能家居、路灯控制）、扫描型（手机钱包、高速公路不停车收费）等，既有行业专业应用，也有以公共平台为基础的公共应用。在处理子层提供存储和处理功能，表现为各种各样的数据中心以中间件的形式采用数据挖掘、模式识别和人工智能等技术，提供数据分析、局势判断和控制决策等处理功能。云计算的"云端"就在处理子层，主要通过数据中心来提供服务；最上层的应用层建立不同领域中的各种应用。

2.1.3 物联网的五层体系结构

有观点认为物联网是建立在互联网的基础之上的，但物联网和传统的互联网之间也存在以下主要差异。

（1）从网络构成来看，物联网由主干网、末梢网络，以及连通二者的物联网网关构成。主干网既可以是互联网，也可以是电信网或有线电视网。末梢网络是终端设备（节点）连网组成的异构的低功耗松散网络。若主干网采用互联网，则物联网涵盖了互联网，末梢网络节点作为信息源感知信息，信息通过末梢网络传递给互联网。

末梢网络由部署在观察区域内大量的微型传感器节点组成，通过无线通信方式形成多跳的自组织网络系统，目的是协作感知、采集网络覆盖区域中感知对象的信息，并传送给观察者。

（2）从应用角度来看，物联网一般为专门功能部署的信息采集、分析和智能处理系统，而互联网则是一个互连的、资源共享的综合应用服务平台。物联网不仅提供了各种终端设备的连接，其本身也具有智能处理的能力，能够对物体实施智能控制。物联网将终端设备和智能处理相结合，利用云计算、模式识别等各种智能技术，扩充了其应用领域。

（3）从终端设备形态来看，物联网设备多种多样，但通常体积较小、无人看管、定期休眠、内存小、带宽低、功能受限、能量供应受限；而互联网设备一般具备较大的内存和带宽，可以持续供电，对能耗没有特殊限制，功能也较为齐全。

（4）从设备操作系统来看，由于物联网节点硬件资源受限，因此其操作系统一般比较简单（如 TinyOS、Contiki 等）、内存和带宽占用少、能量消耗小、功能较为单一；而传统互联网操作系统则比较复杂，内存和带宽占用较多，几乎不用考虑能量消耗问题，功能也很齐全。

（5）从路由形式来看，由于物联网节点具有休眠的特性，因此物联网的网络拓扑结构和路由会进行动态变化，通常要求路由协议具有自适应性。相比物联网节点，传统互联网终端节点通常路由变化较小。

上述差异导致物联网末梢网络中的物联网节点不能直接支持采用多数互联网的传统协议和技术。但物联网起源于互联网，二者在体系结构上存在着某些共性，例如，节点都需要身份标识（物联网节点较常用的是设备 ID，互联网则采用 IP 地址），都需要一定的路由方案（物联网节点采用简单的路由协议，如 RPL 协议，互联网有较为复杂的路由协议，如 OSPF、BGP 等），这些共性决定当前互联网使用的多数策略、方案与技术，对新体系结构的设计工作具有重要的参考和借鉴意义。

为了与下一代互联网体系结构相融合，物联网末梢网络三层体系结构可以进一步细分成五层结构（物理层、链路层、网络层、传输层及应用层），该体系结构具有兼容性、自适应性、简单性和高效性等特点。总体上，该体系的底层是由各种物体连网组成的异构的低功耗松散末梢网络，末梢网络通过网关接入以 IPv6 为核心的互联网；在层次上，末梢网络与互联网具有相似的体系，只是对各层做了少量的改动。

在 IETF 提出的体系结构基础上，有研究者提出了图 2-2 所示的模型，集成了 IETF 工作组和 IEEE 802.15.4 工作组的研究成果，能够将物联网与下一代互联网体系结构融合。

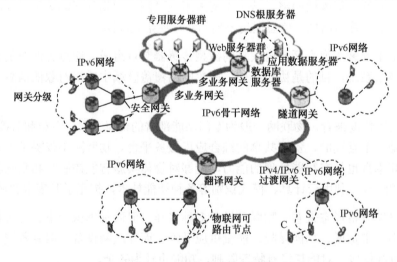

图 2-2　一种物联网应用场景

这种结构在层次上与原来的互联网体系结构相似，都具有五层（物理层、链路层、网络层、传输层及应用层），但各层都有所改动。具体协议分层如图 2-3 所示。

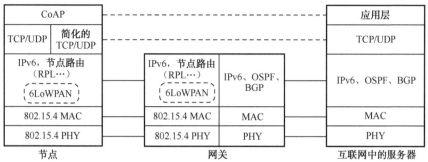

图 2-3　物联网节点、网关、服务器协议层次结构

图 2-3 中，物联网节点通过物联网网关接入互联网；物联网的物理层和链路层采用 IEEE 802.15.4 标准；网络层使用 IPv6 协议，IETF 的 ROLL 工作组提出的用于解决低功耗损耗网络的路由问题的 RPL 协议，以及用于兼容 IEEE 802.15.4 和 IPv6 的 6LoWPAN，仅仅作为网络层的一个可选功能。如果是普通网络的终端，不使用适配层，如果是物联网节点，则使用适配层。传输层根据网络需求，自适应选择加载完整 TCP/UDP 协议或者采用简化的 TCP/UDP 协议，以适应物联网传输的要求。应用层使用 IETF 的 CoRE 工作组提出的用于解决资源受限环境中的应用程序问题的 CoAP 协议。而物联网网关是装有物联网协议栈和互联网协议栈的双协议栈网关，能够实现物联网协议数据和互联网协议数据的双向转换。物联网节点这样的五层协议栈结构和互联网形成了统一的体系结构。

在图 2-3 所示的体系结构中，如果是物联网节点在使用 6LoWPAN 适配层的情况下，数据的封装和解封装在网络层要经过特殊处理。以数据的封装为例，报文在传输过程中的变化情况如图 2-4 所示。

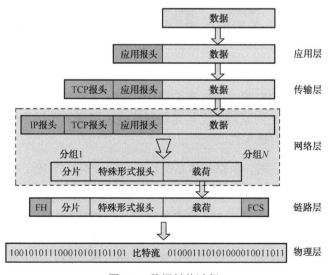

图 2-4　数据封装过程

在报文传输到网络层以前，报文的格式与传统互联网是一致的。数据首先经过应用层的封装，再经过传输层的分组，变成传输层报文，送往网络层。当报文进入网络层后，与传统处理方式不同的是先给传输层报文加上包括源、目的主机 IP 地址的 IP 报头，再对此报文进行报头的压缩和分片，形成若干个由选择报头（前 2 位为 01 的一个 8 位报头）、特殊形式的压缩报头，以及载荷组成的 IP 数据分组，进入链路层。链路层在其 MAC 帧的数据部分装上此 IP 数据分组，再加上源、目的主机的 MAC 地址和帧头，形成 MAC 数据帧。MAC 帧到达物理层，转换成二进制数据流发往传输介质，根据其目的 MAC 地址，送往目的主机或 IP 路由器。在目的主机一侧，执行相反的过程，对数据进行解封装。

设计融合物联网的下一代互联网体系结构，主要需要考虑两个制约因素，一个因素是在新的体系结构中，物联网末梢网络通常以无线通信为主，且节点具有移动性、休眠性等特点，其能源、资源受限；另一个因素是要尽量减轻末梢网络对互联网性能的影响，即减轻新的体系结构对互联网原有功能和性能造成的影响，如图 2-5 所示。

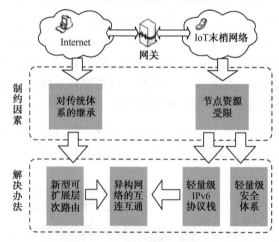

图 2-5　融合物联网的互联网体系结构需要解决的主要问题

在减轻对互联网性能的影响方面，核心问题是设计合理的路由体系。新的路由体系在保障物联网节点之间，以及物联网节点与互联网节点之间端到端通信的同时，必须对传统互联网路由协议栈有较好的继承性。

为同时实现上述两个目的，新路由体系在互联网层保留传统 IPv6 体系结构的同时，针对末梢网络自身特点，设计保持传统互联网路由体系层次的新型可扩展层次路由。

节点能耗和资源受限还会造成末梢网络物理层、数据链路层信息传输受限，无法直接支持传统 IPv6 协议栈，需要创设轻量级 IPv6 协议栈。同样的原因，末梢网络无法支持传统互联网通用的安全策略与技术，需要创设轻量级安全方案。最后一个问题是由于路由体系的异构性，以及网络协议的不同，互联网与末梢网络无法直接通信，需要研究二者互通的机制，支持异构网络的物联网服务发现。

在上述体系结构中，物联网的主干网仍然是互联网，因此在互联网上沿用传统的路由协议以尽量避免改变互联网原有的路由方案，即自治域（AS）内部使用 OSPF、RIP 等域内协议，AS 之间使用 BGP 等域间协议。末梢网络路由体系设计以确保其顺利融合到互联网路由体系中为目标，一个成功的路由体系，除了能够保障末梢网络节点之间，以及末梢网络节点与互联网节点之间的端到端通信，还必须尽量减轻对互联网性能的影响，归纳起来，其路由体系应具备低功耗、高汇聚、可扩展、抗有损、可融合、层次化等特点。

低功耗是指末梢网络节点通常具有能源受限的特点，为维持节点持续工作，需要尽量减轻节点的能源消耗；高汇聚是指末梢网络路由应具备汇聚性特点，避免末梢网络路由的出现造成互联网层路由的急剧膨胀；可扩展是指新设计的路由体系必须保证一定规模的末梢网络，IPv6 地址长度为 128 bit，这能够保障每个节点都具有唯一的 IP 地址，但搭建规模足够大的末梢网络，还需要相应的可扩展路由算法配合；抗有损是考虑物联网节点的移动性、休眠性等特点会导致末梢网络的高分组丢失率，需要设计动态调整的末梢网络拓扑结构和抗有损的路由算法，以保证数据传输；可融合和层次化是指为降低数据分组传输过程中的能源消耗，必须设计层次化的路由，通过分层路由执行数据融合，减少信息发送次数，从而实现降低节点能耗的目的。

一种具备上述特点的路由体系如图 2-6 所示[23]，它参考了 IETF ROLL 工作组提出的 RPL 协议。根据网络规模和节点密度把末梢网络分成单跳网络、节点转发网络和规模层次网络，并针对不同类型网络提出了相应网关设置和路由设计方案。

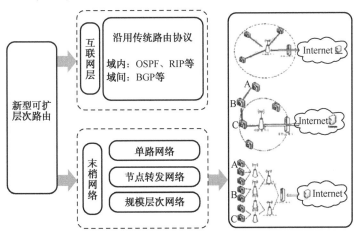

图 2-6　融合物联网的互联网总体路由体系

为实现末梢网络对互联网的无缝接入、末梢网络节点之间，以及末梢网络节点与互联网节点之间的端到端通信，需要把 IP 协议引入末梢网络。引入 IPv6 协议的另一个好处是可以解决无线传感器网络固有的难点问题，如需要数量巨大的地址资源、需要实现有效地址管理机制、缺乏应有的安全机制等问题。

在网络层，由于节点能耗低，存储和处理能力差，其物理层和链路层通常采用低速率、低功耗、低成本的接入方式，如 IEEE 802.15.4、蓝牙、低功耗 Wi-Fi 等，这类标准协议帧小，且不支持多播，这导致传统 IPv6 协议栈无法直接在物联网末梢网络应用。为实现末梢网络与互联网的无缝接入，必须以当前 IPv6 协议为基础，并对其简化和修改，设计适用于物联网的可重构轻量级 IPv6 协议，如图 2-7 所示。IPv6 协议栈的轻量化包括两个方面，一是在物联网节点上，通过应用层与传输层的简化、IPv6 报头压缩和报文的分片重组等技术，实现协议的轻量化；二是通过多协议层翻译技术，设计物联网双协议栈网关，保障末梢网络对互联网的无缝接入。

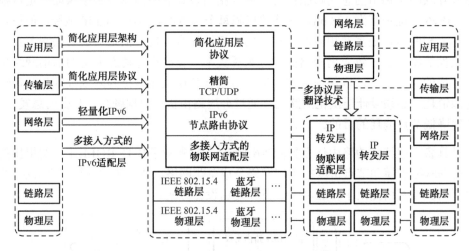

图 2-7 IPv6 协议栈的轻量化

受物联网节点传输能力的限制，互联网路由体系无法直接移植到物联网上，这导致了物联网末梢网络与互联网的异构性，而物联网末梢网络自身连接互联网接入方式的多样性加大了异构程度，因此，为实现多形式、异构网络系统间端到端互连互通，支持异构网络的物联网服务发现，物联网与互联网节点的互连互通机制是必须的。一种物联网的总体异构性描述和解决方案如图 2-8 所示[23]。按通信终端、接入互联网类型和方式的不同，互连互通问题包括安全隧道模式、网关翻译模式、代理服务器模式和双栈网关模式四种场景，其解决方案包括路由机制设计、协议翻译方案、能力协商机制、通信角色定位、域名解析方法，以及数据分析技术等。

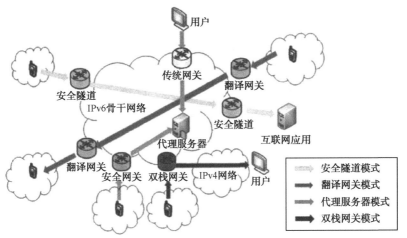

图 2-8　物联网节点与互联网的互连互通

2.1.4　物联网安全体系结构概述

物联网大多应用于国民经济的关键领域，因此，在物联网建设之初就必须设计严格、规范的安全体系结构，充分考虑隐私保护、安全控制、跨网认证等安全技术，以提高物联网的安全保障能力。

1．物联网安全威胁的来源

物联网的安全威胁主要来自以下三个方面。

（1）物联网的感知层由无线传感器网络（WSN）构成，其节点的计算、通信、存储能力有限，无法直接使用跳频通信、公钥密码等传统安全机制。在物联网网络环境下，来自外部网络的攻击加剧了感知层的安全问题。

（2）由于物联网可以采用下一代网络作为核心承载网络，网络规模的增长和分布式的信息处理环境使得网络更容易受到拒绝服务/分布式拒绝服务（DoS/DDoS）攻击。同时异构网络之间的数据交换将带来全新的安全问题，如网间认证、安全协议的无缝衔接等。

（3）由于物联网将网络特性引入控制系统，攻击者可以通过阻塞、哄骗、拒绝服务等手段使控制命令延迟或失真，导致系统无法进入稳定状态。

2．物联网安全威胁的种类

安全威胁主要有以下几个方面。

（1）被动攻击：攻击者使用密码学工具分析网络中的信息或者分析用户的行为模式，

典型的被动攻击如窃听、流量分析、节点类型分析等。

（2）节点控制：通过节点控制，入侵者可以掌握网内节点的共享密钥或者网关节点与远程信息处理平台共享密钥，入侵者能够通过控制传感器节点获取传感网与该节点交互的所有信息，还能在网络上散布错误信息。

（3）节点捕获：与节点控制不同，节点捕获并不掌握节点的密钥，这种攻击只能通过阻断节点破坏网络的连通性，或者通过鉴别传感器类型和推测网络的运行模式获得网络隐私。

（4）拒绝服务：拒绝服务有两种方式，一种是占用系统资源，导致其他节点停止工作，如网络层的阻塞攻击；另一种是强迫节点持续工作，导致该节点提前失效，如感知层的剥夺睡眠攻击。

（5）认证攻击：认证攻击是通过伪造身份非法接入网络，或者恶意提高节点的"声誉"，达到散布虚假信息、扰乱网络正常运行目的的行为。常见的认证攻击包括针对网络层的中间人攻击、异步攻击、串谋攻击和针对感知层的 Hello 洪泛攻击等。

（6）路由攻击：利用路由攻击，攻击者通过重放、修改、伪造路由信息扰乱正常的路由行为，常见的路由攻击如重放攻击、选择转发攻击、Sybil 攻击、Sinkhole 攻击和 Wormhole 攻击。

（7）隐私攻击：利用隐私攻击，攻击者通过分析数据隐含的语义，获取用户的身份、偏好、行为习惯等隐私信息，典型的隐私攻击可能发生在感知层的网内数据处理、协同处理层的数据挖掘，以及应用层的用户认证等过程中。

3．物联网特有的安全威胁

此外，物联网的网络特性还引入了以下几个新的安全威胁。

（1）时钟同步攻击：对于物联网这样有严格时序要求的系统，攻击者通过散布虚假时钟消息，破坏系统的统一时钟。

（2）谐振攻击：攻击者通过捕获传感器或控制器，强迫物理系统在指定频率附近产生谐振。

（3）针对控制系统的攻击：攻击者干扰控制系统对网络状态的估计，伪造或重放控制命令，包括控制命令伪造攻击、感知数据篡改攻击和控制网络 DoS 攻击。

4．物联网不同层次的安全体制

针对物联网的安全问题，通常采用分层的网络安全体系结构，从每一个逻辑层次入手，为同一个安全问题设置多重安全机制，从而实现系统的深度防御。

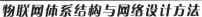

（1）感知层的安全结构：物联网的感知层是一个由无线传感器网络构成的封闭系统，该层与外部网络的所有通信都必须通过网关节点，因此感知层安全结构的设计只需考虑传感器网络本身的安全问题。感知层的节点硬件结构简单，计算、通信存储能力弱，无法满足传统保密技术的需求。降低密码协议的开销是感知层安全的重要问题。在物联网环境下，感知层更容易受到外部网络的攻击，例如，外部访问可能直接针对传感网内部节点展开 DoS 攻击，进而导致整个网络的瘫痪。建立入侵检测和入侵恢复机制，提高系统的鲁棒性，是感知安全的另一重要问题。入侵者可能通过控制网内节点、散布恶意信息扰乱网络正常运行。建立信誉模型，对可疑节点进行行为评估，降低恶意行为的影响是感知层安全的一项重要任务。此外，感知层安全设计还需要考虑建立感知节点与外部网络的互信机制，保障感知信息的安全传输。感知层的安全机制包括轻量级的密码算法与协议、可设定安全等级的密码技术、传感器网络的密钥协商、节点的身份认证和数据完整性验证、安全路由、入侵检测和异态检测、节点信誉评价等。

（2）网络层的安全结构：网络层安全结构的设计必须兼顾高效性、特异性和兼容性。在物联网中，感知数据和控制指令都具有时效性，在设计密码协议时可以考虑适当降低密码的安全等级以获得更高的处理效率。物联网由大量异构网络构成，这些网络性能各不相同，对网络攻击的防御能力也存在着巨大的差异。相对于通用安全结构，针对网络特异性设计专用安全协议更为合适。此外，安全结构的设计还必须考虑到安全协议的一致性与兼容性，实现异构网络的平滑过渡、无缝衔接。网络层的安全结构可以分为两个子层：点对点安全子层和端到端安全子层。其中，点对点安全子层保证数据在逐跳传输过程中的安全性，对应的安全机制包括节点间的相互认证、逐跳加密、跨网认证；端到端子层主要实现端到端的机密性并保护网络可用性，安全机制包括端到端的认证和密钥协商、密钥管理和密码算法选取、拒绝服务和分布式拒绝服务攻击的检测与防御。另外，根据网络通信模式的不同，还应设计针对单播、广播、组播的专用安全机制。

（3）应用层的安全结构：包括共性服务层和业务相关层。共性服务层需要实现海量数据的高效处理，以及网络行为的智能决策，其最大的特点是智能和协同。智能的核心是信息的自动处理，只有自动处理技术才能实现对海量数据的分类、过滤、识别和处理，然而智能处理技术对恶意信息的检测能力有限，提高恶意信息的识别能力是本层安全结构设计的一个重要挑战。协同的核心是异构平台的协作计算，在协作的过程中系统可能泄漏数据所有者的隐私，实现信息内容与信息来源的分离是本层安全结构设计的另一个重要挑战。此外，根据数据的时效性、来源的可靠程度建立数据的可信度量化机制，实现加密数据的高效挖掘等，也都是本层安全机制所必须解决的问题。共性服务层安全机制包括恶意代码和垃圾信息的检测与过滤、安全多方计算和安全云计算、计算平台的访问授权和灾难备份、数据的可信度量化、隐私保护和安全数据挖掘。

业务相关层安全结构的设计必须遵循差异化服务的原则。基于物联网的应用系统种类繁多，安全需求各不相同，同一安全服务对于不同用户的涵义也可能完全不同。例如，用户隐私保护服务对于移动用户而言可能是用户位置信息的保密，对于医疗系统可能是病历信息与病人身份的分离，对于在线选举系统则可能实现用户匿名。因此根据用户需求提供具有针对性的安全服务，是应用层安全结构设计的核心理念。应用层面临的安全挑战主要有以下两个方面。

① 感知数据的分级访问：在物联网系统环境下，多个应用系统可共享同一感知数据，而不同应用对感知数据的精度需求是不同的。以道路监控信息为例，交通调度系统只需要了解某一特定路段车辆的拥堵的大致情况，但交通事故处理系统则需要现场的录像以便确定事故发生的基本过程，而刑侦机关则可能需要更高分辨率的现场图片以便准确获得车牌号等信息。只提供一种精度的信息，将增加隐私泄漏的风险。如何针对不同应用提供适宜精度的信息，是应用层的业务相关层安全的重要挑战。

② 用户认证过程中的隐私保护：在很多应用场景中，系统的认证过程要求用户提交个人信息，如何防止对这些个人信息的非法访问，有效保护用户的隐私，是应用层安全技术所必须解决的安全问题。应用层的安全机制主要包括数据库的访问控制、用户隐私保护、计算机取证等。

2.1.5　物联网三层安全体系结构

物联网的一种三层安全整体架构[24]如图 2-9 所示，在该架构中，根据三层物联网体系结构的每层的安全特点分别考虑了物联网的安全机制。

1. 感知层

（1）物联网机器/感知节点的本地安全问题。由于物联网的应用可以代替人来完成一些复杂、危险和机械的工作，所以物联网机器/感知节点多数部署在无人监控的场景中。攻击者可以轻易地接触到这些设备，从而对它们造成破坏，甚至通过本地操作更换机器的软/硬件。

（2）感知网络的传输与信息安全问题。通常情况下，感知节点功能简单（如自动温度计）、携带能量少（使用电池），使得它们无法拥有复杂的安全保护能力，而感知网络多种多样，从温度测量到水文监控，从道路导航到自动控制，它们的数据传输和消息也没有特定的标准，所以没法提供统一的安全保护体系。

感知网络的安全需求应该建立在感知网络自身的特点、服务的节点特征及使用用户的要求基础上。一般的感知网络具有低功耗、分布松散、信令简练、协议简单、广播特性、少量交互甚至无交互的特点，因此安全应建立在利用尽可能少的能量及带宽资源基础上，设计出既精简又安全的算法、密钥体系及安全协议，解决相应的安全问题。例如，对终端接入鉴权，防止非法接入或非授权使用；对传输信息的保护，防止泄漏、篡改、假冒或重放。

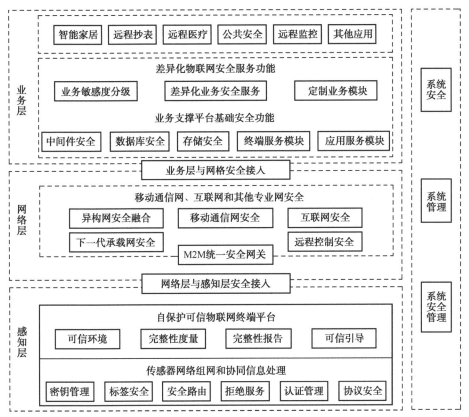

图 2-9　物联网的一种三层安全整体架构

2．网络层

核心网络的传输与信息安全问题：核心网络具有相对完整的安全保护能力，但是由于物联网中节点数量庞大，且以集群方式存在，因此在数据传播时，由于大量机器的数据发送会导致网络拥塞，产生拒绝服务攻击。此外，现有通信网络的安全架构都是从人与人之间通信的角度设计的，并不适用于机器之间的通信，使用现有安全机制会割裂物联网机器间的逻辑关系。

网络层的安全需求主要包括接入鉴权；语音、数据及多媒体业务信息的传输保护；在公共网络设施上构建虚拟专网（VPN）的应用需求，用户个人信息或集团信息的隐蔽；各种网络病毒、网络攻击、DoS 攻击等。针对不同的网络特征及用户需求，采取一般的安全防护或增强的安全防护措施可以基本解决物联网通信网络的大部分安全问题。

3. 应用层

物联网业务的安全问题：由于物联网设备可能是先部署后连接网络，而物联网节点又无人看守，所以如何对物联网设备进行远程签约信息和业务信息配置就成了难题。另外，庞大且多样化的物联网平台必然需要一个强大而统一的安全管理平台，否则独立的平台会被各式各样的物联网应用淹没，但如此一来，如何对物联网机器的日志等安全信息进行管理成为了新的问题，并且可能割裂网络与业务平台之间的信任关系，导致新一轮安全问题的产生。

安全问题及安全需求研究需要结合各个应用层次分别开展研究，如针对智能城市、智能交通、智能物流、智能环境监控、智能社区及家居、智能医疗等应用，其安全问题及安全需求存在共性及差异。共性的安全需求包括对操作用户的身份认证、访问控制，对行业敏感信息的信源加密及完整性保护、证书及 PKI 应用实现身份鉴别、数字签名及抗抵赖、安全审计等。应用层个性化的安全需求还须针对各类智能应用的特点、使用场景、服务对象及用户特殊要求进行有针对性的分析研究。

2.1.6 物联网五层体系结构考虑的安全模型

物联网的安全问题包括三类，一是作为物联网核心层的互联网层需要面对的传统安全问题；二是末梢网络（包括网关）面对的安全问题，如针对物联网网关实施 DoS 攻击，这类问题除了传统安全问题，还包括由于末梢网络节点自身物理特性导致的特殊问题；三是信息综合处理平台（通常是云端）面临的问题。互联网网络安全技术比较成熟，近几年，智能处理终端的安全技术也取得了较大进步，这两方面的工作不是物联网安全工作的研究重点，一种末梢网络（包括网关）的安全问题描述如图 2-10 所示[23]。

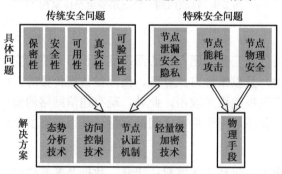

图 2-10　末梢网络的安全问题

末梢网络面临的传统安全问题包括保密性、安全性、可用性、真实性和可验证性，利用传统手段解决这些问题时，必须考虑到节点的存储规模、处理能力和能源供给能力受限的特点，设计和运用轻量级加密机制、节点认证机制、访问控制技术和态势分析等技术保障末梢网络的安全。在特殊安全问题方面，由于节点通常处在无人看管的环境，因此易被破坏、移除和更换组件；同时节点能源匮乏，易遭受以耗尽能源为目的的攻击，这两种类型的攻击可利用加外壳等物理防护手段。值得注意的是，由于末梢网络通常运用无线方式接入互联网，其上保留的用户信息容易被攻击者获取、伪造和篡改，也必须部署轻量级安全防御方案。

2.2　网络设计方法

2.2.1　网络的设计目标

设计网络时要有明确的设计目标。在设计开始的时候制定一个明确的设计目标是必不可少的，这些目标与用来评估网络设计的一些参数有关。关键的性能参数必须要确定下来，并且为这些参数分配目标值，这些性能的目标最终是由应用程序的要求规定的。要以有意义的方式分配这些目标，应用程序必须知道数量和质量的水平，必须评估应用程序消耗的带宽以便提供必要的容量来满足性能目标，必须清楚应用程序对数据包丢失、数据包延迟和各种延迟的敏感性。这在支持多种应用程序的网络中是特别重要的。

数据包丢失对使用UDP协议传输的数据应用程序的影响比对需要可靠连接的TCP协议应用程序的影响还要严重。相反，对于数据包丢失、数据包延迟和各种延迟来说，语音、视频和多媒体等实时应用程序能够更容忍数据包丢失。因此，对于不同的网络应用程序应该采用优先等级不同的质量参数。目标值应该设置网络的可用性或者关机时间。同性能目标一样，这个目标在设计过程中将作为一个质量的标准。允许的网络关机时间的水平与商业应用程序本身有很大的关系，由于应用程序不能使用而造成的影响在不同的行业有很大的区别，在金融行业可能造成每小时数万美元的损失，在医疗行业有可能造成性命的损失。

对于网络可能升级的规模应该提供一个预测，这种预测目标应该包括网络用户增加的数量、网络节点的增加数量、地理位置数量的增加，以及更重要的应用程序通信量的增加等。网络设计师的任务就是制定一个能够容纳这些增长的网络计划。如果一个网络不是一个成本低、效率高的解决方案，设计这种具有性能、弹性和可伸缩性的网络就是没有用处的。设计师必须要非常清楚地了解预算的限制，以便对权衡成本和可用性做出折中的决策。

2.2.2　网络设计的原则

设计网络时应该遵循以下基本原则。

（1）充分考虑应用性要求进行网络系统设计。网络需要保证网络应用程序顺利运行，不了解应用程序的特点及其要求，网络就不可能设计好。

（2）网络设计需要有经验的设计人员。网络设计工程师不仅需要广泛的实践经验，同时要从理论上了解技术和各种技术之间的相互关系。广泛的实践经验应该被认为完成设计任务的先决条件，若不了解网络是如何工作的，也不可能设计好网络。

（3）网络设计通常包含许多权衡。成本、性能和可用性通常是最基本的设计权衡因素。

（4）设计目标才是推动设计的唯一因素。不要受已有网络设计和拓扑结构的束缚。

（5）采用最简单和最可行的解决方案。只有在有益时或者有要求的情况下增加网络的复杂性才是合理的。

（6）不要使用一套严格的和可能过于全面的设计规则和模板。考虑到每一个网络都有自己的特点，避免因为表面上相似就简单模仿现有的解决方案。

（7）用于网络上所有的设备都要采用成熟的和经过测试的软/硬件。

（8）基本的设计计划必须要坚决执行。设计也许必须显示出某种程度的灵活性，并且随着网络技术一起发展，但基本的设计方案一定不能妥协。

（9）可预见性是一个优秀设计的质量证明。性能的可预见性和一致性、弹性和可升级性是一个设计良好的网络的特点。

2.2.3 网络设计的步骤

在设计过程中遵循下面的步骤可以完成基本的设计任务。

（1）确定性能参数，具体说明每一个设计目标，如应用程序响应时间、数据包损失百分比、延迟和应用程序可用性等。

（2）找出设计的局限性。最明显的局限性是预算，其他还可能包括实施的时间表、设备的技术支持、网络规范和政策。

（3）在考虑了系统规定参数之后，制定相关网络参数的目标。

（4）开始进行设计，这时要解决一些主要的问题，如选择网络技术和设备、IP 地址计划、路由策略等。

（5）设计应该与系统规定参数是一样的，如果系统规定参数不能满足迭代步骤的要求，就需要向下兼容。

（6）解决设计的全部技术细节和替代方法。

（7）技术解决方案的每一个重要方面都要在实验室进行测试，如应用程序的响应时间和可用性等，这有助于逐步精细地调整技术解决方案。

（8）在某些情况下，最终的实验室测试结果可能表明基本的性能目标或者系统规定参数是不切合实际的，这时必须要进行修改或采取折中的方案。

2.2.4　网络设计的折中

实际上，任何目标的实现都要求进行折中和妥协。本节将描述一些一般的网络设计折中方案。

- 为了实现较高的可用性，经常需要冗余组件，这会增加网络实现的费用；
- 为了满足严格的性能要求，需要高成本的线路和设备；
- 为了执行严格的安全策略，可能需要昂贵的监控设备和相应的措施，这时用户就必须降低其对网络易用程度的要求；
- 为了实现一个可扩展的网络，可用性常常遭受损害，因为当增添新设备和扩大用户规模时，网络系统总是处于不断变化之中；
- 一个能较好地实现应用吞吐量的方案可能导致应用的延时问题；
- 要解决缺乏合适人员的问题，可能需要支付高额的培训费用或者失去某些网络性能。

网络设计者必须把这些妥协与折中纳入考虑的范围。

导致网络问题的原因也包括过度的费用消减，因为这可能导致人员不足、培训费用减少。消减费用的代价是导致网络的鲁棒性变差或低于相关性能标准，要认识到这个问题，通常需要花费一段时间。若消减内部网络人员，必然进行外部转包，最终可能导致转包的费用比使用内部人员的费用还要高。

网络设计过程通常是循序渐进的，也就是说老设备必须与新设备共存。因为须要支持老设备和老的应用，所以网络设计可能不如希望得那样好。若新网络没有与新的应用同时引入，设计就必须为原有的应用提供兼容性。此外，还要注意的是，在网络某部分带宽不足时，若由于技术或商业条件的限制而不能增加带宽，就必须用其他方法来解决。

设计者要让用户计划他们想要在可伸缩性、可用性、网络性能、安全性、可管理性、易用性、适应性、可付性等上的花费。有时进行妥协与折中比描述得更复杂，因为对于网络系统来说，不同部分的目标是不一样的。一组用户可能更重视可用性而不是可付性，而另一组用户可能更重视部署最新型的应用和更看重性价比，而不是可用性。此外，有时一个特殊组的目标可能不同于网络的整体目标，若情况如此，编写文档时就要使得这个单个组的目标和网络的整体目标一致[20]。

思考与练习题

（1）简述目前物联网体系结构的研究现状，你认为目前有被产业界广泛认同的物联网体系结构吗？无论有无请阐述你的理由。

（2）简述目前物联网安全体系结构的研究现状，你认为目前有被产业界广泛认同的物联网安全体系结构吗？无论有无请阐述你的理由。

（3）简述网络系统设计的目标、原则、步骤，以及折中考虑。

第 3 章

物联网系统感知层设计

3.1　感知层的基本拓扑结构

3.1.1　感知层涉及的主要技术

感知层包括感知控制子层和通信延伸子层，感知控制子层实现对物理世界的智能感知识别、信息采集处理和自动控制，通信延伸子层通过通信终端模块直接或组成延伸网络后将物理实体连接到网络层和应用层。

感知层涉及的主要技术包括无线射频识别（RFID）、近距离无线通信（NFC）、ZigBee和无线传感器网络（WSN）等。

RFID 的特点是信息存储容量呈几何倍数增长，而且访问时间短、识别读取速度快，并支持全方位识别读取。RFID 可以多次读写，存储容量高，读取器可同时非接触式地识别多个标签，可适应各种恶劣环境条件，抗污和耐久性高，因此其在物流管理、证件安全识别、票种验证等应用上有相当大的发展空间。但由于 RFID 需要特制芯片，因此成本较高，估计芯片可占 RFID 读取器整体成本的 30%～65%。

NFC 是以 RFID 标准为基础衍生出来的短距离无线通信技术，其通信距离不超过 20 cm，主要用在被动非接触式感应卡片领域，以非接触式付款、ID 识别门禁卡、信用卡、电子钱包、金融卡等应用为主。NFC 标准也可应用于主动操作模式，可读取被动式智能电子卷标的信息。例如，从交互式 RFID 广告海报中读取及存储网址和电子促销优惠券、读取路边停车位的 NFC 卷标信息、下载 NFC Tag 指向的音乐服务或商品信息，以及通过 NFC 手机选择购买指定商品。主动模式装置作为初始端，即 NFC 系统定义的读取端，利用本身的电能传送载波，让目标端吸收载波电能工作，被动地响应初始端的通信连接。此外，主动模式也可通过读取外部 NFC 兼容的 RFID Tag 来触发各种手机应用服务。

WSN 已成为目前物联网架构重要内容之一，其中 ZigBee 相关技术发展正渐趋成熟。

WSN 主要由传感器节点、无线网关、计算机及数据处理中心构成，通过具有通信能力且分布于周围环境的各种微小传感器感测到目标物的物理或化学变化，然后利用任意网络将信息传给另一传感器，再通过这个传感器传输到无线网关上，进而将数据传给附近的计算机，最后传输到互联网上，让用户可远程监控目标物的变化信息，并进行相应的处理。

WSN 感测硬件平台是负责传感器之间沟通的传输介质，目前以 ZigBee 为主要骨干，并辅以 RFID 以扩展应用范围。按照 IEEE 802.15.4 的定义，ZigBee 的工作频段可分为一般的 2.4 GHz、欧洲的 868 MHz 及美国的 915 MHz，传输距离不超过 75 m，传输速率为 20～250 kbps。ZigBee 芯片在传输时消耗电流可控制在 27 mA 以下，待机时可降到 0.3 μA 以下，在低耗电待机模式下使用 2 节 3 号电池可工作 6 个月之久。

3.1.2　感知层拓扑结构的类型

ZigBee 支持星状、簇状、网状三种网络拓扑，如图 3-1 所示，ZigBee 标准规定一个单一网络最多可容纳 65 536 个节点，可依据不同形态的 WSN 加以灵活运用。ZigBee 以其网络拓扑特性与成本优势可以作为 Wi-Fi 及 RFID 的中介。目前 ZigBee SmartEnergy 2.0 标准已经和 Wi-Fi 整合，进一步应用在家庭智能电网领域，从而扩大了无线传感器网络的整合范围。ZigBee 还可结合 RFID 的识别优势，以达到物品管理、追踪及定位等目的。ZigBee+RFID 标签的成本虽然较被动式高，但具有较长的传输距离，可调整危险区域的感应距离、传输温度数据、进行人员与物品定位管理等优点，最重要的是，ZigBee+RFID 可同时监控庞大的标签数量。

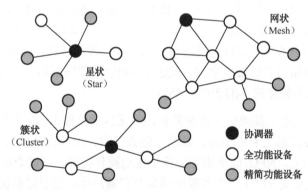

图 3-1　星状、簇状、网状网络拓扑

星状拓扑网络结构由一个叫做 PAN（Personal Area Network）主协调器的中央控制器和多个从设备组成，主协调器必须为一个完整功能的设备，从设备既可是完整功能设备也可是简化功能设备。在实际应用中，应根据具体应用情况，采用不同功能的设备，合理地构造通信网络。在网络通信中，通常将这些设备分为起始设备或者终端设备，PAN 主协调器既可作为起始设备和终端设备，也可以作为路由器，它是 PAN 网络的主要控制器。在任何一个拓扑网络上，所有设备都有唯一的 64 位长地址码，该地址码可以在 PAN 中用于直接通信，或者当设备发起连接时，可以将其转变为 16 位的短地址码分配给 PAN 设备。在设备发起连接时，应采用 64 位的长地址码，只有在连接成功后，系统分配了 PAN 的标识符后，才能采用 16 位的短地址进行连接，因此短地址码是一个相对地址码，长地址码是一个绝对地址码。在 ZigBee 技术应用中，PAN 主协调器是主要的耗能设备，而其他从设备均采用电池供电，ZigBee 技术的星状拓扑结构通常应用在家庭自动化、PC 外围设备、玩具、游戏及个人健康检查等方面。

在网状拓扑网络机构中，同样也存在一个 PAN 主设备，但该网络不同于星状拓扑网络结构。在该网络中的任何一个设备，只要是在它的通信范围内，就可以和其他设备进行通信。网状拓扑网络结构能够构成较为复杂的网络结构，如网孔拓扑网络结构，这种网状拓扑网络结构在工业监测和控制、无线传感器网络、供应物资跟踪、农业智能化，以及安全监控等方面都有广泛的应用。一个网状网络的路由协议可以是基于 Ad Hoc 技术的，也可以是自组织式的和自恢复的，并且在网络中各个设备之间发送消息时，可通过多个中间设备以中继的方式进行传输，即通常称为多跳的传输方式，以增大网络的覆盖范围，其中，组网的路由协议，在 ZigBee 网络层中没有给出，这样为用户的使用提供了更为灵活的组网方式。

3.1.3　感知层拓扑结构的形成

支持无论是星状拓扑结构，还是网状拓扑结构，每个独立的 PAN 都有一个唯一的标识符，利用该 PAN 标识符，可采用 16 位的短地址码进行网络设备间的通信，并且可激活 PAN 网络设备间的通信。

1. 星状网络结构的形成

当一个具有完整功能的设备（FFD）第一次被激活后，它就会建立一个自己的网络，将自身作为一个 PAN 主协调器。所有星状网络的操作独立于当前其他星状网络的操作，这就说明了在星状网络结构中只有一个唯一的 PAN 主协调器，通过选择一个 PAN 标识符确保网络的唯一性。目前，其他无线通信技术的星状网络没有用这种方式，因此，一旦选定了一个 PAN 标识符，PAN 主协调器就会允许其他从设备加入到它的网络中，无论是具有完整功能的设备，还是简化功能的设备都可以加入到这个网络中。

2. 网状网络结构的形成

在网状拓扑结构中，每一个设备都可以与在无线通信范围内的其他任何设备进行通信。任何一个设备都可定义为 PAN 主协调器。例如，可将信道中第一个通信的设备定义为 PAN 主协调器。未来的网络结构很可能不仅仅局限为网状的拓扑结构，而是在构造网络的过程中，对拓扑结构进行某些限制。

簇状拓扑结构是网状网络拓扑结构的一种应用形式，在网状网络中的设备可以为完整功能设备，也可以为简化功能设备。而在树簇状中的大部分设备为FFD，精简功能设备（RFD）只能作为树枝末尾处的叶节点，这主要是由于 RFD 一次只能连接一个 FFD。任何一个 FFD 都可以作为主协调器，并且为其他从设备或主设备提供同步服务。在整个 PAN 中，只要该设备相对于 PAN 中其他设备具有更多计算资源，如具有更快的计算能力、更大的存储空间以及更多的供电能力等，这样的设备都可以成为该 PAN 的主协调器，通常称该设备为 PAN 主协调器。在建立一个 PAN 时，PAN 主协调器将首先把自身设置成一个簇标识符（CID）为 0 的簇头（CLH），选择一个没有使用的 PAN 标识符，并向邻近的其他设备以广播的形式发送信标帧，从而形成第一簇网络。接收到信标帧的候选设备可以在簇头中请求加入该网络，如果 PAN 主协调器允许该设备加入，那么主协调器会将该设备作为子节点加到它的邻近表中，同时，请求加入的设备将 PAN 主协调器作为它的父节点加到邻近列表中，成为该网络中的一个从设备；同样，其他所有候选设备都按照同样的方式，可请求加入到该网络中，作为网络的从设备。如果原始的候选设备不能加入到该网络中，那么它将寻找其他的父节点。

在树簇网络中，最简单的网络结构是只有一个簇的网络，但是多数网络结构都是由多个相邻的网络构成的。一旦第一簇网络满足预定的应用或网络需求时，PAN 主协调器将会指定一个从设备为另一簇网络的簇头，使得该从设备成为另一个 PAN 的主协调器，随后其他从设备将逐个加入，并形成一个多簇网络。多簇网络结构的优点在于可以增加网络的覆盖范围，而随之产生的缺点是会增加传输信息的延迟时间（而这正是星状连接的相对优点）。

3.2 感知层的信息读写与传输

3.2.1 RFID 分类与工作原理

在感知层所涉及的诸多技术中，RFID 技术备受关注。图 3-2 展示了五种类型的 RFID 技术[25]，其中低层次的类包括在高层次类中。

类型 1：包括更简单、更廉价的射频识别标签（RFID Tags）。这类标签属于被动标签，即只能被射频识别阅读器（RFID Readers）读取，而不主动向其发送信息，因此称为只读被动标签。只读被动标签仅能编码一次，编好的信息不会再改变，但嵌入此类标签的物体无须提供电源。

类型 2：嵌入标签中的已编码信息在必要时可以被阅读器修改，其他特征与类型 1 相同，此类标签称为读写被动标签。

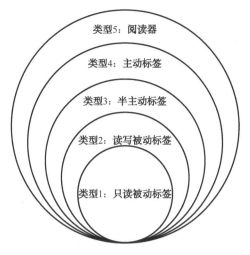

图 3-2　RFID 技术分类

类型 3：包括一种特殊的射频识别标签，此类型能使用被嵌入的专用电池提供的能量来向标签写入数据，称为半主动标签。而被动标签只能在处于阅读器工作范围内才能获得其工作所需能量供应，并且离阅读器越远，被动标签收到的能量越小。

图 3-3 形象地阐明了 RFID 被动标签所有的功能与其距离阅读器距离的关系[25]。当被动标签与阅读器之间的距离足够近时，它能获得足够的能量实现写功能，同时也具备读功能，如被动标签位于图中的读写区域（Read and Write Area）。随着被动标签远离阅读器，被动标签所获能量仅能支持其实现读功能，如被动标签位于图中的读区域（Read Only Area）。当两者之间距离远至图中非检测区域（No Detection Area）时，被动标签所获能量已不足以支持读功能。对后两种情况，半主动标签可以使用自带电池提供的能量实现写功能。

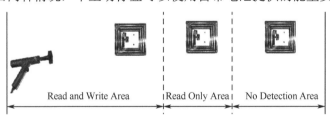

Read and Write Area　　Read Only Area　　No Detection Area

图 3-3　被动 RFID 标签具有的功能与其距离阅读器距离的关系

类型 4：此类属于主动标签，其特征是基于被嵌入电池提供的能量可以实现向另外的主动标签或阅读器发送数据。因此，一组主动标签可以组成无线传感器网络来相互通信。如何节省通信能量以延长此类标签的寿命是一种挑战。

类型 5：包括称为阅读器的智能设备，用于检索类型 1、2、3 标签中的数据。

显然，类型越高，功能越多，同时成本也越高。类型 1、2、3 需要阅读器提供能量，主要用于相同类型的应用领域。尽管类型 4，即主动标签比较昂贵，但能同时适应不同的应用需求。下面先具体介绍被动标签，然后详细阐述主动标签。

被动标签需要阅读器的电磁场产生动力以用于发送自身保存的数据，由芯片和天线组成。天线具有双重作用，一是允许标签发送和接收数据，二是当位于阅读器的电磁场内时，天线将产生电流为芯片提供动力，因而具备数据传输能力。

用于被动标签的频率主要有三种：低频、高频和超高频。低频在 150 kHz 以下，主要用于小生境应用（Niche Application），适用于金属和液态环境。例如，用于兽医领域，给动物安置使用这种频率的标签。高频位于 13～56 MHz 之间，这是 RFID 技术最广泛使用的频段之一。在全向天线的条件下，高频被动标签能够在 1 m 半径范围内被读取，可较好地适用于货架物品和存货管理。超高频位于 865～900 MHz 之间，这也是一个 RFID 技术广泛使用的频段，EPC 标准也采用了这个频段。在有向天线的条件下，超高频被动标签能够在 10 m 距离范围内被读取，此特性可较好地适用于可追溯性应用和后勤应用，如仓储货物盘点或机场的行李分拣。

被动标签的优点：可以起电子条码作用，以避免对物品繁琐的逐一处理；没有视距的限制，即在非视距情况下也可以操作；越来越多的数据可以存储在标签中，对此类标签的读取速度快（阅读器每秒可读 250 个标签[26]）；由于技术的进步，标签可以存 2 KB 的数据，并能通过使用密码或口令保护数据（即标签仅提供信息给发送了正确密码或口令的阅读器）。

被动标签的缺点：电磁场易受液态或金属物质的干扰，干扰的强弱与阅读器使用的频率有关系。例如，低频受液体干扰很轻微，这也是低频 RFID 技术用于对动物进行标记的一个原因。

被动标签面临的挑战：对 RFID 的研究包括硬件和软件。在硬件上，研究者们注重探讨如何减小标签尺寸，以及如何提高单位成本或单位芯片尺寸下的数据存储量的方法。在软件上，需要处理的问题有[27]：

（1）当两个及以上位于相同阅读器感知范围标签同时应答阅读器时，应如何避免冲突。

（2）当两个及以上阅读器的感知区域重叠时，重叠区域的标签如何应答阅读器。

关于前者，文献[28]给出一个较好的解决方法，而后者尚需进一步探讨。

（3）安全和隐私。即使数据能被密码或口令保护，但现实中并非总是这种情况。若每个物品配置 RFID 标签，则有可能被随时随地读取，但物主将遭遇隐私泄漏问题。

（4）中间件的设计问题。尽管 EPCglobal 完成了 UHF 标签的标准化，但尚未定义关于中间件的设计标准。

主动 RFID 标签是自治的（Autonomous），这类标签嵌入了电池，能够用来发送数据或接收来自其他主动标签的数据。通常外加可传感器（如感知温度、湿度等），这类标签的构成包括带有微处理器和内存的芯片、传感器、天线，因此，具有成为无线传感器网络节点的条件。

主动 RFID 标签的工作原理：随机抛洒在一个区域，个体间自组成网，相互通信，可以使用的通信频率范围为 900 MHz～2.4 GHz。

3.2.2 RFID 标签的冲突概念及其避免算法

1. 概述

在 RFID 标签读取场景下，冲突发生的情况是在相同感知区，多个标签或多个阅读器同时动作。例如，当阅读器试图同时读取多个标签，则会发生标签冲突；同样，当两个及以上阅读器同时出现在相同感知区，将会发生阅读器冲突。多数旨在减轻标签/阅读器冲突问题的方案要么采用基于树的方法[29-30]，要么采用基于 ALOHA 的方法[31-32]，也有方案将上述两者的优点结合，称为混合方案[33]。

基于树的算法是从顶向下对树进行顺序遍历操作，树上每个节点具有标签信息的一个附加成分。树根是所有标签所共同的，树的每个叶节点表示一个特定标签。这类算法通过不断地使一些卷入冲突的标签退出来减少竞争，其缺点是不易确定阅读器在识别任何标签前需要迭代的次数，标签本身电路复杂性增大。

基于 ALOHA 的协议由标签选择它们响应的时间槽。当冲突发生时，卷入冲突的标签参与进一步的迭代直至决议出现。这类协议明显处理时间短些，尽管在给定迭代次数情况下，存在标签未被读取的可能。

ALOHA 协议是由 20 世纪 70 年代位于美国夏威夷大学的分组无线网络开发的，其基本工作原理是：无论何时网络中有节点需要发送数据，就可以随时发送，发送后通过侦听广播信息可以知道是发送成功还是发生冲突，若发生冲突则发送者随机等待一个时间片断后重发数据。这个协议使得阅读器的设计变得最简单，阅读器只是侦听而已。标签使用随机的等待期周期性地发送数据。此协议能很快适应不同数量的标签，理论证明协议的最大效率是 18.4%（假设数据发送时刻服从泊松分布）[34]。图 3-4 阐述了在一个由 4 个标签和 1 个阅读器组成的系统中 ALOHA 协议的工作过程。

分时隙 ALOHA 协议是对 ALOHA 协议的改进。在此协议中，时间被划分成离散的时间间隔，而数据仅能在时间间隔的起始处发送，一旦错过一个时间间隙，则要等到下一个时间间隙的到来才能发送，这样能够减小冲突概率，即此协议的最大效率被证明能够达到 36.8%（假设数据发送时刻服从泊松分布）[34]。图 3-4（b）所示为分时隙 ALOHA 协议的工作过程。

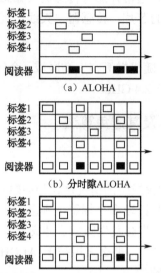

（a）ALOHA

（b）分时隙ALOHA

（c）基于时间帧的分时隙Framed Slotted ALOHA（每个时间帧有3个时隙）

图 3-4　基于 ALOHA 方法的工作过程示例

基于时间帧的分时隙 ALOHA 协议在一个时间帧内进一步划分时间间隔，即每帧 N 个时隙（Slots）。在一个时间帧内，标签至多在一个随机选择的时隙上发送一次数据。因此，每个标签的发送信息在一个给定时间帧内至多出现一次冲突。最初，时间帧大小是一致的，具有相同数量的时隙，后来被改进以增加灵活性，即阅读器可以自适应地扩展或压缩被用于下一轮的每帧时隙数。

基于时间帧的分时隙 ALOHA 协议是为减轻多 RFID 标签同时出现在一个阅读器感知区而引发的冲突问题的。这类方法大多假定阅读器首先发送它的帧大小给标签，然后标签随机选择一个时隙，并在此时隙上响应阅读器。从阅读器这边看，在任何给定的时隙上，它没有接收到信号、接收来自一个标签的信号或接收到来自多于一个标签的信号。第一种情况下的时隙被浪费了，因为没有被用来传输信息；第二种情况下的时隙被成功利用，因为来自标签的信息被阅读器成功接收；在第三种情况下，冲突发生了，涉及冲突事件的标签数目通常是不知道的。估计阅读器感知区存在的初始标签数是困难的，帧的长度取决于标签数量，多数研究采用均衡分布确定响应时隙。

多数基于树的算法是为每个标签分配一个长度为 n 比特的标识符，充分利用每一比特来区分和识别任意给定的标签。但随着二叉树深度的增加，将出现组合爆炸的问题。

冲突可分成阅读器冲突和标签冲突，阅读器冲突发生在相邻阅读器同时查询同一个标签时，标签冲突发生在多个标签同时向同一阅读器发生信息并妨碍了阅读器对任一标签进行识别时。低功能的被动标签既不能检测冲突也不能识别邻近标签，因此标签冲突引发了对标签防冲突协议的需求。标签防冲突协议可分成两类：基于 ALOHA 的协议和基于树的协议。典型的基于 ALOHA 的协议有 ALOHA、Slotted ALOHA，Frame Slotted ALOHA 等。基于 ALOHA 的协议不能完全防止冲突，存在某标签长期不被识别的情况，导致标签"标签饿死"的问题。基于树的协议有二叉树协议（Binary Tree Protocol）和查询树协议（Query Tree Protocol），这类协议不断地将一组标签划分成两组，直至每组仅包含一个标签为止。尽管存在相对较长的识别延时，但不会产生标签"标签饿死"的问题。

一个好的 RFID 被动标签冲突仲裁协议应具有如下一些特征。

（1）阅读器应该能够识别其阅读区域内所有标签。"标签饿死"问题导致物体追踪与监控无法进行，既然阅读器无法知道标签的确切数目，那么在标签防冲突协议的设计中，必须将能识别的所有标签充分考虑进去。

（2）阅读器必须能快速识别标签。因为带有标签的物体可能是移动的，标签识别必须能跟上物体的移动速度。若标签识别速度跟不上物体移动速度，则阅读器就不能进行识别，RFID 系统也就无法对物体进行监控与追踪。

（3）标签应能被识别且消耗的资源要小。因为被动标签要从阅读器无线电波中获得能量补充，故其可用能量有限。同样，标签的计算能力和存储能力都有限，因此标签防冲突协议（Tag Anticollision Protocol）应具有尽可能小的通信和计算开销。冲突的减少有利于识别延时的减少和通信开销的降低。

基于树的标签防冲突协议在询问周期的若干单元上执行标签识别。在一个由若干询问周期组成的帧中的阅读区域内，阅读器要识别所有的标签。在一个询问周期（Interrogation Cycle）内，阅读器向标签发送一个查询或一个反馈，然后标签给阅读器回复其身份标识（ID）。因为被动标签无法检测冲突，因此阅读器必须在其发送后检测是否发生了标签冲突，并根据检测结果确定下一个询问周期的操作。一旦收到阅读器的查询请求，标签决定是否发送。在一个询问周期内，仅仅单一标签的发送时，其信息能被阅读器成功识别。若一个组的标签数多于 1，则存在冲突的可能，一旦冲突发生，可依据标签 ID 或随机数将此组标签分成两个组，然后阅读器设法逐一识别每个新组中的标签。通过继续划分下去，直至每个组含一个标签。基于树的协议能够识别阅读器识别能力所及范围的所有标签。如何有效分组将会极大地影响标签的识别性能。

2．二叉树协议（Binary Tree protocol，BT）

BT 使用由冲突标签产生的随机二进制数码进行分组操作。在帧的起始处，标签初始化计数器为 0，标签在其计数器的值为 0 时发送自身 ID，因此在帧的起始处，阅读器阅读范围内的所有标签将形成一个组，并同时发送。当阅读器发送反馈信息通知所有标签出现了标签冲突事件时，根据阅读器反馈的标签冲突信息，所有标签改变自身的计数器值。改变的方式是随机选择一位二进制数，并将其加到原来的计数器值上。这样，原来的一个标签数较多的组就被分成两个标签数更少的组。当出现标签冲突事件时，未参与此次冲突的标签将其计数器值增 1；当阅读器的反馈信息指示没有冲突时，所有标签将其计数器值减 1；在标签发送自身 ID 后，从紧接着的指示无冲突的反馈中可得知发送成功了。在当前帧中，已被阅读器识别的标签不再发送任何信号。为了终止一帧，阅读器也需要维持一个计数器。在每帧开始，计数器初始化为 0，然后用于记录尚未被识别的标签集的数目。若标签冲突发生，阅读器将其计数器值增 1，因为阅读器应该识别的标签集将会增加一个；若标签冲突未发生，阅读器将其计数器值减 1。当计数器小于 0，阅读器结束此帧。

3．查询树协议（Query Tree protocol，QT）

查询树协议使用标签 ID 来分割标签集。阅读器发送包含一个比特串的查询，若 ID 的起始若干比特等于查询比特串的标签，则通过发送其 ID 进行响应。例如，针对查询串 $\{q_1q_2...q_x\}$（$q_x \in \{0,1\}$），若标签响应冲突了，在紧接着的询问周期（Interrogation Cycle）中，阅读将使用两个各长为 1 比特的查询串 $\{q_1q_2\cdots q_x\}0$ 和查询串 $\{q_1q_2\cdots q_x\}1$。与匹配 $\{q_1q_2\cdots q_x\}$ 的标签集被分成了两个，一个是匹配 $\{q_1q_2\cdots q_x\}0$ 的标签集，另一个是匹配 $\{q_1q_2\cdots q_x\}1$ 的标签集。阅读器为查询比特串维持一个队列 Q，在每帧的开始，一帧被初始化为两个长度为 1 的比特串，分别为 0 和 1。阅读器每次从队列 Q 中弹出一个比特串并发送一次查询。若标签响应冲突了，阅读器将两个长 1 比特的查询串压入到队列 Q 中。通过不断扩展这个查询直到已获得响应或者响应发生为止。至此，所有标签都被识别了。

QT 也称为无记忆（Memoryless）协议，因为它除了 ID 外无须额外存储一些信息来作为识别时使用。但是其识别延时将受到标签 ID 分布的影响，当标签的 ID 很相似时，延时会增加。

阅读器不断地执行标签识别操作，如在每个帧中，对其阅读区的所有标签进行一次识别，这是为了及时地监控与追踪物品。一些知名零售商（如 Wal-Mart、Target、Best Buy 等）和一些后勤公司（如 UPS and Fed-Ex 等）都有这样需求。针对这样情况，文献[35]提出了针对基于树的标签防冲突协议的改进算法。作者对相关问题进行了如下描述：对一个阅读器 r，第 i 帧（即一个时间段）内位于其阅读区域中的所有标签的集合记做 $A_{r,i}$。考虑标签的移动性，将标签细分为停留标签（Staying Tag）、到达标签（Arriving Tag）、离开标签（Leaving Tag）。若标签 a_s 满足条件 $a_s \in A_{r,i} \cap A_{r,i+1}$，则称标签 a_s 是阅读器 r 的第 $i+1$ 帧的停留标签；若标签 a_a 满足条件 $a_a \in A_{r,i+1} - A_{r,i}$，则称标签 a_a 是阅读器 r 的第 $i+1$ 帧的到达标签；若标签 a_l 满足条件 $a_l \in A_{r,i} - A_{r,i+1}$，则称标签 a_l 是阅读器 r 的第 $i+1$ 帧的离开标签。标签识别应该迅速识别停留标签和到达标签，停留标签在上一个帧中已被识别，并将被阅读器在接下来的帧中再次识别。既然阅读器已经有了停留标签的信息，标签冲突仲裁能防止停留标签之间的发射冲突。但是在文献[35]方法提出之前，标签防冲突协议尚不能避免停留标签之间的发射冲突。

在基于树的协议的标签识别过程中，当发生冲突时，冲突标签需要重传其 ID。重传将导致识别延时的增加，影响了阅读器的识别能力，因此，消除停留标签之间的冲突能够缩短总延时和减少通信开销。

4．自适应标签防冲突协议

自适应标签防冲突协议[35]能够消除停留标签之间的冲突。图 3-5 通过树结构表示了基于树协议的一个帧。树上每个节点对应于一个询问周期（Interrogation Cycle），节点上的数字是在此询问周期上标签发射的次数。根据一个询问周期上标签发射的次数值，可以将询问周期分成 3 类：空闲周期（Idle Cycle）、可读周期（Readable Cycle）和冲突周期（Collision Cycle）。

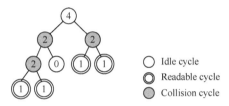

图 3-5　基于树协议的帧的树结构表示

空闲周期：没有标签尝试发射，在空闲周期内，不会出现阅读器未能检测到标签的情况，但浪费了一个周期时间，增加了标签识别延时。

可读周期：仅一个标签尝试发射，阅读器成功识别标签。

冲突周期：多个标签尝试发射，标签发生冲突，致使阅读器不能识别任何标签。冲突周期推迟了标签识别进程，增加了标签通信开销。

图 3-5 表示冲突周期的节点仅有两个子节点，因为标签集合仅在冲突周期被分成两个子集，因此树上的所有中间节点对应于冲突周期，而所有叶子节点要么对应可读周期，要么对应空闲周期。

标签识别与树搜索一致，都是从树根开始寻找可读周期节点的。跳过冲突周期可减少标签识别延时。然而，一旦一帧开始，BT 和 QT 的树搜索就从树根或树的第 1 层节点出发，并检查所有的中间节点。总之，不合理的出发点会增加识别延时。

自适应标签防冲突协议具有快速标签识别特征，它可分为两种，一种是自适应查询分割（Adaptive Query Splitting，AQS）协议，它是基于采用确定性方法的查询树协议的改进方法；另一种是自适应二元分割（Adaptive Binary Splitting，ABS）协议，它是建立在采用概率方法的二叉树协议之上的。为了减少冲突，这些协议都使用了从上一帧通信中获得的信息，这适合于阅读器不断重复执行标签识别以进行物体追踪与监控的应用环境。AQS 使用阅读器查询和 QT 类似的标签 ID，但它从上一帧的树结构的叶子节点开始树搜索。既然一些到达标签可能不匹配上一帧的任何可读周期节点，树搜索可以开始于空闲周期节点和上一帧的可读周期节点。另一方面，ABS 使用随机数，并从上一帧的可读周期节点开始树搜索。在新帧开始时，通过随机选择，一个到达标签开始属于上一帧的一个可读周期节点。通过跳过在上一帧中发生标签冲突的询问周期，AQS 和 ABS 能够抑制停留标签间的冲突，该方法简单且能很快识别所有的标签。

AQS 通过使用阅读器发送的查询（Query）识别标签，一个查询包含一个比特串。当一个标签的 ID 起始的若干比特与查询比特串匹配，它就用自身 ID 进行响应。在 AQS 中，标签操作算法如下。

算法：AQS 标签操作

```
/* 响应阅读器的询问
查询串 q 为 q₁q₂···qₓ
（qᵢ 为一个二进制值，x 为查询串长度）
标签 ID 为 t₁t₂...t_b
（tᵢ 为一个二进制值，b 为 ID 串长度）
isResponsible 是一个标记，它决定标签是否发射其 ID */

1   从阅读器接收开始一帧的命令
2   从阅读器接收消息 m
3   while m != 帧结束命令 do
4       q = m
5       isResponsible = 1
6       for （i=1；i<x；i++）do
7           if qᵢ != tᵢ then
8               isResponsible = 0
9               break
10          end if
11      end for
12      if isResponsible == 1 then
13          发送自身 ID
14      end if
15      从阅读器接收消息 m
16  end while
```

若发生冲突，可通过两个长度多 1 比特的查询串来解决。阅读器需要一个队列 Q 来维护查询比特串。在一个帧的起始处，队列 Q 被初始化为上一帧的树结构的所有叶子节点的查询串。阅读器也需要一个候选队列 CQ，它可用来编辑正在进行的帧的可读周期和空闲周期的查询串。当新帧开始时，阅读器使用 CQ 中的比特串初始化 Q，并使 CQ 为空，因此阅读器不会发送在上一帧中导致标签冲突的查询串。在 AQS 中，阅读器操作算法如下。

算法：AQS 阅读器操作

```
   /*发送询问和接收标签的响应

1  /*初始化队列 Q 和 CQ*/
2  Q=CQ
3  CQ=NULL
4  if Q==NULL then
5      Push （Q, 0）              /*将 0 推入队列 Q*/
6      Push （Q, 1）              /*将 1 推入队列 Q*/
7  end if
8  /*识别标签并形成 CQ*/
9  发送启动一个帧的命令
10 while Q !=NULL do
11     q = Pop（Q）               /*从队列 Q 中弹出一个串并赋值给 q*/
12     发送包含 q 的查询
13     接收标签响应并检测冲突
14     if 标签冲突 then
15         /*将查询串增长 1 比特压入队列 Q*/
16         Push （Q, q0）         /*将 q0 推入队列 Q*/
17         Push （Q, q1）         /*将 q1 推入队列 Q*/
18     else if 只有一个标签响应 then
19         存储标签 ID
20         Push （CQ, q）         /*将 q 推入队列 CQ*/
21     else if 没有标签响应 then
22         Push （CQ, q）         /*将 q 推入队列 CQ*/
23     end if
24 end while
25 QueryDeletion（CQ）            /*删除不需要的查询串*/
26 发送帧结束命令
```

Query Insertion：在第 11 和 12 行，阅读器从队列 Q 中弹出一个比特串，并在一个询问周期中发送一个查询请求。对 $\{q_1q_2\cdots q_x\}$（$q_i \in \{0, 1\}$，$1 \leqslant x \leqslant b$，$b$ 是标签的 ID 的比特长度）

来说，若发生冲突，阅读器将在第 16 和 17 行把 $\{q_1q_2\cdots q_x\}0$ 和 $\{q_1q_2\cdots q_x\}1$ 推入队列 Q。若 $\{q_1q_2\cdots q_x\}$ 造成了一个空闲周期或一个可读周期，阅读器将在第 20 和 22 行推 $\{q_1q_2\cdots q_x\}$ 到队列 CQ 中。因为所有的叶子节点要么对应可读周期，要么对应空闲周期，因此，在帧结束时，CQ 中已有了树中所有叶子节点的查询串。从叶子节点扩展查询可以用较少的询问周期解决冲突问题。使用上一帧的叶子节点的查询串，阅读器能够在下一帧中几乎不冲突地识别所有标签且具有很小的识别延时。

Query Deletion：在执行过程中，查询插入增加了树中的叶子节点和发射查询串的长度。既然可读周期的数目对应于标签数目，那么空闲周期会降低阅读器对标签识别的能力。由于标签的离开，上一帧中的可读周期就转变成了空闲周期。为了解决这个问题，AQS 在第 25 行进行多余空闲周期的删除。既然在冲突周期中存在多于 1 个的响应冲突，周期节点应该有两个子节点，它们是一对如下类型的节点。

- 两个都是冲突周期节点；
- 一个是冲突周期节点，另一个是可读周期节点；
- 一个是冲突周期节点，另一个是空闲周期节点；
- 两个都是可读周期节点。

若离开标签转换成一对子节点，阅读器将从队列 CQ 中删除多余查询串，过程如下。

（1）一个可读标签和一个空闲标签：若只有标签 a_x 响应查询串 $\{q_1q_2\cdots q_x\}0$ 或 $\{q_1q_2\cdots q_x\}1$，并且没有标签响应 $\{q_1q_2\cdots q_x\}1$ 或 $\{q_1q_2\cdots q_x\}0$，那么此标签能通过使用查询串 $\{q_1q_2\cdots q_x\}$ 被无冲突识别。因此，阅读器可以从队列 CQ 中删除 $\{q_1q_2\cdots q_x\}0$ 或 $\{q_1q_2\cdots q_x\}1$，而将 $\{q_1q_2\cdots q_x\}$ 放入 CQ 中。

（2）两个空闲周期：若 $\{q_1q_2\cdots q_x\}0$ 和 $\{q_1q_2\cdots q_x\}1$ 都是空闲周期的查询串，则没有标签响应查询串 $\{q_1q_2\cdots q_x\}$，因此 $\{q_1q_2\cdots q_x\}$ 也是空闲周期的查询串。阅读器可以从队列 CQ 中删除 $\{q_1q_2\cdots q_x\}0$ 或 $\{q_1q_2\cdots q_x\}1$，而将 $\{q_1q_2\cdots q_x\}$ 放入 CQ 中。

在一帧过后，阅读器从队列 CQ 中删除两个 1 比特查询串以外的多余查询串。图 3-6 描述了查询串的删除过程，图中圆括号的数字显示了询问周期的查询串。在上一帧，阅读器识别了三个标签，它们的 ID 号分别是 0100、0111 和 1010，如图 3-6（a）所示。3-6（b）所示为在标签 0111 移出阅读器的阅读范围后查询串的删除过程。当树上所有分枝都包括在 CQ 时，查询串删除过程就完成了，此时，所有标签在下一帧中将会迅速识别。

图 3-6（a）给出了当阅读器识别标签 ID 分别为 0100、0111、1010 的标签后，上一帧的树结构；图 3-6（b）给出了标签 ID 为 0111 的标签移出阅读器的阅读范围后，查询串的删除过程。

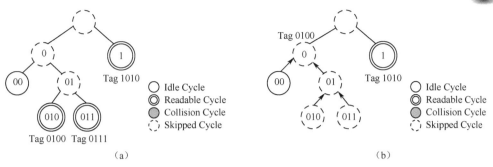

图 3-6　查询串删除过程示例

尽管 AQS 减少了冲突，但是它会产生空闲周期。为了确保所有标签的识别，阅读器不仅要使用上一帧的可读周期查询，而且也要使用上一帧的空闲周期查询。尽管阅读器删除了离开标签产生的多余查询串，但是一些空闲周期不能避免，这是为了覆盖所有可能的标签 ID 范围。相反，ABS 仅从上一帧的可读周期开始进行标签识别，并使用随机数进行标签集的分割。停留标签修改它的计数器以指示其已被阅读器在上一帧中识别了。到达标签的发射由在阅读器阅读范围内可能的值中随机选择的随机数决定，标签发射顺序按各个标签计数器值的递增次序排列，ABS 能取得快的识别是通过既消除冲突又删除多余空闲周期实现的。

算法：ABS 的标签操作

```
/*通过控制 PSC 和 ASC 发射 ID，f 是阅读器的反馈，用于指示可读、空闲、冲突*/

1   接收带有阅读器 TSC 的帧启动命令
2   /*初始化 PSC 和 ASC*/
3   PSC=0
4   if ASC==NULL or ASC>TSC then
5       ASC 被赋值为 0 与 TSC 之间的随机数
6   end if
7   /*为发射而处理 PSC 和 ASC*/
8   while PSC≤ASC do
9       if PSC==ASC then
10          发射 ID
11          从阅读器接收反馈 f
12          if 反馈 f 指示为冲突 then
13              随机选择一个二进制值 i
14              ASC=ASC+i
15          else
16              PSC=PSC+1
```

```
17              end if
18          else if PSC<ASC then
19              从阅读器接收反馈 f
20              if 反馈 f 指示为冲突 then
21                  ASC=ASC+1
22              else if 反馈 f 指示为可读 then
23                  PSC=PSC+1
24              else if 反馈 f 指示为空闲 then
25                  ASC=ASC-1
26              end if
27          end if
28 end while
```

Tag Transmission Control：一个标签需要维护两个计数器，一个是进展时隙计数器（Progressed Slot Counter，PSC），另一个是分配时隙计数器（Allocated Slot Counter，ASC）。在帧的起始处，PSC 被初始化为 0，而仅在可读周期增 1，所有标签一直有相同的 PSC 值。ASC 表示标签能发送其 ID 的询问周期，也就是说，当标签的 ASC=PSC 时，它被允许发送。若标签的 ASC<PSC，它不会试图发送直至帧结束，因为它在当前帧中已被识别。为了控制 PSC 和 ASC，阅读器通过发送反馈告诉标签上一个询问周期的类型。为了分割在相同询问周期发射的一组标签，冲突标签将自身 ASC 增加一个随机数，当标签冲突发生时，ASC 等于 PSC 的标签随机选择两个二进制数字中的一个，即 0 或 1，然后加到 ASC 上，如第 13 和 14 行所示。为防止第二个子集（标签选择 1 的）与其他集合（标签的 ASC 已经是 1）合并，ASC 大于 PSC 的标签在冲突周期中需将 ASC 增 1，如第 21 行所示。既然 PSC 不变化，第一个子集（标签选择 0 的）将设法在下一个询问周期重发。在第一个子集被识别后，第二个子集才发射。在空闲周期，没有被识别的标签。例如，ASC 大于 PSC 的标签，将 ASC 减 1，如第 25 行所示，既然 PSC 不改变，ASC 的减小将影响标签发射调度。

在帧结束时，被识别的标签获得一个唯一的 ASC。若到达标签和停留标签具有相同 ASC 值，则在下一帧中可能发生标签冲突。若有标签变成离开标签，则在下一帧中可能出现空闲周期。图 3-7 描述了在 ABS 的冲突周期和空闲周期中的操作，图中方形或圆形对应于一个标签集，而圆括号中数字则表示此集合中标签具有的 ASC。在两个相邻帧的边界保留 ASC 使得树搜索从上一帧的可读周期开始成为可能。

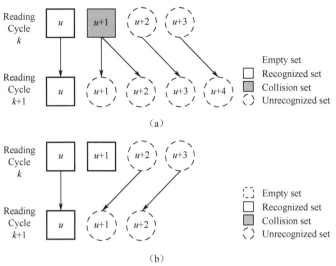

（a）

（b）

图 3-7 ABS 中的标签识别示例

算法：ABS 的阅读器操作

```
/*根据接收到的标签响应数，发射反馈信息
f 是一个标记，用于指示可读、空闲、冲突*/

1  PSC = 0
2  if TSC==NULL then
3     TSC = 0
4  end if
5  发射带有阅读器 TSC 的帧启动命令
6  while PSC≤TSC do
7     接收标签响应并检测冲突
8     if 标签冲突 then
9        TSC＝TSC+1
10       将 f 赋值为冲突
11    else if 仅有一个标签响应 then
12       保存标签 ID
13       PSC=PSC+1
14       将 f 赋值为可读
15    else if 没有标签响应 then
16       TSC＝TSC-1
17       将 f 赋值为空闲
18    end if
```

```
19      发射反馈 f
20  end while
21  发射帧终止命令
```

Frame Termination：为了在识别所有标签后立刻终止当前帧，ABS 阅读器需要充当具有最大 ASC 值的标签。阅读器决定具有 PSC 和终止时隙计数器（Terminated Slot Counter，TSC）的帧的结束点。阅读器的 PSC 表示被成功识别的标签数，在可读周期，阅读器将 PSC 增 1。TSC 表示阅读器识别范围内标签集的数目，若冲突发生，阅读器将 TSC 增 1，因为标签集数目已经增加；若遇到类型为"空闲"询问周期，阅读器将 TSC 减 1，这体现空闲周期的消除效果。一旦 PSC 大于 TSC，阅读器能够推断所有标签已被识别，并向所有标签发送帧终止命令。为了在下一帧中进行快速识别，阅读器需要在当前帧结束后保存 TSC。

在具有多个阅读器的环境中，通过使用一些阅读器提供的有关某到达标签的 ASC，此标签能够被另一些阅读器识别。若到达标签的 ASC 小于 TSC，那么它与停留标签或离开标签具有相同的 ASC。为了应对大于 TSC 的 ASC 的情况，阅读器会在一帧开始时维持 TSC 值。具有大于 TSC 值的 ASC 值的标签会把它的 ASC 变为到一个 0 与 TSC 之间的随机数，通过缩放到达标签的 ASC 到 TSC 的范围，ABS 能很快地识别所有的标签。

图 3-7（a）表示在冲突周期中的操作，图 3-7（b）表示在空闲中的操作。RFID 系统由阅读器和标签组成，阅读器能读写和识别标签，标签被附着在物体上以用于识别物体。相比于条形码和智能卡系统，RFID 系统有许多优势。

（1）与条形码不同，标签不要求一定要位于阅读器视距范围内才能易于读取。

（2）与智能卡不同，标签不要求一定要接触才能易于读取。

（3）RFID 标签能存储与智能卡大略相当的数据，比条形码存储的数据多很多，但 RFID 系统的劣势是相对高昂的成本，这制约了其应用的普及。

在 RFID 系统中，每个标签都有唯一的 ID，当其进入阅读器的询问区（Interrogation Zone）时，将发送这个 ID 给阅读器。当两个或更多标签同时向同一阅读器发送它们的数据时，则阅读器不能识别任何标签信息，即冲突发生了。冲突导致标签必须重发其数据，这将产生更长的阅读时间和更多的能量消耗。换言之，冲突将严重降低系统性能。在被动 RFID 系统中，标签是无能源的和无状态的装置，无法感知信道，因此，标签不会知道邻近区域其他标签的存在情况，也无法探测任何冲突。这就是防冲突算法能够出现的原因，防冲突算法的目标是以最小的延时和最适宜的能耗获取标签的唯一 ID。

通常，标签防冲突算法分成基于 ALOHA 的方法和基于树的方法。基于树的方法不断地将标签集一分为二直至每个子集仅含一个标签。例如，查询树算法（QT）和二叉树算法（BT）就属于基于树的算法。基于树的防冲突算法在标签数量少时效率高，但是，当标签数量很大时，这种方法往往具有更长的读取时间以及导致很大的冲突。

基于 ALOHA 的防冲突算法属于概率型方法。当标签向阅读器发送数据时，此方法估计标签数目，并分配合适的时隙数以减小冲突的概率。在基于 ALOHA 的防冲突算法中，由于简单有效，帧时隙 ALOHA（FSA）成为 RFID 系统的首选算法。FSA 算法就像分时隙 ALOHA 协议一样，标签能够响应阅读器命令的可用时隙被组织成时间帧，每个时间帧被划分成许多时隙，每个时隙长度足够标签发送完其数据。因此，每个未识别标签随机选择帧中的一个时隙来发送数据，并将在下一帧中再次尝试发送直至此标签成功地将数据发送给了阅读器。

由于 FSA 的性能依赖于适当的帧大小，因此文献[36]提出了 FSA 机制的改进版，即动态帧时隙 ALOHA（Dynamic Framed Slotted ALOHA，DFSA），DFSA 算法动态地改变帧大小以增加标签识别的概率和降低多余的读取时间。

RFID 系统的阅读周期时间被划分为许多时隙，而这些时隙构成一幅帧。时隙是离散的时间间隔，其长度足够一个标签发送完其数据。阅读器与时隙边界同步以确保若有冲突发生时，时隙一定是完全的，即不会出现部分比特冲突的情况。阅读周期是两次请求命令之间的时间间隔，它能被重复直至在阅读器询问范围内的所有标签都被识别。当帧大小固定时，相邻帧具有同样的时隙数。在阅读器发送重设或校准命令后，标签被激活，阅读器广播请求命令，然后标签发送自身数据。通常，ALOHA 类算法普遍用于从标签到阅读器的多路访问通信，以避免具有只读标签的被动 RFID 系统中的冲突问题。时隙 ALOHA 的一些变种有帧时隙 ALOHA（FSA）和动态帧时隙 ALOHA（DFSA）。

（1）FSA 算法：一幅帧被划分为多个具有同样长度的时隙，每个标签在帧中随机选择一个时隙并发送数据，若接收到标签发送的数据且无冲突发生，阅读器将会成功识别此标签。在此算法中，阅读器使用固定的帧大小，即在标签识别过程中，阅读器不改变帧大小。只要具有支持发送的能量，标签就会在遭遇冲突后随机选择一个时隙重发数据。数据将以循环顺序发送直至标签被识别。图 3-8 所示为 FSA 的工作过程，在这个例子中，假定 5 个标签需要被读取，而帧的大小为 3。首先，阅读器发送一个请求命令，其带有一个参数 3 以指示帧大小为 3。在第 1 个读周期（Read Cycle）中，标签 1 和 3 在时隙 1 同时发送它们的唯一 ID，而标签 2 和 4 在时隙 2 中同时发送它们的唯一 ID。这 2 个时隙都将产生冲突，需要另外一个读周期来继续识别这些未识别标签。但是，标签 5 在时隙 3 中发送了其唯一 ID，因此它能被成功识别而不会产生冲突，因为时隙 3 是被其独占。读周期将重复直至所有标签都被识别完毕。

当阅读器选择一个小的帧初始化值时，FSA 算法可能导致高冲突概率，以至性能下降，故 FSA 算法效率低。但使用一个更大的帧大小也不总是一个好解决方案，因为这将导致更长的读取时间。事实上，标签数量通常是未知的，较低的发射冲突率意味较低的未识别标

签数量，因此帧大小应该设置得小一些；另一方面，连续的发射冲突则表示存在大量未识别的标签，因此帧大小应该设置得大一些。

Downlink	Reset Calibration	Request	Slot 1	Slot 2	Slot 3	Request	Slot 1	Slot 2	Slot 3
Uplink			collision	collision	1111		1000	collision	0011
Tag1			0000					0000	
Tag2				1000			1000		
Tag3			1100					1100	
Tag4				0011					0011
Tag5					1111				

图 3-8　FSA 的工作过程示例

（2）DFSA 算法：若标签数量大，小的初始化帧大小会导致大量冲突并产生更多读周期；相反，若标签数量小，大的初始化帧大小将导致更多空闲时隙和增加信道带宽的浪费。因此，阅读器应该具备根据系统中未识别标签的当前数量动态调节帧大小的能力。

DFSA 算法比 FSA 算法更适合改善 RFID 系统性能，原因在于 DFSA 能够根据通信负荷动态地调整帧大小以提高系统性能。图 3-9 所示为 DFSA 的工作过程，图中设定了 5 个标签需要被读取，帧的大小为 5。首先，阅读器发送带有参数 5 的请求命令以指出帧大小。在第 1 个读周期中，标签 1、3 和 4 同时在时隙 1 中发射。由于这些发射发生在同一个时隙中，因此导致了冲突。标签 2 和 5 分别在时隙 2 和 5 中发送其 UID，因此能够被阅读器成功识别。由于在第 1 个阅读周期中识别了两个标签，因此，还剩下 3 个标签需要被继续识别。在第 2 个周期中，阅读器采用了大小为 3 的帧。此过程继续直至所有标签被识别或在读周期中不再出现冲突。

Downlink	Reset Calibration	Request	Slot 1	Slot 2	Slot 3	Slot 4	Slot 5	Request	Slot 1	Slot 2	Slot 3
Uplink			collision	1000	idle	idle	1111		idle	collision	0011
Tag1			0000							0000	
Tag2				1000							
Tag3			1000							1100	
Tag4			0011								0011
Tag5							1111				

图 3-9　DFSA 的工作过程示例

显然，DFSA 防冲突算法的性能主要取决于帧大小的正确选择，正确的帧大小应该与阅读器询问区域内未识别标签的数量相关。当阅读器无法确切估计未识别标签数量时，将难以做出正确决定。

这个问题在研究文献中给予了足够的讨论，文献[37-38]给出了估计 RFID 系统的标签数目的公式，如式（3-1）所示，其中的参数是帧中的空闲、成功、冲突时隙的期望值，E、S、C 分别是有关空闲、成功、冲突的读取结果，选择能最小化两个矢量距离的 n 值，即标签数。

$$\varepsilon_{vd} = \min \left\| \begin{pmatrix} a_0 \\ a_1 \\ a_m \end{pmatrix} - \begin{pmatrix} E \\ S \\ C \end{pmatrix} \right\| \tag{3-1}$$

帧中的空闲、成功、冲突时隙的期望值分别由式（3-2）、式（3-3）和式（3-4）计算。

$$a_0 = N\left(1 - \frac{1}{N}\right)^n \tag{3-2}$$

$$a_1 = n\left(1 - \frac{1}{N}\right)^{(n-1)} \tag{3-3}$$

$$a_m = 1 - a_0 - a_1 \tag{3-4}$$

在上述各式中，n 是参与竞争的标签数，N 是帧大小，即一个帧的时隙数。

文献[38]指出，冲突标签时隙数提供了在上一阅读周期中设法接入信道的未识别标签的实际数的下限，这是一个直觉的观察，因为一些标签可能在相同时隙中发送。因此，可使用式（3-5）估算。

$$N = R + 2C \tag{3-5}$$

式中，C 是冲突时隙的数目，R 是成功时隙的数目，而 N 是估计的标签数。

文献[39]提出了估计标签数的改进公式，即每个冲突时隙中的期望标签数可由式（3-6）计算。

$$C_{tags} = \frac{1}{C_{rate}} = \lim_{n \to \infty} \frac{1 - P_s}{p_c} = 2.3922 \tag{3-6}$$

式中，P_s 和 P_c 分别表示成功和冲突的发生概率，因此标签的估计数可由式（3-7）计算。

$$N = R + 2.39C \tag{3-7}$$

3.3 感知层的频谱规划与使用

3.3.1 感知层对频谱的需求

物联网的快速发展离不开多样化的无线技术支持，无线技术的广泛应用将会对频谱资源管理利用提出新的挑战。因此，如何准确把握物联网用频设备的频谱需求，加强物联网频谱规划与分配的科学合理性，从而提高用频设备的工作效能，解决频谱资源短缺的瓶颈制约，已经成为影响未来物联网发展亟待解决的问题。物联网未来将应用于无法准确估量的行业和场景，必然产生海量终端，形成远远大于人与人通信互连的移动通信与无线接入的数据量，如果不加以重视，未来频谱资源的短缺将成为物联网发展难以克服的瓶颈。

（1）物联网的业务规模远远大于移动通信。因此，当物联网正式实现，巨大数量终端需要通过无线方式连接在一起时，其对频谱的需求不是如今已分配的移动通信和无线接入频率所能承担的。

（2）虽然目前物联网应用一般是小流量的 M2M，但也有大量占用高带宽的应用，如公共交通等以视频图像为主的监控业务，对图像的连续性和实时性有较高要求，所以传输频谱的需求绝不是目前 3G 甚至 4G 可以轻松承载的。

（3）物联网的识别层将信息传感设备，如 RFID 装置、红外感应器、全球定位系统、激光扫描器等与网络连接在一起，方便识别和管理，而这种连接将采用低功率技术，其中最被推崇的是 Wi-Fi 技术。如果将 Wi-Fi 用于物联网，Wi-Fi 的频谱需求将大大超过目前已分配的频谱总量。

（4）物联网的流量模型至今并没有权威研究结果，它肯定既不同于互联网流量模型，也不会等同于移动通信的流量模型。但是，物联网的规模巨大，尽管有些业务每次传输的数据量不一定非常大，甚至只有几十个字节，但是必须一次传输成功，有着非常实时的传输要求。

（5）移动蜂窝网络着重考虑用户数量，而物联网数据流量具有突发特性，可能会造成大量用户堆积在热点区域，引发网络拥塞或资源分配不平衡。这些都会造成物联网对频谱的需求方式和规划方式有别于已有的无线通信[40]。

3.3.2 频谱的科学规范

频谱资源是无线应用发展的基础，没有频谱资源的支持，任何无线应用都将难以展开。由于无线频谱资源的有限性，各种无线通信技术在构筑物联网时需要科学的无线频率规划，这样才可让各种无线技术的发展有章可循，不会出现相互干扰的现象，充分发挥出各自的作用，因此，在无线融合发展的过程中，需要做好统筹规划，处理好频率划分问题。现在无线通信正在向更高速的方向发展，在这个过程中，把挖潜和向高频段拓展相结合，一方面利用从频分到时分、码分、空分再到 OFDMA 的技术进步，挖掘现有频段无线技术的发展潜力，推出 LTE、WiMAX 和 UWB 等新应用；另一方面通过技术研究，让无线电频谱的使用率越来越高，从 HF、VHF、UHF 一直到 C、X、Ku、Ka 和 Q 等，不断地向更高频带发展，拓展无线频谱可用资源。

为了解决频谱资源匮乏的问题，基本思路就是尽量提高现有频谱的利用率，为此，人们提出了认知无线电（Cognitive Radio，CR）的概念，这同样可以用来解决物联网发展频谱资源短缺的问题。认知无线电的基本出发点就是：为了提高频谱利用率，具有认知功能的无线通信设备可以按照某种"伺机（Opportunistic Way）"的方式工作在已授权的范围内，但这一定要建立在已授权频段没用或只有很少的通信业务在活动的前提下。这种在空域、时域和频域中出现的可以被利用的频谱资源被称为"频谱空洞"。CR 的核心思想就是使无线通信设备具有发现"频谱空洞"并合理利用的能力。认知无线电作为一种智能的频谱共享技术，能够依靠人工智能的支持，感知无线通信环境，根据一定的学习和决策算法，实时、自适应地改变系统工作参数，动态地检测和有效地利用空闲频谱，理论上允许在时间、频率及空间上进行多维的频谱复用，这将大大降低频谱和带宽限制对无线技术发展的束缚。如果能在物联网建设中加入认知无线电技术，势必能更好地满足物联网发展的频率需求，提高频谱的利用率。由于物联网中用户对带宽的要求，可用信道的数量和位置都是随时变化的，因此常规的频谱分配方法并不完全适用。另外，要实现完全动态频谱分配（Dynamic Spectrum Allocation，DSA）受到很多政策、标准及介入协议的限制。目前基于 CR 频谱共享池（Spectrum Pooling，SP）研究可满足这一需求。

频谱池是 CR 的频谱共享的主要研究策略，其思想是将一部分分配给不同业务的频谱合成一个公共的频谱池，频谱池中的频谱是不连续的，并将整个频谱池划分为若干个子信道，已授权用户并不是任何时候都占用自己的所有信道，因此未授权的用户可以临时占用频谱池里的空闲信道。基于 CR 频谱池思想提出的物联网频谱管理方案既可以实现动态的频谱共享和 DSA，又能满足物联网巨大的频谱需求。

常用的频谱分配方法如下所述。

（1）固定频谱分配。固定频谱分配是标准化组织提出的固定频谱分配方案的自然演进，在此方案中，仍然为每个运营商分配固定数量的频谱块，且这些频谱块的宽度是定值，不随时间与空间而改变。但是频带与无线接入技术（RAT）的分配不是独立进行的，各个频带有其对应的 RAT，用户改变频带的同时也进行 RAT 的切换。

（2）共享频谱池的固定频谱分配。共享频谱池的固定频谱分配与固定频谱分配的主要区别在于频谱池中的频段可以被任何 RAT 使用，同时保持相邻无线接入技术的兼容性。这种新的灵活频谱分配方法是一种高效频谱管理方案，对比以前的固定频谱分配方案，此方案可以根据业务需求为每种无线接入技术分配适量的频谱，也可以实现不同 RAT 之间的负载平衡。此方法为频谱资源提供了自平衡能力，在必要情况下可为 RAT 提供更多的频谱资源。

（3）非固定频谱分配。在这种解决方案下，频谱分配是完全灵活的，不需要为每个运营商分配固定数量的频谱块，也不需要为每个 RAT 技术分配固定的带宽。每个频谱块的宽度随时间和空间动态变化，用户利用终端的重配置能力可接入任何 RAT。非固定频谱分配解决方案不需要对分配给每个运营商的 RAT 和载频进行预先定义，因此终端能够实现完全的（RAT 和载频）重配置，不同的无线接入技术在相同地理区域的不同地点共享相同的载波频率，但该方案需要更复杂的无限资源管理，以及更多的信令交互。

3.3.3 频谱感知的基本方法

为了进行频谱共享，首先需要进行频谱感知，频谱感知技术也是认知网络区别于传统无线网络的核心技术之一。按照感知对象的不同，频谱感知可分为基于发射源的感知和基于干扰的感知[41]。根据感知方式的不同，目前对频谱检测技术的研究主要包含两方面：一方面是单点频谱检测技术，根据单个认知无线电节点接收的信号，检测其所处无线环境的频率占用状态；另一方面是多点协作频谱检测技术，即把多个节点的频谱检测结果进行合并，以提高检测的正确率，并降低对单节点的性能要求，如图 3-10 所示。

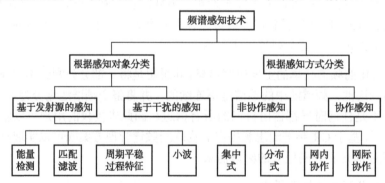

图 3-10　频谱感知技术分类

1．基于发射源的感知

针对发射源的不同特征进行感知，该方法又可细分为以下几类。

（1）能量检测。能量检测是指在一定频段内检测能量的积累，如果积累后的能量高于设定的门限则说明有信号存在，否则只有噪声。能量检测的优点是无须任何检测信号的先验知识，属于非相关检测；其缺点是检测速度慢，并且对门限值的设定也非常敏感。

（2）匹配滤波检测。匹配滤波检测是指通过频谱滤波器进行信号检测的技术，匹配滤波器是输出信噪比最大的最佳线性滤波器，匹配滤波检测是在已知主用户信号特征下最优的频谱检测技术，是一种相关检测。和其他检测技术相比，它具有时间短、检测精度高的优势。但是需要主用户信号的详细特征，如果需要对多个主信号进行检测，就需要配置多个滤波器，其执行成本将大大增加，因此其应用场合也将受到很大的限制。

（3）周期平稳过程特征检测。周期平稳过程特征检测是指通过提取接收信号的静态相关特征来检测主用户信号的技术。静态相关特征是由信号的周期性特征导致的。这种检测技术的主要优势是能从调制信号功率中区分出噪声能量，前提是噪声为不相干的广义平稳信号。因此，周期平稳过程特征检测可以在较低的信噪比前提下检测信号。

（4）小波检测。由于无线网络中率谱密度的不规则性，因此可以通过小波变换来分析信号的特征，其最大的优势是能对较宽频段的信号进行检测。

表 3-1 对以上 4 种主要的频谱感知技术进行了优缺点的总结[41]。

表 3-1　频谱感知技术比较

感 知 技 术	优　　点	缺　　点
能量检测	不需要信号的先验知识，简单易行	检测速度慢，不能在低信噪比下工作，无法区分主用户与认知用户信号
匹配滤波检测	准确度高，较易执行	需要主用户信号的全部先验知识，可扩展性差
周期平稳过程特征检测	低信噪比和干扰条件下性能稳定	计算复杂，需要主用户的部分先验知识
小波检测	利于宽频段下的信号检测	计算复杂，无法检测扩频信号

2．基于干扰的感知

该方法的基本思想是根据接收端受到的干扰程度来决定是否或者如何进行频谱接入。在实际应用环境中，基于发射源的感知方法还存在一些难以克服的问题。图 3-11（a）中的情形是主用户接收端不确定问题，也称为主用户的隐终端问题。认知用户在主用户发射端的干扰半径之外，因此一旦检测到频谱可用并接入信道，便会与主用户接收端发生冲突。虽然图 3-11（b）中的认知用户处于主用户发射端的干扰半径之内，但是由于障碍物的存在，导致在阴影区域（扇形区域）检测到频谱可用，而接入信道后也会与主用户的接收端发生冲突[41]。因此，学者又提出了一种新的检测干扰的模型——干扰温度模型。该模型不使用噪声作为判断门限，而是将干扰温度，即接收端所能忍受的干扰程度来进行门限判断，只要不超过该门限，认知用户就可以使用该频段。

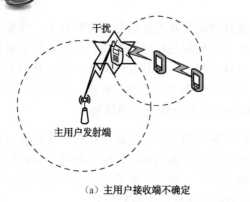
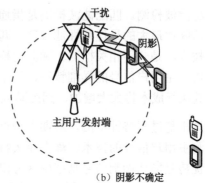

（a）主用户接收端不确定　　　　　　　　　（b）阴影不确定

图 3-11　发射源感知存在的问题

3．协作感知

由于无线环境存在路径损耗、阴影效应和多径效应，仅依靠单个节点检测频谱，不能保证其正确性。在复杂环境中，认知无线电用户受到了阴影效应的影响，只有某些用户能够正确检测频谱，如图 3-11（b）所示的情况。因此，必须合并多个节点的频谱检测结果，通过协作频谱检测来提高频谱检测的正确性。协作感知的本质是认知用户通过协作来共同感知频谱空洞，可以分为集中式和分布式两种。在集中式协作感知中存在一个中心控制节点，该节点通过公共控制信道广播感知任务给网络中的所有节点，并将各感知节点的感知结果进行采集。需要指出的一点是，公共控制信道在认知网络中并不容易实现，该问题也是认知网络中一个极具挑战性的问题，在下面的 MAC 协议研究中还将详细讨论该问题。在分布式的感知中，认知节点虽然共享感知信息，但是却单独进行频谱接入。协作感知还可以分为网内协作（即在一种网络系统内进行协作感知）与网际协作（即在多种无线网络系统中协作感知）。协作感知与非协作感知的优缺点对比[41]如表 3-2 所示。

表 3-2　协作与非协作感知对比

感 知 方 式	优 点	缺 点
非协作感知	工作过程简单	无法彻底解决隐终端及阴影等问题，感知准确度低，感知速度慢
协作感知	感知准确度高，感知速度快，能解决隐终端和阴影问题	执行与计算复杂，通信开销大，需要公共控制信道

除了以上几个主要的频谱感知研究领域，频谱感知还出现了一些新的研究领域和方向，如压缩感知和频谱预测等。

3.3.4　可用带宽感知技术

可用带宽是指在不影响网络中背景业务流（即已经存在的业务流）的情况下，端到端通信所能获得的最大数据传输率。在网络资源感知方面，由于无论是物理层的频谱资源，还是 MAC 层的信道资源，最终都将转化为网络中端到端的带宽资源。可用带宽信息的获取是认知无线网络中支持 QoS 的一个重要前提，最近关于可用带宽信息的感知技术也越来越受到重视。在过去的十多年中，基于探测分组的可用带宽测量方法首先被提出、不断改进，并应用于有线网络。这些方法原理上都是基于探测分组间距模型（Probe Gap Model，PGM）或者探测分组速率模型（Probe Rate Model，PRM）的，工作过程就是终端节点通过不断发送端到端的探测分组来估计目标路径上的可用带宽的方法。但由于无线网络本来就资源受限且十分珍贵，往往不能承受节点发送过多探测分组所带来的额外负载，因而人们又不断提出适合无线网络中的可用带宽获取方法，这些方法大体可以分为基于感知的估计方法和基于模型的预测方法[41]。

1．基于感知的估计方法

基于感知的估计方法最先在单跳无线网络中提出，然后扩展到了多跳无线网络中。这类方法的基本思想是节点分别感知其周围信道的利用情况，然后交互这些信息来进行可用带宽估计。如果这种包交互不是很频繁，基于感知的方法可以认为对存在的业务不构成干扰。有研究者（如 Zhai 等人）首先提出了"信道占用率"的概念用于估计可用带宽。这一思想为基于感知的可用带宽估计方法提供了研究依托。尽管作者提出的算法是针对单跳网络的，但可以很容易将其进行扩展用于多跳网络中，这其中的代表性工作有 QoS-AODV、FAT 和 CACP。

多跳网络与单跳网络的主要区别是多跳网络中存在"流内竞争问题"，这个问题是指同一条多跳路径上的相邻节点也会为支持同一个业务流而竞争信道，当某一链路在发送数据时，路径上在其干扰范围内的链路无法进行数据传递。为了准确地考虑这个问题，最近有研究者提出了一种新的模型来综合考虑流内竞争问题，获得了较准确的结果，也提高了多跳网络中可用带宽估计的准确性。

为了进一步提高可用带宽估计的准确性，ABE 和 IAB 除了考虑载波侦听范围内的信道占用情况外，还详细考虑了相邻两个节点的空闲信道时间的同步概率、分组的碰撞概率，以及由于避退过程引起的带宽浪费比例等因素对可用带宽造成的影响，这也代表了基于感知的可用带宽估计方法的最新研究进展。

2．基于模型的预测方法

在很多时候，仅仅对当前可用带宽进行估计并不够，还需要对下一时刻的可用带宽进行预测。基于模型的预测方法正是基于这个背景提出来的，该方法是指根据网络的行为规律建立数学模型，然后利用模型来分析网络中给定路径可用带宽信息的方法。显然，该方法首先要解决的问题是建立无线网络的模型，正是因为模型能反映网络活动规律，所以才

具有预测性。

在无线网络中，节点间由于相互竞争而导致其活动具有不确定性，所以通过概率分析模型来分析网络行为是个很好的方法。这其中的代表性的工作有 Bianchi 针对 IEEE 802.11 建立的马尔科夫模型这一开创性工作等，图 3-12 给出了这些方法的分类框图和其中有代表性的工作[41]。

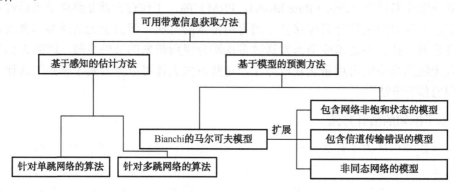

图 3-12　认知无线网络中可用带宽估计方法总结框图

3.3.5　使用认知频谱的 MAC 协议

认知网络的核心是分配、管理和利用割裂的频谱资源，从而进行动态地组网。这些割裂的频谱资源自然就形成了多个信道，所以认知网络的 MAC 协议主要是基于多信道的 MAC 协议。多信道 MAC 协议完成的主要工作是在获取了网络信息的基础上，为不同的通信节点分配相应的信道，消除数据分组的冲突，使尽量多的节点可以利用可用的网络资源同时进行通信。为了完成这一工作，多信道 MAC 协议设计都会面临信道协商机制和信道选择策略这两个问题[41]，如图 3-13 所示。

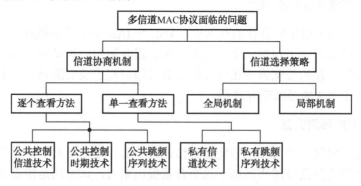

图 3-13　多信道 MAC 协议设计面临的问题和解决方案

1. 信道协商机制

因为网络中的任意两个节点必须在相同的信道上才可以通信，所以就需要寻找一个能让两个通信节点都能占用的信道，并且在完成通信时间内只有这两个用户来占用这个信道。不在相同信道上的两个节点可以通过信道协商策略解决如何同步地切换到通信信道上，而公共信息在信道协商策略中起到重要的作用，因为每个通信节点利用公共信息可以获得在什么时间、哪个信道上能找到其他通信节点，而公共信息的获得是通过逐个查看方法和单一查看方法实现的。

（1）逐个查看方法。逐个查看方法是指所有的通信节点都在相同的一个信道上会合并且侦听这个信道，成功竞争的节点就使用这个信道来进行用于数据通信信道的协商，也称为单一会合策略，所以每个节点都会知道其他节点用于数据通信的信道使用情况，其使用的技术如下所述。

① 公共控制信道技术。在这种机制中，一个或多个控制信道专门用于交换控制包，目的是进行信道使用的协商，剩下的信道就称为数据信道，数据信道用于数据交换。任何一个节点对之间的通信可以在任何时间、在专门的控制信道上进行协商，然后切换到它们共同选取的数据信道上进行数据交换，使用这类技术的代表性协议有 DCA、MCDA 和 MCMAC。

公共控制信道技术的优点是：专门的控制信道可以作为一个广播信道来使用，因为这种控制信道就是用来传输控制分组的，并且所有的节点都会来侦听这个信道，起到了广播的作用；信道的协商和广播包的发送可以随时进行，所以数据分组之间的发送时延很小。其缺点是：由于公共控制信道专门用于传输控制分组，所以会造成信道资源的浪费，信道带宽利用率不高，并且控制信道会成为整个网络吞吐量提升的瓶颈。

② 公共控制时期技术。在公共控制时期技术中没有专门的控制信道，而是有一个由数据信道来临时的充当的控制信道。通信节点要在某一段时间内切换到临时的控制信道，并且需要在控制时间段与数据时间段之间来回切换，所以对于所有的节点都需要同步技术。在控制时间段内，所有的节点都切换到临时的控制信道上与目的节点进行信道使用的协商，成功协商后，两个通信节点还要等待当前控制时间段的结束，然后才能切到所选取的信道上进行数据交换。使用这类技术的典型协议有 MMAC 和 MAP。

公共控制时期技术的优点是：该技术很适合发送广播分组的时间段，因为在这一段时间内，任何节点都会切换到临时的控制信道上侦听信道；公共控制信道在公共控制时间段内充当公共控制信道，而在数据交换时间段内可以充当数据信道，增加了信道利用率。其缺点是：各个节点之间需要同步技术，并且信道的协商与广播分组的发送不能随时进行，所以如果有节点想发送数据分组可能需要等待，所以发送时延较大。

③ 公共跳频序列技术。在这种机制中需要跳频技术，所有的节点在所有的可用信道之间以相同的序列进行跳频。当一个节点有数据要发送时，它就会在当前的信道上与目的节点联系，两个节点在交换数据时都在相同的一个信道上。使用该技术的经典协议有 HRMA，后来的研究也大多沿用了其中的思想。

公共跳频序列技术的优点是：信道的协商和广播分组的发送可以随时进行，并且利用跳频技术，所以可减少由于信道之间的干扰而造成的传输错误。其缺点是：各个节点之间需要同步技术，并且高频率的信道切换会造成功率浪费和能量消耗。

表 3-3 对逐个查看方法中可采用的不同技术的优缺点进行了总结和对比[41]。

表 3-3　逐个查看方法不同技术的优缺点对比

技术名称	优　　点	缺　　点
公共控制信道技术	专门的控制信道，也可作为广播信道来使用；信道的协商和广播分组的发送可以随时进行，数据分组之间的发送时延小	公共控制信道专门用于传输控制分组，会造成信道资源的浪费；控制信道可能会成为整个网络吞吐量提升的瓶颈
公共控制时期技术	公共控制信道在公共控制时间段内充当公共控制信道，而在数据交换时间段内可充当数据信道，可增加信道利用率	各个节点之间需要同步技术；信道的协商与广播包的发送不能随时进行，发送时延较大
公共跳频序列技术	信道的协商和广播分组的发送可以随时进行；利用跳频技术可减少由于信道之间的干扰而造成的传输错误	各个节点之间需要同步技术；高频率的信道切换会造成功率浪费和能量消耗

（2）单一查看方法。单一查看方法是指一个节点主动把接口切换到目的节点所使用的信道上去，以此达到发送节点与目的节点在同一个信道上的目的，也称为多种会合策略，使用的技术如下所述。

① 私有信道技术。在这种机制中，每个节点都会侦听一个专门的信道，并且这些属于每个节点的专门的信道是静态地或动态地分配给节点的，称为私有信道。一个发送节点首先要获得目的节点的私有信道，当有数据要发送给目的节点时就会切换到目的节点的私有信道上去。这种私有信道的信息可以通过广播或把信息存放在发送出去的分组中，以此来通知其他节点。使用这种技术的协议有 HMCP、PCAM 和 xRDT，其中 HMCP 和 xRDT 通过发送多个单播信息，而 PCAM 通过在专门的广播信道上发送广播来通知相邻的节点。

私有信道技术的优点是：信道的协商与数据的发送可以在不同的信道上同时进行，这样可以增加网络吞吐量。其缺点是：可能会引起隐藏终端问题的产生，从而导致碰撞概率的上升，进而影响网络吞吐量，而且由于要获得相邻节点的信道使用状况等信息，所以额外开销很大。

② 私有跳频序列技术。在这种机制中，每个节点都有一个属于自己的跳频序列，称为私有跳频序列，每个节点可以通过选取一个种子并且利用伪随机产生器生成一个私有跳频

序列。为了能在两个节点之间建立通信，每个节点必须通知它的相邻节点它所选取的种子。使用这类技术的协议有 SSCH 和 McMAC。在 McMAC 协议中，发送端与接收端在相同的信道上进行数据交换，当数据交换完成后就会重启各自的跳频序列。在 SSCH 协议中，发送端在数据交换时间段内就会把自己的跳频序列改变到接收端的跳频序列上去。

私有跳频序列技术的优点是：减少了信道之间的干扰。但该技术一个明显的缺点是：各个节点之间需要同步技术，而且由接口需要在各个信道之间来回切换，会造成能量消耗过大。

表 3-4 对单一查看方法中可采用的不同技术的优缺点进行了总结和对比[41]。

表 3-4　单一查看方法不同技术的优缺点对比

技术名称	优　点	缺　点
私有信道技术	信道的协商与数据的发送在不同的信道上同时进行，可增加网络吞吐量	可能会引起隐藏终端问题，导致碰撞概率的上升，进而影响网络吞吐量；如果通信节点只配置一个接口，那么"多信道盲"问题会变得更加严重；由于要获得相邻节点的信道使用状况等信息，所以额外开销很大
公共跳频序列技术	减少了信道之间的干扰	各个节点之间需要同步技术；接口需要在各个信道之间来回切换，会造成能量消耗过大

2. 信道选择策略

信道选择策略是指如何在多个可用信道中挑选一个可用的信道来进行通信，并且这个挑选的可用信道对于发送端与接收端来讲都是有利的。在逐个查看方法中，所有基于公共控制信道或公共控制时间段的协议都会面临如何在协商期间内决定一个公共信道的问题。给每个节点分配专一信道也可看成决定性的问题，然而许多协议简单地使用固定和随机的分配。

信道选择策略可以分为全局机制和局部机制，在全局机制中，每个节点都知道各自所使用的信道，但是在局部机制中，节点只能知道相邻节点所使用的信道情况。使用全局机制的协议包括 MAP 和 MAXM。MAP 协议在公共控制时间段内获得所有的协商数据，这就意味着每个节点都会知道有多少通信节点对会建立通信及其会占用多长时间的信道。基于这些获得的信息，每个节点使用最少业务量优先机制算法为那些通信节点对安排合理的信道。在控制时间段结束后，每个传输对就会基于这种机制切换到合适的信道上进行数据交换。而目前大部分的协议都是使用局部机制的，这是因为它们需要较少的维护开销，比较有代表性的协议有 DCA 和 MMAC 等。

3.4　感知层的安全设计

感知层的信息安全问题是物联网普及和发展所面临的首要问题。

3.4.1　感知层中 RFID 的信息安全问题

一般 RFID 系统由 RFID 标签（Tag）和阅读器（Reader）两部分组成。RFID 系统的安全性有两个特性：首先 RFID 标签和阅读器之间的通信是非接触和无线的，很容易受到窃听；其次，标签本身的计算能力和可编程性直接受到成本要求的限制。一般地，RFID 的安全威胁包括两个方面，即 RFID 系统所带来的个人隐私问题和 RFID 系统所带来的安全问题。

1．RFID 系统所带来的个人隐私问题

由于 RFID 系统具有标识和可跟踪性，这就造成了携带有 RFID 标签的用户的个人隐私被跟踪和泄漏。例如，某人穿了一件嵌有 RFID 标签的衣服，由于 RFID 系统具有可跟踪性，故此人隐私可能会被暴露出来。

2．RFID 系统所带来的安全问题

由于标签成本的限制，对于普通的商品不可能采取很强的加密方式。另外标签与阅读器之间进行通信的链路是无线的，无线信号本身是开放的，这就给非法用户的干扰和侦听带来了可能，还有阅读器与主机之间的通信也可能受到非法用户的攻击。常见的安全问题包括以下几种情况。

（1）信号在中途被截取，冒充 RFID 标签，向阅读器发送信息。

（2）阅读器发射特定电磁波破坏标签的内部数据。

（3）对编程和加密机制不强的标签，非法用户可以利用合法的阅读器或者自构一个阅读器直接与标签进行通信，导致标签的内部数据被轻易窃取，而且可读写式标签还将面临数据被修改的风险。

（4）在阅读器与 Host（或者应用程序）之间的中间人（或者中间件）通过直接或间接的方式修改配置文件、窃听和干扰交换的数据。

3.4.2　感知层中 RFID 的信息安全对策

针对上述常见的 RFID 相关的隐私与安全问题，一些可用的对策如下所述[42]。

1．RFID 系统中个人隐私问题解决方案

（1）使用 kill 标签：具体做法是商品交付给最终用户时，通过 kill 指令杀死标签，使得标签无法再次被激活，彻底防止用户隐私被跟踪。但会影响到反向跟踪，如退货、维修和服务，限制了标签的再一次被利用（标签的制作是需要一定的成本的，这就必然造成一定的浪费）。

（2）使用 sleep 标签：在 RFID 系统中使用 sleep 命令，商品交付给最终用户时，通过 sleep 指令使标签休眠，但标签可以再次被激活，这不会影响到反向跟踪。当遇到退货、维修和服务时，可以将标签再一次激活，从而弥补了第一种方案的不足。但在制作标签时，要用到比较复杂的编程技术，在一定程度上加大了标签的成本。

（3）使用表面涂有铝箔的购物袋：将贴有 RFID 标签的商品放入这种特殊的购物袋中，从而阻止标签和阅读器的通信。这种方案看起来可行，然而为避免信息泄漏，必须使用大量的购物袋，难以大规模实施，并且对环境会造成一定的污染。

2．RFID 系统中的安全问题解决方案

（1）可以使用各种认证和加密手段来确保标签和阅读器之间的数据安全，如 Hash 锁、带别名的双向认证和合址认证（三方认证）等，这样就可以保证在阅读器发送一个密码来解锁数据之前，标签的数据一直处于锁定状态。但是标签的成本直接影响到其计算能力、存储容量以及采用的加密算法强度。在物联网构建中选择射频识别系统时，应该根据实际需求考虑是否选择有密码和认证功能的系统。一般来说，在高端 RFID 系统和高价值的被标识物品场合，可以采用这种方式。

（2）构建专用的通信协议和通道。利用专用通信协议构建专用通信信道在抗干扰和避免受攻击方面具有很好的效果，它在带来高的安全性能的同时增加了资金的投入量并且丧失了与采用工业标准的系统之间的 RFID 数据共享能力。虽然可以用网关来进行数据的转换，然而这是要付出时间和空间作为代价的。

（3）中间件的攻击可以造成读写器与网络环境间的信息安全。解决的措施是采用加密认证方法，确保网络上的所有阅读器在传送信息给中间件（中间件再把信息传送给应用系统）之前都必须通过验证，并且确保阅读器和后端系统之间的数据流是加密的。另外，安全的管理机制的制定和实施对于中间件的攻击将起到很好的作用。

（4）感知层中 RFID 系统安全级别。基于 RFID 成本的限制，RFID 标签很难大规模地使用，更别谈在 RFID 标签中植入编程和加密机制。为了促进 RFID 标签的大规模使用，可以制定相应的安全标准，即可以制作一个安全标准系统，对每件物品通过安全系统测试其所需的安全系数。当该物品的安全系数较低（一般为价格较低的小物品），不需用加密标

签，用一般的低价被动式标签即可；当安全系数要求很高（价格高的大物品）采用强加密算法的主动式标签，从而确保信息安全。等级划分如表 3-5 所示。

表 3-5　标签等级划分表

物 品 等 级	标　　签
价格昂贵的高档物品	主动式标签强加密（公钥）算法
价格较昂贵的物品	主动式标签普通加密（私钥）算法
价格一般的物品	被动式标签私钥加密算法
价格便宜的低档物品	被动式标签无加密算法

思考与练习题

（1）简述感知层涉及的主要技术及其特点。

（2）简述 RFID 分类与工作原理。

（3）目前有哪些主要的 RFID 标签冲突避免算法？各有何优缺点？

（4）简述感知层对频谱的需求和常用的频谱分配方法。

（5）常用的频谱感知技术有哪些？是否适合感知层的特点？

（6）简述感知层面临的主要安全问题及其目前的对策。

第 4 章
物联网系统网络层设计

4.1　网络层的基本拓扑结构

4.1.1　网络层拓扑结构概述

网络层主要实现信息的传递、路由和控制，通常包括接入网和核心网。网络层可依托公众电信网和互联网，也可以依托行业专用通信网络。但从感知层目前的技术发展来看，可以采用两种不同的技术路线：一种是非 IP 技术，如 ZigBee 产业联盟开发的 ZigBee 协议，在第 3 章已阐述其常用拓扑及其形成方法；另一种是 IETF 和 IPSO 产业联盟倡导的将 IP 技术向下延伸应用到感知延伸层。

采用 IP 技术路线将有助于实现端到端的业务部署和管理，而且无须协议转换即可实现与网络层 IP 承载的无缝连接，简化网络结构，同时广泛基于 TCP/IP 协议栈开发的互联网应用也能够方便地移植，真正实现"无处不在的网络、无所不能的业务"。鉴于此，将其归于第 2 章提及的末梢网的范畴。

因此，从整体上看，物联网的网络层可看成层次拓扑结构，即最下层的末梢网（如无线传感器网络）、中间的接入网，以及上层的核心网（如专用通信网络、公众电信网和互联网）。

接入网和核心网也统称为主干网，可充分利用现有基础设施，因此，在物联网的网络层设计中，可以将重点放在末梢网及其物联网网关的设计上。末梢网的组网过程因应用场景而异，可以有目的、有计划地部署，也可以以随机抛掷的方式部署，因此，其物理拓扑形式是多样的。

4.1.2　拓扑结构的类型与使用选择

按照物联网的组网形态和组网方式，有集中式、分布式、混合式、网状式等结构。集中式结构类似移动通信的蜂窝结构，集中管理；分布式结构类似 Ad Hoc 网络结构，可自组织网络接入连接，分布管理；混合式结构是集中式和分布式结构的组合；网状式结构类似 Mesh 网络结构，网状分布连接和管理。

按照节点功能及结构层次，物联网的拓扑结构通常可分为平面网络结构、分级网络结构、混合网络结构和 Mesh 网络结构。节点经多跳转发，通过基站、汇聚节点或网关接入主干网络，在网络的任务管理节点对感应信息进行管理、分类和处理，再把感应信息送给用户使用。这类节点是典型的传感器节点，不关注具体应用，但在物联网中，在此类似拓扑结构的节点中，也有些关注应用层功能。

因为网络的拓扑结构严重制约无线网络通信协议（如 MAC 协议和路由协议）设计的复杂度和性能的发挥，因此，有效、实用的无线网络拓扑结构对构建高性能的无线网络来讲是十分重要的。下面根据节点功能及结构层次分别加以介绍。

1. 平面网络结构

平面网络结构是最简单的一种拓扑结构，所有节点均为对等结构，具有完全一致的功能特性，也就是说，每个节点均包含相同的 MAC、路由、管理和安全等协议。这种网络拓扑结构简单、易维护，具有较好的健壮性，其本质是一种 Ad Hoc 网络结构形式。由于没有中心管理节点，故采用自组织协同算法形成网络，其组网算法比较复杂。

2. 分级网络结构

分级网络结构（也叫做层次网络结构）是对平面网络结构的一种扩展拓扑结构，网络分为上层和下层两个部分：上层为中心骨干节点；下层为一般节点。通常网络可能存在一个或多个骨干节点，骨干节点之间或一般节点之间采用的是平面网络结构。具有汇聚功能的骨干节点和一般节点之间采用的是分级网络结构。所有骨干节点均为对等结构，骨干节点和一般节点有不同的功能特性，也就是说，每个骨干节点均包含相同的 MAC、路由、管理和安全等功能协议，而一般节点可能没有路由、管理及汇聚处理等功能。这种分级网络通常以簇的形式存在，按功能分为簇首（Clusterhead，具有汇聚功能的骨干节点）和成员节点（Member，一般节点）。这种网络拓扑结构扩展性好，便于集中管理，可以降低系统建设成本，提高网络覆盖率和可靠性，但是集中管理开销大，硬件成本高，一般节点之间可能无法直接通信。

3. 混合网络结构

混合网络结构是平面网络结构和分级网络结构相结合的一种拓扑结构，网络骨干节点之间及一般节点之间都采用平面网络结构，而网络骨干节点和一般节点之间采用分级网络结构。这种网络拓扑结构和分级网络结构不同的是一般节点之间可以直接通信，无须通过汇聚骨干节点来转发数据。这种结构同分级网络结构相比较，支持的功能更加强大，但所需硬件成本更高。

4．Mesh 网络结构

从结构来看，Mesh 网络是规则分布的网络，不同于完全连接的网络结构，通常只允许和节点最近的邻居通信。网络内部的节点一般都是相同的，因此 Mesh 网络也称为对等网。Mesh 网络是构建大规模无线传感器网络的一个很好的结构模型，特别是那些分布在一个地理区域的传感器网络，如人员或车辆安全监控系统。尽管这里反映通信拓扑的是规则结构，然而节点实际的地理分布不必是规则的 Mesh 结构形态。由于通常 Mesh 网络结构节点之间存在多条路由路径，网络对于单点或单个链路故障具有较强的容错能力和鲁棒性。Mesh 网络结构最大的优点就是尽管所有节点都是对等的地位，且具有相同的计算和通信传输功能，但某个节点可被指定为簇首节点，而且可执行额外的功能。一旦簇首节点失效，另外一个节点可以立刻补充并接管原簇首节点那些额外执行的功能。

不同的网络结构对路由和 MAC 的性能影响较大，例如，一个 $n×m$ 的二维 Mesh 网络结构的无线传感器网络拥有 $n×m$ 条连接链路，每个源节点到目的节点都有多条连接路径。完全连接的分布式网络的路由表随着节点数增加而呈指数增加，且路由设计复杂度是个 NP-hard 问题。通过限制允许通信的邻居节点数目和通信路径，可以获得一个具有多项式复杂度的再生流拓扑结构，基于这种结构的流线型协议本质上就是分级的网络结构。采用分级网络结构技术可使 Mesh 网络路由设计要简单得多，由于一些数据处理可以在每个分级的层次里面完成，因而比较适合于无线传感器网络的分布式信号处理和决策。

基于 Mesh 网络结构的无线传感器具有以下特点。

（1）由无线节点构成网络：这种类型的网络节点由一个传感器或执行器构成且连接到一个双向无线收发器上。数据和控制信号是通过无线通信的方式在网络上传输的，节点可以方便地通过电池来供电。

（2）节点按照 Mesh 拓扑结构部署：在一种典型的无线 Mesh 网络拓扑中，网内每个节点至少可以和一个其他节点通信，这种方式可以实现比传统的集线式或星状拓扑更好的网络连接性。除此之外，Mesh 网络结构还具有以下特征：自我形成，即当节点打开电源时，可以自动加入网络；自愈功能，当节点离开网络时，其余节点可以自动重新路由它们的消息或信号到网络外部的节点，以确保存在一条更加可靠的通信路径。

（3）支持多跳路由：来自一个节点的数据在其到达一个主机网关或控制器之前，可以通过多个其余节点转发。在不牺牲当前信道容量的情况下，扩展无线传感器网络的覆盖范围是无线传感器网络设计和部署的一个重要目标之一。通过 Mesh 方式的网络连接，只需短距离的通信链路，经受较少的干扰，因而可以为网络提供较高的吞吐率及较高的频谱复用效率。

（4）功耗限制和移动性取决于节点类型及应用：通常基站或汇聚节点移动性较低，感应节点可能移动性较高；基站通常不受电源限制，而感应节点通常由电池供电。

（5）存在多种网络接入方式：可以通过星状、Mesh 等节点方式和其他网络集成。

在无线传感器网络实际应用中，通常根据应用需求来灵活地选择合适的网络拓扑结构。

4.1.3　网络层拓扑结构的控制

拓扑控制对于延长无线网络的生存时间、减小通信干扰、提高 MAC 协议和路由协议的效率等具有重要意义。拓扑控制的设计目标是：在保证一定的网络连通质量和覆盖质量的前提下，一般以延长网络的生命期为主要目标，兼顾通信干扰、网络延迟、负载均衡、简单性、可靠性、可扩展性等其他性能，形成一个优化的网络拓扑结构。无线传感器网络是与应用相关的，不同应用对底层网络的拓扑控制设计目标的要求也不尽相同。

1．拓扑控制中考虑的设计目标和相关的概念与结论[43]

（1）覆盖。覆盖可以看做对传感器网络服务质量的度量，在覆盖问题中，最重要的因素是网络对物理世界的感知能力，覆盖问题可以分为区域覆盖、点覆盖和栅栏覆盖（Barrier Coverage）。区域覆盖研究对目标区域的覆盖（监测）问题；点覆盖研究对一些离散的目标点的覆盖问题；栅栏覆盖研究运动物体穿越网络部署区域被发现的概率问题。相对而言，对区域覆盖的研究较多。如果目标区域中的任何一点都被 k 个传感器节点监测，就称网络是 k-覆盖的，或者称网络的覆盖度为 k。一般要求目标区域的每一个点至少被一个节点监测，即 1-覆盖。因为讨论完全覆盖一个目标区域往往是困难的，所以有时也研究部分覆盖，包括部分的 1-覆盖和部分的 k-覆盖。有时也讨论渐近覆盖，所谓渐近覆盖是指，当网络中的节点数趋于无穷大时，完全覆盖目标区域的概率趋于 1。对于已部署的静态网络，覆盖控制主要是通过睡眠调度实现的。Voronoi 图是常用的覆盖分析工具。对于动态网络，可以利用节点的移动能力，在初始随机部署后，根据网络覆盖的要求实现节点的重部署，虚拟势场方法是一种重要的重部署方法。覆盖控制是拓扑控制的基本问题。

（2）连通。传感器网络一般是大规模的，所以传感器节点感知到的数据一般要以多跳的方式传送到汇聚节点，这就要求拓扑控制必须保证网络的连通性。如果至少要去掉 k 个传感器节点才能使网络不连通，就称网络是 k-连通的，或者称网络的连通度为 k。拓扑控制一般要保证网络是连通（1-连通）的，有些应用可能要求网络配置到指定的连通度。像渐近覆盖一样，有时也讨论渐近意义下的连通，即当部署区域趋于无穷大时，网络连通的可能性趋于 1。功率控制和睡眠调度都必须保证网络的连通性，这是拓扑控制的基本要求。

（3）网络生命期。网络生命期有多种定义，一般将网络生命期定义为直到死亡节点的百分比低于某个阈值时的持续时间，也可以通过对网络的服务质量的度量来定义网络的生命期，我们可以认为网络只有在满足一定的覆盖质量、连通质量、某个或某些其他服务质量时才是存活的。功率控制和睡眠调度是延长网络生命期的十分有效的技术。最大限度地延长网络的生命期是一个十分复杂的问题，它一直是拓扑控制研究的主要目标。

（4）吞吐能力。设目标区域是一个凸区域，每个节点的吞吐率为 λ bps，在理想情况下，则有

$$\lambda \leqslant (16AW)/(\pi \Delta^2 Lnr) \ \text{bps} \tag{4-1}$$

式中，A 是目标区域的面积，W 是节点的最高传输速率，π 是圆周率，Δ 是大于 0 的常数，L 是源节点到目的节点的平均距离，n 是节点数，r 是理想球状无线电发射模型的发射半径。由此可以看出，通过功率控制、减小发射半径，以及通过睡眠调度减小工作网络的规模，在节省能量的同时，可以在一定程度上提高网络的吞吐能力。

（5）干扰和竞争。减小通信干扰、减少 MAC 层的竞争和延长网络的生命期基本上是一致的。功率控制可以调节发射范围，睡眠调度可以调节工作节点的数量，这些都能改变 1 跳邻居节点的个数（也就是与它竞争信道的节点数）。事实上，对于功率控制，网络无线信道竞争区域的大小与节点的发射半径 r 成正比，所以减小 r 就可以减少竞争。显然，睡眠调度也可以通过使尽可能多的节点睡眠来减小干扰和减少竞争。

（6）网络延迟。当网络负载较高时，低发射功率会带来较小的端到端延迟；而在低负载情况下，低发射功率会带来较大的端到端延迟。对于这一点，一个直观的解释是：当网络负载较低时，高发射功率减少了源节点到目的节点的跳数，所以降低了端到端的延迟；当网络负载较高时，节点对信道的竞争是激烈的，低发射功率由于缓解了竞争而减小了网络延迟。这是功率控制和网络延迟之间的大致关系。

（7）拓扑性质。对于网络拓扑的优劣，很难直接根据拓扑控制的终极目标给出定量的度量。因此，在设计拓扑控制（特别是功率控制）方案时，往往退而追求良好的拓扑性质。除了连通性之外，对称性、平面性、稀疏性、节点度的有界性、有限伸展性（Spanner Property）等，都是希望具有的性质。此外，拓扑控制还要考虑诸如负载均衡、简单性、可靠性、可扩展性等其他方面。拓扑控制的各种设计目标之间有着错综复杂的关系，对这些关系的研究也是拓扑控制研究的重要内容。

2．拓扑控制方法

常见的拓扑控制方法主要集中在功率控制和睡眠调度两个方面。功率控制通过降低节点的发射功率来延长网络的生存时间，但却没有考虑空闲侦听时的能量消耗和覆盖冗余。

事实上，无线通信模块在空闲侦听时的能量消耗与收发状态时相当，覆盖冗余也造成了很大的能量浪费，只有使节点进入睡眠状态，才能大幅度地降低网络的能量消耗，这对于节点密集型和事件驱动型的网络是十分有效的。如果网络中的节点都具有相同的功能，扮演相同的角色，就称网络是非层次的或平面的，否则就称为是层次型的。层次型网络通常又称为基于簇的网络。

（1）功率控制。在功率控制方面，常见的有结合路由的功率控制方法（如 COMPOW）、基于节点度的功率控制方法（如 LMA 和 LMN）、基于方向的功率控制方法（如 CBTC）、基于邻近图的功率控制方法（如 DRNG 和 DLMST），这些方法的基本思想简述如下。

① COMPOW 的基本思想是：所有的传感器节点使用一致的发射功率，在保证网络连通的前提下，将功率最小化。COMPOW 建立各个功率层上的路由表，在功率 P_i 层上，通过使用功率 P_i 交换 HELLO 消息建立路由表，所有可达节点都是路由表 RT(P_i)中的表项。COMPOW 选择最小的发射功率 P_{com}，使得 RT(P_{com})与 RT(P_{max})具有相同数量的项，其中，P_{max} 是最大发射功率。于是，整个网络都使用公共的发射功率 P_{com}。在节点分布均匀的情况下，COMPOW 具有较好的性能。但是，一个相对孤立的节点会导致所有的节点使用很大的发射功率，所以在节点分布不均的情况下，它的缺陷是明显的。CLUSTERPOW 是对 COMPOW 的改进，但 CLUSTERPOW 的主要缺陷是开销太大。

② LMA 和 LMN 等基于节点度算法的基本思想是：给定节点度的上限和下限，每个节点动态地调整自己的发射功率，使得节点的度数落在上限和下限之间。但是，基于节点度数的算法一般难以保证网络的连通性。

③ CBTC 的基本思想是：节点 u 选择最小功率 $P_{u,\rho}$，使得在任何以 u 为中心、角度为ρ的锥形区域内至少有一个邻居。当$\rho \leq 5\pi/6$ 时，可以保证网络的连通性。基于方向的算法需要可靠的方向信息，因而需要很好地解决到达角度问题，节点需要配备多个有向天线，因而对传感器节点提出了较高的要求。

④ DRNG 和 DLMST 等基于邻近图的功率控制方法的基本思想是：设所有节点都使用最大发射功率发射时形成的拓扑图是 G，按照一定的邻居判别条件求出该图的邻近图 G'，每个节点以自己所邻接的最远节点来确定发射功率。经典的邻近图模型有 RNG（Relative Neighborhood Graph）、GG（Gabriel Graph）、DG（Delaunay Graph）、YG（Yao Graph）和 MST（Minimum Spanning Tree）等。DRNG 是基于有向 RNG 的，DLMST 是基于有向局部 MST 的。DRNG 和 DLMST 能够保证网络的连通性，在平均功率和节点度等方面具有较好的性能。基于邻近图的功率控制一般需要精确的位置信息。

（2）睡眠调度。在睡眠调度方面，常见的有非层次型网络睡眠调度方法（如 CCP 和 SPAN）、层次型网络睡眠调度方法（如 Leach 和 Heed），这些方法的基本思想简述如下。

① 非层次型网络睡眠调度的基本思想是：每个节点根据自己所能获得的信息，独立控制自己在工作状态和睡眠状态之间的转换。它与层次型睡眠调度的主要区别在于：每个节点都不隶属于某个簇，因而不受簇头节点的控制和影响。

② 层次型网络睡眠调度的基本思想是：由簇头节点组成骨干网络，则其他节点就可以（当然未必）进入睡眠状态，层次型网络睡眠调度的关键技术是分簇。

4.2   基于网关的网络层设计

4.2.1   网络层分层设计模型

网络层涉及无线网络技术有：无线局域网（Wireless Local Area Networks，WLAN），即基于 IEEE 802.11 标准及变种的系列协议；无线城域网（Worldwide Interoperability for Microwave Access，WiMAX），即 IEEE 802.16 标准的协议；蓝牙（Bluetooth），即基于 IEEE 802.15.1 标准的协议；超宽带（Ultra-WideBand，UWB），即基于 IEEE 802.15.4a 标准的协议和 ECMA-368；ZigBee，即基于 IEEE 802.15.4 标准的协议；通用分组无线服务（General Packet Radio Service，GPRS）协议；多频码分多路访问（Wideband Code Division Multiple Access，WCDMA）协议。

网络层涉及的有线网络技术有电信网络、有线电视网络、计算机专网等。无线自组网（Wireless Ad Hoc Networks）或 MANET 网络是 IoT 组建末梢网络的一种好的选择，因为这样的网络基于 IEEE 802.11 及变种、IEEE 802.15.1、IEEE 802.15.4a、IEEE 802.15.4 等标准协议组网，不依赖事先存在的基础设施，具有最小的配置要求和低成本的快速部署特征。上述其他网络可作为末梢网络连通因特网骨干的中间层，即接入网络。在这样的分层模型中，网关在各层次间起着协议格式转换的作用，路由和寻址是基本的物联网网络层问题。

在文献[44]中，两个或更多网关将物体互连形成的 MANET 网络与因特网连接起来，作者对此类场景进行了分析，这是基于采用 IPv4 协议栈的情况。MANET 子网（由物体自组连网构成）共享由最近网关通告的共同的网络前缀。当物体从一个子网移动到另一个子网后，网关选择、动态地址重分配、路由选择等都要进行更新。关于包递交率、端到端延时、抖动等网络性能，文献[44]针对两个 MANET 路由协议（AODV 和 OLSR）进行了分析。

根据物联网范例，物理物体连接到因特网共享信息。考虑到物体会移动，使用以无线方式进行连接是很必要的。但是，当物体的移动路径不可预测或当物体移出网络基础设施之外时，MANET 可能是仅有的连通方式。MANET 由大量具有路由能力的自组织移动节点或物体组成，它可以被单独实现或通过网关连接到基础设施网络上。MANET 与固定基础设施（如因特网）的集成必须被仔细研究来评价其能力。这样的集成场景通常被称为混合 Ad

Hoc 网络，而 MANET 被看成现有基础设施的延伸，其移动节点能无缝地与固定网络上节点进行通信，其特点是通过连接 MANET 与固定网络的网关进行分组转发。

MANET 的大多数研究集中在其作为孤立网络的性能，而未考虑其连接到固定网络后的行为表现。混合 Ad Hoc 网络的性能受 MANET 中移动节点的影响极大，移动节点的地址分配和所选网关的动态改变是影响其性能的两个主要方面。当一个 MANET 子网中的物体到处移动时，它们将发现可能到了另外一个 MANET 子网，它们在这里重新注册并获得新地址，因此，它们的 IP 地址必须改变而要维持正在进行的端到端通信连接并继续发送属于这些连接的分组。在改变地址后，移动节点将需要使用不同的网关在 MANET 和固定网络间转发或接收分组。地址和网关改变可能导致包传输中断、包丢失，甚至连接丢失，可能影响移动节点与固定节点间的通信。

在这里，本节对两种混合 Ad Hoc 网络的性能进行评估。一种是采用主动式路由协议的 MANET 与固定网络连接的场景，如采用优化链路状态路由（Object Optimized Link State Routing，OLSR）协议；另一种是采用被动式路由协议的 MANET 与固定网络连接的场景，如采用 Ad Hoc 按需距离矢量路由（Ad Hoc On-Demand Distance Vector，AODV）协议。在这两种场景下，MANET 与固定网络的互连是通过两个或更多网关实现的，且网关间相互远离以便行为不同的子网能相互协作达到如下目的，即每个网关负责连通一个 MANET 子网，移动物体从一个网关的邻近区域移动到另一个网关的邻近区域而能够维持正在进行的与固定网络中节点的通信不中断。在上述场景下，一些网络性能指标被评估。

混合 Ad Hoc 网络如图 4-1 所示。它由以下三个不同部分组成。

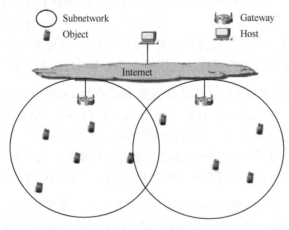

图 4-1　混合 Ad Hoc 网络

（1）固定网络。主机总是保持在同样的子网中，不会改变地址前缀，传统的因特网网关协议（Internal Gateway Protocol，IGP）可用来寻找可用路由。

（2）MANET 网络。移动物体可能移动并改变它们关联的子网和地址，使用 MANET 路由协议寻找可用路由。

（3）网关。网关是将 MANET 网络和固定网络互连的专门路由器，不仅允许数据分组跨越不同类型网络，而且允许每个网络区域的路由协议共享路由信息。这意味着网关必须至少具有一个属于固定网络的接口和一个属于 MANET 网络的接口。若两个或更多网关将 MANET 与固定网络连接时，则称为多宿主混合 Ad Hoc 网络（Multihomed Hybrid Ad Hoc Networks）。

4.2.2 网络分层结构的路由与寻址

在物联网中，希望移动物体参与信息网络而没有位置通信的限制。若 MANET 网络被用于支撑基础的一部分，应该考虑到，当这些物体从一个子网移动到一个子网后对正在进行的通信的影响，特别是在这些物体涉及地址重分配、动态网关的改变、路由协议的收敛等的时候。

1．地址分配

与因特网上节点通信的 MANET 物体的地址分配适合使用的是基于由一个或多个网关通告的网络前缀的无状态自动分配机制。采用这方案的理由是它能较好地处理 MANET 的网络分割问题。有了无状态自动分配机制，移动节点依据最邻近网关通告的网络前缀设置它的 IP 地址。具有相同网络前缀的节点构成一个子网，当主机知道它与一个网关间的距离（由路由跳数度量）小于与它获得当前地址的网关间的距离时，此主机将意识到自己处在一个不同的子网中。依据物体移动性，地址分配自动进行，因此，MANET 节点和网关的路由表将必须调整。这可能导致连接中断、包丢失、包转发延时增大。

2．网关

用于在移动网络和固定网络间转发分组的路径可能也会影响通信性能。在设置地址前，MANET 节点必须用一个网关来中转其与固定网络上通信对端之间的通信流量。网关发现与使用的 MANET 路由协议有关，并通过反应机制（Reactive Mechanism）和先验机制（Proactive Mechanism）两种机制之一完成。在反应机制中，当物体需要与因特网连接时，它发送一个请求消息，此消息在 MANET 中发散（或洪泛）传播，当被网关收到后，其响应消息沿反向路径传送到请求的发起者。在先验机制中，其方法是基于网关通告消息的周期性洪泛发送，这使得移动物体在没有应用请求建立连接的要求时，能够主动与网关建立接入因特网的路由。

若物体接收到多于一个网关的路由，则选择最邻近的，但仅在先验机制中，物体可以

物联网系统设计（第2版）

确定选择的网关是最邻近的，因为在反应机制中，网关更新仅发生在路由失效时。在连接正进行时，改变转发网关将导致时间开销，这是由包未被转发或转发失败造成的，与长距离主机间的连接可能丢失包。

3. MANET 路由协议

当物体在不同的子网中移动时，用于混合 Ad Hoc 网络的 MANET 路由协议也将极大地影响网络性能。标准 MANET 路由协议可以分成两类：反应式 MANET 路由协议和先验式 MANET 路由协议。反应式 MANET 路由协议仅在需要时进行路由发现，当路由改变时，需要在更长的包传输延时和更低的路由协议开销间进行权衡。AODV 属于反应式 MANET 路由协议。先验式 MANET 路由协议维持和规则性地更新全部路由信息集，需要在更高的路由协议开销、更长收敛时间与更小的包传输延时之间进行权衡。OSLR 属于先验式 MANET 路由协议。

反应式 MANET 路由协议在恢复路由错误上往往比先验式 MANET 路由协议花的时间要少，特别在物体移动的情况下，这是因为它用了更少的时间来声明失效的路由，而只关心恢复特定路由。当物体在不同 MANET 的不同子网间移动，并寻找到新网关的路由以维持正进行的通信畅通时，不同类型的 MANET 路由协议会做出不同的反应。观察的重要参数是每种协议花费的协议收敛时间。

AODV 仅关注获得可用于对其传输数据到特定目标的邻居的信息。为了获知新的目的地，此协议在一定的特定区域广播 RREQ 报文，起初为 1 跳范围。若未找到，则增加跳数以扩大广播范围。当 RREQ 报文到达了一个知道目的地的节点，则使用路由响应报文 RREP 回答。若活跃路由失效，发现失效链路的节点发送路由出错报文，以便能发起一个新的 RREQ 报文。AODV 中的活跃路由通过周期性的 HELLO 消息维护，根据 RFC3561，HELLO 消息的发送周期是 1 s，若活跃目标的 HELLO 消息在 2 s 内未被收到，则认为路由不可达，通过出错报文的广播通知所有节点。

OLSR 是一个先验式路由协议，通过周期性的 HELLO 消息来建立邻居链路，以及分发多点中继（MultiPoint Relays，MPR）。HELLO 消息追踪链路连接。由 MPR 分发的拓扑控制消息在全网中传播链路状态信息，当拓扑改变时，也被周期性地广播。控制流量由周期性的 HELLO 消息和拓扑控制消息组成。通过 MPR 的广播和拓扑控制消息的重新分布来控制开销，这胜过将每个路由器的链路状态信息进行广播。

在物体移动的情况下，每类路由协议所花费的用于帮助物体发现新网关、设置地址、寻找到固定网络上给定目标的路由的时间，将极大地影响混合 Ad Hoc 网络的性能。表 4-1 列出了 AODV 和 OLSR 的主要时间值，从表中能够看到，AODV 仅维持被请求过的目的地，因此，减少了网络拥塞和路由表大小，但最重要的是，在对路由失效事件的反应上，AODV

花的时间比 OLSR 小；甚至更多的是，AODV 仅关注特定的而非每个可能的失效路由的修复。

表 4-1　两种 MANET 路由协议的时间参数值对比

MANET 路由协议	路由/邻居发现	路由改变的识别
AODV	路由请求 路由响应 活跃节点的 HELLO 周期（1 s）	在 2 s 内无 HELLO 消息
OLSR	HELLO 消息分布周期（2 s） 拓扑控制消息分布周期（5 s）	在 6 s 内无 HELLO 消息

4.2.3　具体场景下路由与寻址的性能

场景的分析考虑了 MANET 和固定网络通过两个彼此远离的网关互连的情况，如图 4-1 所示，为每个网络提供了不同的网络前缀，允许形成两个不同的子网。允许移动节点从一个子网直线移动到另一个子网，且要维持与固定网络上主机的通信连接。包丢失、延时、抖动等性能指标被评估。若必要，由网关通告到固定网络中的 MANET 路由信息可以被归纳，以便减少来自 MANET 的路由信息的频繁更新。

移动物体将设置自己的 IP 地址，遵循与最近网关通告的公共前缀一致的原则。节点地址也可以被手工固定或动态自动分配，使用的是私有地址，能够通过安置在网关处的 NAT 服务器转换为公共地址。对任一情况，当物体接近一个不同的网关时，必须设置与新网络前缀相应的新 IP 地址，并使用它来通过新网关与正在进行的固定网络上通信端继续通信，反向的包也使用同样的网关。但这并非总是如此，特别是为了减少来自 MANET 的路由更新频度，网关实现了路由归纳，减小了 MANET 路由的粒度。当返回包使用错误的网关试图进入 MANET 时，为了避免丢失，网关间应有物理链路相通，以便包能转发到正确的网关处。评估的性能指标如下所述。

- 包递交率（Packet Delivery Ratio，PDR）：接收到的包数量与被发送的包数量之比。
- 端到端延时（End-to-End Delay）：包从发送端到接收端所经历的时间。
- 抖动（Jitter）：端到端延时的可变性。

1．场景一（AODV）

当 MANET 中的物体需要转发包到因特网，但无通向目的地的路由时，于是广播一个请求，这个请求被邻居转发直到路由被发现为止。对 MANET 外的目的地，若存在，网关将响应寻路请求。在响应的路由中，发起者选择途经最近的网关路由，并从此网关获得地址前缀，以便设置自己的 IP 地址用于包的发送。网关将转发所有来自移动节点的包到固定网上的主机，返回包将使用在到发起端的反向路径上的相同网关。当物体移动导致网关的路由丢失时，它们使用新的请求来发现新路由。新路由可能使用也可能不使用原来的网关，无论如何，在新路由被找到之前，存在由于包不能被转发或包丢失等造成的时间损失。这个时间并不总是一样的，取决于移动节点间被设置或丢失的链路，但总会高于 2 s，2 s 是 AODV 通告路由失效前必须等待的时间。若新的通向目的地的路由经过不同于原来的网关，则移动节点（即物体）在继续转发包前必须改变它的地址。因为 AODV 是反应式路由，只要有路由，移动节点将不会在意路由上的网关是否是离它最近的。也正因为是反应式路由，AODV 将不会产生与先验式路由协议同样多的路由控制包流量，也不会被要求来聚合 MANET 路由以减少暴露在固定网络中 IGP 的路由信息量，因此，有助于发现更好的返回路由。

2. 场景二（OLSR）

MANET 上的移动节点通过建立与一些邻近节点的邻接关系可以发现到任一可能目标的路由，除了它所知道的路由外，MANET 上的网关也会将指向固定网关的路由通告为默认路由。在通往固定网络的路由中，移动节点选择途经最近网关的那条，从而获得地址前缀来设置自身 IP 地址以用于转发包。网关将所有来自移动节点的包转发到固定网络上的目的地，返回包在反向路径上使用相同网关。当任何移动节点移动导致链路增加或减少时，路由必须在整个 MANET 上重新计算。新的通向固定网络的路由可能使用也可能不使用原来的网关，但无论如何，在通告路由失效前存在一个保持时间，在这段时间内，使用了失效路由的包将会丢失。发现新路由的时间并不总是一样的，它取决于移动节点间链路的设置或丢失情况，但总会大于 6 s，这是通告路由失效前必须等待的时间。因为 OLSR 是先验式路由协议，在 MANET 上的任何路由重计算都将使得所有移动节点知道它们离获得地址前缀那个网关是否最近，若不是，将从最近网关处获得新的地址前缀，所以在根据新的地址前缀继续通信前，它们将不得不改变路由。最后，由于 OLSR 产生如此多的路由控制流量，以致 MANET 的路由聚合将被固定网络用来减少路由信息对固定网络 IGP 的暴露，从而减少 MANET 路由的粒度。

3. 总结

表 4-2 列出两个场景下性能表现的主要特征。AODV 对物体移动性的反应更好，尽管可能不会立刻获得到目的地的路由（OLSR 可以），但当路由失效后，修复得更快，这不仅是因为它花费的通告路由失效的时间少，而且仅需恢复所需要的路由，加之 AODV 使用更少的路由包来获得和维护路由，因此，对拥塞影响更小。

因此，AODV 的 PDR 性能是好于 OSLR 的，当通向当前网关的路由丢失时，从移动节点发往固定网络的包会有一段时间不能被传输，此时间将持续到路由被重新发现。在 AODV 中，这个时间包括 2 s 的等待宣告路由失效的时间，以及一些额外的寻找新路由所需的时间。多少包会损失掉也取决于产生率和节点缓冲的大小。另外，OLSR 需等待 6 s 才能宣告路由失效，并将花更长时间寻找新路由，这是因为所有移动节点必须达到收敛。在任何路由失效时，OLSR 除了产生更大的拥塞流量外，也将停止转发任何包，而不仅是那些打算向固定网络发送的包。

表 4-2　每类路由协议的期望行为

MANET 路由协议	协议特征	物体移动性影响
AODV	需等待 2 s 才能宣告路由失效 仅需重寻所需的丢失路由 路由包导致的拥塞较小	不需要路由概括 不需要网关 INTERLINK PDR 更小 端到端延时更大 抖动更小
OLSR	需等待 6 s 才能宣告路由失效 需重寻所有路由 路由包导致的拥塞较大	需要路由概括 需要网关 INTERLINK PDR 更大 端到端延时更小 抖动更大

AODV 场景下的端到端延时更长些，因为是否使用了最近的网关是尚不能确定的，因此，可能使用了更长的路径转发包。由 AODV 不使用路由聚合，返回包可能发现更短的路由，因此可减少返回包的延时，尽管这可能不能补偿 MANET 部分路由发现所耗费的时间。

AODV 仅当所需路由失效时才反应，没有 OLSR 那样多的路由表项的改变。换言之，AODV 的路由将持续更长，因此延时变化会更小，正是因为这个原因，在 AODV 中，抖动也比 OLSR 中的更低。

在物联网中，鉴于物体的移动性，使用 AODV 之类的反应式路由协议比 OLSR 之类的先验式路由协议会带来更多的方便。

4.3　基于 IPv6 的网络层设计

4.3.1　引入 6LoWPAN 的原因

物联网要实现"一物一地址，万物皆在线"的目标，将需要大量的 IP 地址资源，就目前可用的 IPv4 地址资源来看，远远无法满足感知智能终端的连网需求，特别是在智能家电、视频监控、汽车通信等应用的普及之后，地址的需求会迅速增长。从目前可用的技术来看，只有 IPv6 能够提供足够的地址资源，满足端到端的通信和管理需求，同时提供地址自动配置功能和移动性管理机制，便于端节点的部署和提供永久在线业务。但是由于感知层节点低功耗、低存储容量、低运算能力的特性，以及受限于 MAC 层技术（IEEE 802.15.4）特性，不能直接将 IPv6 标准协议直接架构在 IEEE 802.15.4 的 MAC 层，需要在 IPv6 协议层和 MAC 层之间引入适配层来弥补两者之间的差异。

将 IPv6 技术应用于物联网的末梢网络中需要解决的关键问题包括以下几个方面。

（1）IPv6 报文过大，头部负载过重。必须采用分片技术将 IPv6 分组包适配到底层 MAC 帧中，并且为了提高传送的效率，需要引入头部压缩策略解决头部负载过重的问题。

（2）地址转换。需要相应的地址转换机制来实现 IPv6 的长 MAC 地址和 IEEE 802.15.4 的短 MAC 地址之间的转换。

（3）报文泛滥。必须调整 IPv6 的管理机制，以抑制 IPv6 网络大量的网络配置和管理报文，以适应 IEEE 802.15.4 低速率网络的需求。

（4）轻量化 IPv6 协议。应针对 IEEE 802.15.4 的特性，确定保留或者改进哪些 IPv6 协议栈功能，满足嵌入式 IPv6 对功能、体积、功耗和成本等的严格要求。

（5）路由机制。IPv6 网络使用的路由协议主要基于距离矢量和基于链路状态的路由协议，这两类协议都需要周期性地交换信息来维护网络正确的路由表或网络拓扑结构图，而在资源受限的物联网感知层网络中，若采用传统的 IPv6 路由协议，由于节点从休眠到激活状态的切换会造成拓扑变化比较频繁，将导致控制信息占用大量的无线信道资源，增加节点的能耗，缩短网络的生存周期，因此需要对 IPv6 路由机制进行优化改进，使其能够在能量、存储和带宽等资源受限的条件下，尽可能地延长网络的生存周期。应重点研究网络拓扑控制技术、数据融合技术、多路径技术、能量节省机制等。

（6）组播支持。IEEE 802.15.4 的 MAC 子层只支持单播和广播，不支持组播。而 IPv6 组播是 IPv6 的一个重要特性，在邻居发现和地址自动配置等机制中，都需要链路层支持组播。所以，需要制定从 IPv6 层组播地址到 MAC 地址的映射机制，即在 MAC 层用单播或者广播替代组播。

（7）网络配置和管理。由于网络规模大，而一些设备的分布地点又是人员所不能到达的，因此物联网感知设备应具有一定的自动配置功能，网络应该具有自愈能力，要求网络管理技术能够在很低的开销下管理高度密集分布的设备。

IETF 的 6LoWPAN 工作组的研究重点是适配层、路由、报头压缩、分片、网络接入和网络管理等技术，目前已制定了 6LoWPAN 网络框架和适配层格式的标准，现在重点关注的是报头压缩技术，以及针对感知设备特点对 IPv6 邻居发现协议进行优化。IETF 的 ROLL 工作组主要讨论低功耗网络中的路由协议，制定了各个场景的路由需求，以及传感器网络的 RPL 路由协议。此外，成立于 2008 年 9 月的 IPSO 产业联盟[45]，也大力倡导将泛在网感知延伸层融合到 IP 技术体系中，IPSO 产业联盟的目标是提供给用户更多有关智能物体、工业领域，以及市场方面的信息，目前该联盟已发布了 4 个相关的白皮书，包括 IP 技术应用于智能物体、轻量级的操作系统、6LoWPAN 网络标准，以及智能物体网络安全。在未来的物联网应用中，网络将不再是被动地满足用户的需求，而是要主动感知用户场景的变化，并进行信息交互，为用户提供个性化的服务。根据现阶段技术和业务的发展情况，结合终端设备对地址的大量需求，以简化网络结构和端到端的业务管理为出发点，考虑在相对封闭的物联网中应用 IPv6 技术，实现智能物体的泛在互连，同时带动整个 IPv6 产业的成熟，为下一代互联网大规模部署 IPv6 技术奠定基础。

4.3.2　6LoWPAN 协议栈概述

为确保异构网络的连通性、互操作性、兼容性，因特网工程任务组（Internet Engineering Task Force，IETF）的一个工作组 6LoWPAN（IPv6 over Low-power Wireless Personal Area Network）开发了一组因特网标准，能够在低功率无线个人区域网上有效使用 IPv6 协议。6LoWPAN 协议使得在低功率无线网络环境下资源受限（通常电池供电）的嵌入式设备能够通过简化的 IPv6 协议（IPv6 分组头部字段域进行了压缩）与因特网互连，并充分考虑了无线网络的特性。6LoWPAN 协议栈如图 4-2 所示。使用 IP 协议提供嵌入式设备与因特网的直接互连互通及可扩展性，也无须网关进行协议转换。

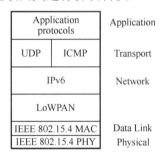

图 4-2　6LoWPAN 协议栈

LoWPAN 是一个适配层，用于优化 IEEE 802.15.4，以及类似链路层协议上的 IPv6 分组传输性能。IEEE 802.15.4 标准定义了物理层和链路层协议，以用于低功率、低速率的位于频段 2.4 GHz、915 MHz 和 868 MHz 的无线嵌入式通信。

因特网协议用于无线嵌入式设备面临着诸多的挑战，其中一些原因如下所述。

（1）电池供电的无线设备需要低的值勤周期，而 IP 是基于永远在线的设备。

（2）IEEE 802.15.4 天生不支持多播，但在许多 IPv6 操作中，多播是一种基本的传输方法。

（3）在多跳无线网状网中，有时很难进行路由选择来取得必要的覆盖和成本效益。

（4）低功率的无线网络带宽低（20～250 kbps）、帧长度很小（在 IEEE 802.15.4 中，在物理层最大 127 B，除开 MAC/安全以及适配层的开销），另一方面，在 IPv6 中所有主机必须准备接收的最小报文长度是 1280 B。IPv6 要求 Internet 的每条链路具有 1280 B 大小或更大的最大传输单元（Maximum Transmission Unit，MTU）。任何不能在一帧中承载 1280 B 分组的链路，链路层特定的分割组装功能必须要被提供在 IPv6 下面的一层中。

（5）在低功率的无线网络中，标准协议的性能表现差。例如，由于无法区分包损失的原因是拥塞还是信道错误，因此，TCP 协议的性能很差。

6LoWPAN 可以处理上述问题，它实现了一个轻量级的适应低速无线设备和邻居发现的 IPv6 协议栈，特别是能很好地适应低速无线网状网环境。

现有的诸如移动 IPv6（Mobile IP for IPv6，MIPv6）的移动性协议，或诸如简单网络管理协议（Simple Network Management Protocol，SNMP）的管理协议，不能直接应用于 6LoWPAN 装置，原因是它们在能源、通信、计算开销方面的低效率，因此，需要研究如何适应现有协议或寻找新的解决方案。

物联网包括大量的节点，每个都将产生内容，无论其位于何处，都应该能被任何授权用户检索到，这需要有效的编址策略。IPv4 协议通过 32 比特地址识别每个节点，可用的 IPv4 地址正在迅速减少，不久将耗尽，因此需要其他的寻址策略。在 6LoWPAN 背景下，IPv6 寻址方案已被用于低功率的无线通信节点。IPv6 地址由 128 比特表示，地址空间达 10^{38} 个，足够标记值得寻址的任何物体，因此可以将 IPv6 地址将赋予网络上的所有物体。

RFID 标签使用 64～96 比特标识符，正在由 EPCglobal 标准化，解决方案是必须使 RFID 标签寻址进入 IPv6 网络。集成 RFID 标签进入 IPv6 网络已经在研究，将 RFID 标识符与 IPv6 地址结合的方法已经被提出。例如，文献[46]提出使用 IPv6 地址的接口标识符 64 比特来报告 RFID 标签标识符，而网络前缀的其他 64 比特被使用来寻址 RFID 和因特网之间的网关。

网关将处理 RFID 标签产生的消息，而这些信息必须离开 RFID 系统并按如下方式进入因特网：新 IPv6 分组将被创造，其有效载荷将包括标签产生的消息，而其源地址将由连接网关 ID（它被复制进 IPv6 地址的网络前缀部分）和 RFID 标签标识符（它被复制到 IPv6 地址的接口标识符部分）所创建。类似地，网关将处理来自因特网并指向某 RFID 标签的 IPv6 分组，特定 RFID 标签（它描述了消息的目的地）将容易被识别，因为它的标识符报告成 IPv6 地址的接口标识符部分，特定消息（在多数情形下，描述了某操作的请求）将被通知给相关 RFID 阅读器。

但是，若 RFID 标签标识符为 96 比特（如同 EPCglobal 标准所允许的），则上述的方法不能被使用。为了解决这个问题，文献[47]提出了另外一种方法，它使用合适的网络元素（称为代理）映射 RFID 标识符（不管其长度）进 64 比特域，此域将被用做 IPv6 地址的接口 ID。明显地，代理必须不断更新产生的 IPv6 地址和 RFID 标签标识符之间的映射。

文献[48]阐述了一种完全不同的方法，在该方法中 RFID 消息和头部域被包括在 IPv6 的有效载荷中，如图 4-3 所示。

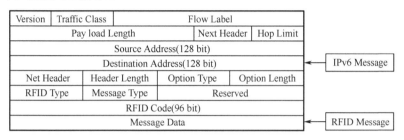

图 4-3　RFID 消息在 IPv6 分组中的封装

但是，重要的是注意到在上述所有情形下，RFID 的移动性没有被支持。事实上，一般的（Common）基本假设是每个 RFID 能够通过指定的网络与 RFID 系统间的网关连接，然后需要适当的机制来支持物联网场景的移动性。在这个背景下，整个系统将由大量具有非常不同特征的子系统组成。在过去，多个解决方法已经提出用于移动性管理[49]，但是，它们在物联网场景下的有效性仍需要证明，因为它们在这样的异构环境下可能面临着可扩展性和适应性问题。通过基于使用本地代理（如移动 IP[50]）方法可获得更高的可扩展性，这不同于通过基于本地位置注册（Home Location Registers，HLR）和访问者位置注册（Visitor Location Registers，VLR）等广泛用于蜂窝网络的方法，类似移动 IP 的协议不使用中心服务器，这从可扩展性角度来看是很关键的。

关于获得地址方法的另一个问题是：在传统的因特网上，任何主机的地址都是通过询问适当的服务器来确定的，此服务器为域名服务器（Domain Name Servers，DNS）。DNS 的目标是通过输入某个名字来获得相应的主机 IP 地址。在物联网中，通信可能发生在物体间而非主机间，因此，引入了物体命名服务（Object Name Service，ONS）的概念，它将对特定物体描述的参考和相关 RFID 标签标识符相关联，例如，标签标识符被映射成因特网统一参考定位符（Uniform Reference Locator，URL），它指向物体的相关信息。在物联网中，ONS 应该操作在两个方向上，应该能够关联特定于给定 RFID 标签标识符的物体的描述，反之亦然。逆反此功能不容易，需要适当的服务，即物体编码映射服务（Object Code Mapping Service，OCMS）。文献[51]报道了 OCMS 的特征，P2P 方法被建议用来改善可扩展性，但是在复杂操作环境下的 OCMS 设计和评价（如在物联网中）仍是一个开放问题。

物联网也需要一个新的传输层概念，传输层的主要目标是保证端到端的可靠性和执行端到端拥塞控制。在传统的因特网中，传输层使用的可靠通信协议是传输控制协议

（Transmission Control Protocol，TCP），由于如下一些原因，TCP 并不适合物联网。

（1）连接建立：TCP 是面向连接的协议，每个会话以一个连接建立程序开始（称为三次握手）。这是不必要的，物联网中的很多通信会话仅有少量数据交换，连接建立阶段会占据相当比例的会话时间；此外，连接建立阶段包括被端设备处理和传输的数据，在多数情况下，会受限于能量和通信资源，如传感器节点和 RFID 标签。

（2）拥塞控制：TCP 负责端到端拥塞控制，在物联网中，这会导致性能问题，因为大多数通信使用了无线介质，这对 TCP 来说，是一个具有挑战性的环境。此外，若单一会话中交换的数据量很少，TCP 拥塞控制没有作用。

（3）数据缓冲：TCP 需要将数据存储在源端和目的端的缓存中。事实上，在源端，数据应该被缓存以便在丢失时可以被重传；在目的端，数据应该被缓存以便按序递交到应用层。这样的缓冲区管理可能对能量受限装置来说太昂贵了。

在物联网中，TCP 效率不高，但直至最近仍无有效的解决方案，而且尚不知道物联网中智能物体的通信量特点，而这正是设计网络基础设施和协议的基础。

另一个关于网络方面的重要研究问题涉及流量特征。众所周知，无线传感器网络的流量特征极大地依赖于应用场景。当仅局限于传感器网络本身时，这不成为一个问题。但根据物联网的范例，传感器节点成为整个因特网的一部分，问题的复杂性就增加了。事实上，在这种情况下，因特网将被由部署为不同目的的传感器网络产生的大量数据贯穿，因此具有与其他网络不同的流量特征。此外，大规模分布式 RFID 系统刚刚开始，相关流量特征仍在研究中，物联网中的流量特征也完全是未知的。

流量特征很重要，因为它对于网络服务提供者进行基础设施的扩展规划而言是必要的，流量特征和建模，以及一系列的流量需求被用来设计适当的解决方案以支持服务质量（Quality of Service，QoS）。事实上，现在有些研究已经被用来支持传感器网络的 QoS，但仍未解决 RFID 系统的流量特征问题，因此，在物联网中的服务质量支持方面仍需要进行大量的研究工作。由于存在多个类似 QoS 为 M2M 通信，且在近几年人们也在研究这样类型的通信，因此可以认为为 M2M 场景的 QoS 管理方案能够应用到物联网场景中。显然，这仅仅是一个开始点，在未来应该深入研究物联网的特定解决方案。

4.3.3　LoWPAN 适配层协议

IPv6 分组不能直接在 IEEE 802.15.4 网络上传输，因此，需要 LoWPAN 来进行适配，下面将详细阐述之。

IEEE 802.15.4 定义了四种帧（Frame）：信标帧（Beacon Frame）、MAC 命令帧（MAC

Command Frame）、确认帧（Acknowledgement Frame）、数据帧（Data Frame）。IPv6 分组必须被携带在数据帧中，数据帧可以选择对请求进行确认。

IEEE 802.15.4 网络可以使用信标，也可以不使用。使用信标便于设备间同步，若不使用信标同步，数据帧（包括携带 IPv6 分组的帧）通过基于竞争的信道接入方法（如无时槽 CSMA/CA）进行发送，尽管不使用信标同步，但信标对链路层设备发现以辅助关联和去关联事件仍是有用的。

1. 寻址模式（Addressing Mode）

IEEE 802.15.4 定义了多个寻址模式，如 64 比特扩展地址和 16 比特短地址。

2. 最大传输单元（Maximum Transmission Unit，MTU）

在 IEEE 802.15.4 之上的 IPv6 分组的 MTU 大小是 1280 B。但是，一个完整的 IPv6 分组不适合放入一个 IEEE 802.15.4 帧中。最大物理层包大小 127 B，最大帧开销 25 B，因此，MAC 层的最大帧大小为 102 B。

另外，确保链路层安全也需要开销，例如，使用 AES-CCM-128、AES-CCM-64 和 AES-CCM-32 的开销分别为 21 B、13 B 和 9 B，在使用 AES-CCM-128 的情形下，仅 81 B 可用于携带上层数据，这显然远远低于最小的 IPv6 分组大小（1280 B），因此在 IP 层下面必须要有适配层来进行分片和重组的工作。

既然 IPv6 头部是 40 B，那么就仅留了 41 B 给上层协议，如 UDP 的头部占 8 B，应用层数据仅 33 B，加之为分片与重组的适配层的开销，留给应用层的字节数将更少。

以上考虑导致如下两个观察：

● 必须提供适配层以满足 IPv6 的最小 MTU 要求；
● 进行协议头的压缩是必要的。

3. LoWPAN 适配层和帧格式

这里定义的封装格式（后面称为 LoWPAN 封装）是 IEEE 802.15.4 MAC 协议数据单元中的有效载荷，LoWPAN 有效载荷（如 IPv6 分组）遵循这个封装头格式。

所有 LoWPAN 封装的、在 IEEE 802.15.4 上传输的数据包均由一个封装协议头栈装上前缀。在协议头栈中的每个协议头都含有一个头部类型及跟随的零个或多个头部域。然而，在 IPv6 的头部，栈将依次包含寻址、逐跳选项、路由、分片、目的地选项、有效载荷（RFC2460）；在 LoWPAN 的头部，类似的头部顺序是网格（Mesh（L2））寻址、逐跳选项（包括 L2 广播/多播）、分片、有效载荷。以下的例子展示了可用于 LoWPAN 网络的典型协议头栈。

LoWPAN 封装的 IPv6 数据包示例如下：

Ipv6 Dispatch	Ipv6 Header	Payload

LoWPAN 封装的 LOWPAN_HC1 压缩 IPv6 数据包示例如下：

HC1 Dispatch	HC1 Header	Payload

LoWPAN 封装的、需要网格寻址的 LOWPAN_HC1 压缩 IPv6 数据包示例如下：

Mesh Type	Mesh Header	HC1 Dispatch	HC1 Header	Payload

LoWPAN 封装的、需要分片的 LOWPAN_HC1 压缩 IPv6 数据包示例如下：

Frag Type	Frag Header	HC1 Dispatch	HC1 Header	Payload

LoWPAN 封装的、既需要网格寻址又需要分片的 LOWPAN_HC1 压缩 IPv6 数据包示例如下：

Mesh Type	Mesh Header	Frag Type	Frag Header	HC1 Dispatch	HC1 Header	Payload

LoWPAN 封装的、既需要网格寻找又需要广播头来支持网格广播/多播的 LOWPAN_HC1 压缩 IPv6 数据包示例如下：

Mesh Type	Mesh Header	B Dsp	B Hdr	HC1 Dispatch	HC1 Header	Payload

当多于一个 LoWPAN 头被用于相同的包中，必须按如下顺序出现。

- 网格寻址头（Mesh Addressing Header）；
- 广播头（Broadcast Header）；
- 分片头（Fragmentation Header）。

所有协议数据包应该跟随着有效的 LoWPAN 封装头之一，这方便数据包的统一软件处理，而无须关注它们的传输模式。

LoWPAN 头的定义，除了网格寻址和分片外，主要由分派值、头部域的定义、相关于所有其他头部的顺序约束等组成。尽管协议头栈结构提供了一个机制来从事未来关于 LoWPAN 适配层的需求，但其仍未计划提供一般目的的可扩展性。

（1）分派类型（Dispatch Type）和头部（Header）。如图 4-4 所示，前 2 比特分别为 0 和 1 指出是分派类型。

0 1 2 3 4 7 8	31
0 1 Dispatch Type	Type-Specific Header

图 4-4　分派类型和头部

分派类型（Dispatch Type）：6 比特长的选择器，识别分派头部后面的头部类型。

特定类型的头部（Type-Specific Header）：由分派头部确定的头部。

分派值可以被处理为无结构名字空间,仅一些符号被需要来表示当前 LoWPAN 功能性。尽管一些额外好处可通过编码额外功能性为分派字节取得，但这些措施会趋向限制从事未来替代性工作的能力。

NALP：指出下面的比特不是 LoWPAN 封装的一部分，任何遇到分派值 00xxxxxx 的 LoWPAN 节点应该丢弃分组。希望与 LoWPAN 节点共存的其他非 LoWPAN 协议应该包含匹配紧跟 802.15.4 头部的这个模式的字节。

分派值比特模式如图 4-5 所示。

Pattern	Header Type	
00 xxxxxx	NALP	- Not a LoWPAN frame
01 000001	IPv6	- Uncompressed IPv6 Addresses
01 000010	LOWPAN_HC1	- LOWPAN_HC1 compressed IPv6
01 000011	reserved	- Reserved for future use
···	reserved	- Reserved for future use
01 001111	reserved	- Reserved for future use
01 010000	LOWPAN_BC0	- LOWPAN_BC0 compressed IPv6
01 010001	reserved	- Reserved for future use
···	reserved	- Reserved for future use
01 111110	reserved	- Reserved for future use
01 111111	ESC	- Additional Dispatch byte follows
10 xxxxxx	MESH	- Mesh Header
11 000xxx	FRAG1	- Fragmentation Header (first)
11 001000	reserved	- Reserved for future use
···	reserved	- Reserved for future use
11 011111	reserved	- Reserved for future use
11 100xxx	FRAGN	- Fragmentation Header (subsequent)
11 101000	reserved	- Reserved for future use
···	reserved	- Reserved for future use
11 111111	reserved	- Reserved for future use

图 4-5　分派值比特模式

IPv6：指出下面的协议头是一个非压缩 IPv6 头（RFC2460）。

LOWPAN_HC1：指出下面的头是 LOWPAN_HC1 压缩 IPv6 头，此头格式被定义在图 4-12 中。

LOWPAN_BC0：指出下面的头是为支持网格广播/多播的 LOWPAN_BC0 头。

ESC：指出下面的头是一个分派值的单字节域（8 bit），支持大于 127 的分派值。

（2）网格寻址类型和头部。如图 4-6 所示，前 2 比特分别为 1 和 0，指出的是网格类型。

0 1 2 3 4			7 8	31
1 0	V	F	Hops Left	Originator Address, Final Address

图 4-6　网格寻址类型和头部

各个域的定义如下所述。

- **V**：若创建者地址是 IEEE 扩展 64 比特地址（EUI-64），该位是 0；若为短 16 比特地址，该位取值为 1。
- **F**：若最后目的地址是 IEEE 扩展 64 比特地址（EUI-64），该位是 0；若为短 16 比特地址，该位取值为 1。
- **剩余跳数（Hops Left）**：这个 4 比特域的值由每个转发节点在发送分组到它的下一跳前减少一个额定值。若此域的值被减到 0，则分组不再被转发，值 0xF 被保留并表示一个 8 比特域 Deep Hops Left 紧跟其后，允许源节点指定大于 14 的跳限制。
- **创建者地址（Originator Address）**：这是创建者的链路层地址。
- **最后目的地址（Final Destination Address）**：这是最后目的地的链路层地址。

（3）分片类型（Fragmentation Type）和头部。若整个有效载荷（如 IPv6）数据包适合放入单一 802.15.4 帧中，则不需要分片并且 LoWPAN 封装不应包含分片头。若数据包不适合放入单一 802.15.4 帧中，则应该分成适应链路的片断。由于片偏差仅能表示成 8 B 的倍数，因此，数据包的所有链路片段除最后一片外都必须是 8 B 的倍数。第一个链路片段应该含有首个分片头，如图 4-7 所示。

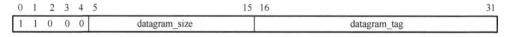

图 4-7　首个分片格式

第二个和随后的链路片段应该包含一个符合图 4-8 所示格式的分片头。

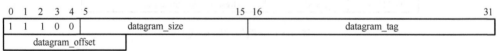

图 4-8　首个分片后面的分片格式

数据包大小（datagram_size）：这个 11 比特决定了链路层分片前（但在 IP 层分片后）整个 IP 分组的大小。datagram_size 的值应该对一个 IP 分组的所有链路层分片都是一样的。对 IPv6，这应该是 40 B（非压缩 IPv6 头的大小），大于分组的 IPv6 头（RFC2460）中有效载荷长度值。

数据包标签（datagram_tag）：数据包标签域的值对有效载荷（如 IPv6）数据包的所有链路分片都应该是相同的，对连续的需分片的数据包，发送者应该一次增加它们数据包标签域的值。此域的值增加到 65535 后将返回到 0，因为此域是 16 bit，表示的数值范围是 0～

65535，此域未定义初始值。

数据包偏差（datagram_offset）：此域仅在第二个及以后链路分片中出现，其值以 8 B 为单位，并从有效载荷数据包的起始处计算。数据包首个字节（如 IPv6 头的开始处）具有偏差 0；首个链路分片隐含的数据包偏差值为 0，此域长度为 8 bit。

链路分片的接收者应该使用：

● 发送者的 802.15.4 源地址（或网格寻址域出现时的创建者地址）；
● 目的地的 802.15.4 源地址（或网格寻址域出现时的最终目的地址）；
● 数据包大小；
● 数据包标签，来识别属于一个特定数据包的所有链路分片。

一旦收到链路分片，接收者开始将所收集的分片包组装成原始的未分片包，它使用数据包偏差域的值决定分片在原始包中的位置。一旦检测到 802.15.4 去关联事件，分片接收者必须丢弃未组装完的所有数据包的全部链路分片，而发送者必须丢弃仍未发送完的所有相关包。类似地，当节点首次接收到带有特定数据包标签的分片时，它启动一个组装定时器。当这个定时器超时，若整个包仍未组装完，则已有分片必须被丢弃，且组装状态必须被刷新。组装超时间隔必须被设置为一个最大值，即 60 s，这也是 IPv6 组装过程的超时间隔。

4. 无状态地址自动配置

下面阐述如何获得 IPv6 接口标识符。IEEE 802.15.4 接口所使用的接口标识符（RFC4291）可以是基于 EUI-64 的标识符，在这种情形下，接口标识符根据"IPv6 over Ethernet"规范（RFC2464）从 EUI-64 中形成。

所有 802.15.4 设备都有 IEEE EUI-64 地址，但 16 bit 的短地址也是可能被使用的。在这些情形下，伪 48 bit 地址形成过程如下：首先，前面的 32 bit 通过连接 16 个 0 到 16 bit 的 PAN ID 来形成；若 PAN ID 未知，可使用 16 个 0，这将产生如下的 32 bit 域。

```
16_bit_PAN:16_zero_bits
```

然后，这 32 bit 与 16 bit 的短地址连接，这将产生如下的 48 bit 域。

```
32_bits_as_specified_previously:16_bit_short_address
```

根据"IPv6 over Ethernet"规范（RFC2464），接口标识符将从整个 48 bit 地址中形成。但是，在最终接口标识符中，Universal/Local（U/L）应被设置为 0，因为这个标识符并不是全局唯一的值。对任一地址格式，全 0 地址必须禁止使用。

由手工或软件设置的不同 MAC 地址可用于得到接口标识符，若使用这样的 MAC 地址，则它的全局唯一特性应该被反映在 U/L 的值上。

用于 IEEE 802.15.4 接口的无状态自动配置（RFC4862）的 IPv6 地址前缀必须具备 64 bit 的长度。

5．IPv6 链路局部地址

用于 IEEE 802.15.4 接口的 IPv6 链路局部地址（RFC4291）由添加接口标识符到前缀 FE80::/64 上而形成，如图 4-9 所示。

10 bit	54 bit	64 bit
1111111010	(zero)	Interface Identifier

图 4-9　IPv6 链路局部地址

6．单播地址变换（映射）

映射 IPv6 非多播地址到 IEEE 802.15.4 链路层地址的地址解析过程遵循（RFC4861）的第 7.2 节的描述，除非有另外的特别说明。

当链路层是 IEEE 802.15.4 且地址是 EUI-64 或 16 bit 短地址时，源/目标链路层地址选项具有如图 4-10 所示的形式。

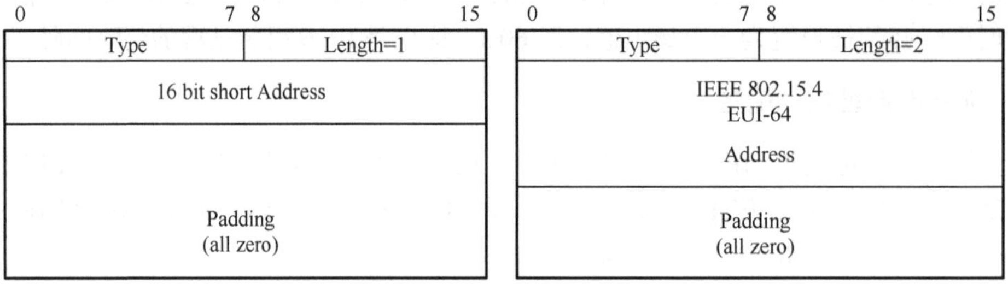

图 4-10　源/目标链路层地址选项格式

类型 Type=1：针对源链路层地址。

类型 Type=2：针对目标链路层地址。

长度（Length）：这是此选项的长度（包括类型域和长度域），以 8 B 为单位。若使用 EUI-64 地址，则此域的值为 2；若使用 16 bit 短地址，则此域的值为 1。

IEEE 802.15.4 地址：64 bit 的 IEEE 802.15.4 地址或 16 bit 的短地址，这是接口当前响应的地址。出于隐私或安全（如邻居发现）考虑，这个地址可以不同于内建的被用来获得接口标识符的地址。

7．多播地址变换（映射）

此功能仅用在激活网格功能的 LoWPAN 上。具有多播目的地址的 IPv6 分组被发送到如

图 4-11 所示格式的 IEEE 802.15.4 的 16 bit 多播地址上。

0	1	2	3		7	8		15
1	0	0	DST[15]*			DST[16]		

图 4-11　IEEE 802.15.4 的 16 bit 多播地址格式

这里，DST[15]*引用 DST[15]中的最后 5 bit，也就是说，引用 DST[15]中的 3～7 位。最初 3 bit 模式（即 100）表示遵循多播地址的 16 bit 地址格式。

这里考虑了 LoWPAN 网络内部的多播支持，常用的机制有洪泛、受控洪泛、到 PAN 协调器的单播等。

8．头部压缩

目前存在很多关于头部压缩的已发布和正在进行中的标准化工作，然而 IEEE 802.15.4 之上的 IPv6 头部压缩具有不同的约束因素，这些总结如下。

已有的工作假设任意两个设备间存在很多通信流，这里假设一个很简单和对上下文依赖度低的头部压缩。这个工作不依赖于流，它没有使用任何特定于任何流的上下文，因此，它不能取得与为每个将被压缩的流都建立了单独的上下文的方案一样的压缩效果。对于包大小受限的情况，希望将二层和三层压缩功能整合。IEEE 802.15.4 设备正在越来越多地部署到了多跳网络中，然而，网格结构网络中的头压缩不同于通常的点对点式链路场景。在点对点式链路场景下，压缩者与解压者是可以直接相互通信的。在 IEEE 802.15.4 网络中，非常渴望设备能通过它的任一邻居发送头部被压缩的包，很少有预先建立上下文的可能。

头部压缩所需的任何新分组格式可以重用定义在前文的 LoWPAN 适配层和帧格式中的基本分组格式，可使用不同的分派值进行区分。

头压缩可能导致对齐不落在字节边界上，既然硬件不能传输小于 1 B 的数据，填充就必须被使用。填充过程如下：首先全部邻近压缩头部被排列；然后增加比特 0 以满足对齐字节边界的要求。填充将消除任何潜在的头部压缩导致的未对齐情形。

（1）IPv6 头部域的编码。由于已加入了相同的 6LoWPAN 网络，设备共享一些状态。这使得压缩头部而无须明确地建立任何压缩上下文状态成为可能。因此，6LoWPAN 头部压缩不保留任何流的状态，它依靠的是与整条链路相关的信息。下面的 IPv6 头的值对 6LoWPAN 网络具有普遍性，所以 HC1 头被构建来有效地压缩它们：

● 版本为 IPv6；
● IPv6 源地址和目的地址都具有链路局部性；
● 源/目的地的 IPv6 接口标识符（底部 64 bit）能从第二层源/目的地址被推断出来（当然，这仅对从底层 802.15.4 MAC 地址获得接口标识符才是可能的）；

- 分组的长度或能从第二层（802.15.4 PPDU 中的帧长度域）推断出来或分片头的数据包大小域推断出来；
- 通信类型和流标签都是 0；
- 下一个头是 UDP、ICMP 或 TCP。

IPv6 头部必须的域是跳限制（Hop Limit）域（8 bit），这取决于分组匹配上述共同情形（Common Case）的吻合程度的不同，存在差异的域可能不能被压缩，因此也需要被携带。这些共同的 IPv6 头部能被压缩到 2 B（一个字节是 HC1 编码域，另一个字节是跳限制域），而非原来的 40 B。图 4-12 展示了相关格式。

0	7 8	31
HC1 Encoding	Non-Compressed Fields Follow ⋯	

图 4-12　LOWPAN_HC1（公共压缩头编码）

这个头的前面可以有分片头，而分片头前可以有网格头。HC1 后面可以紧跟 HC2 编码，在此情形下，非压缩域就紧跟 HC2 编码域。由 HC1 编码域编码的地址域如下所述。

- PI：携带的前缀。
- PC：压缩的前缀（假设是链路局部性前缀）。
- II：携带接口标识符。
- IC：取消的接口标识符（源自相应的链路层地址）。
- HC1 编码域被展示如下（以第 0 位开始，以第 7 位比特结束）。

  ◇ IPv6 源地址（第 0 和 1 位），00 表示 PI、II；01 表示 PI、IC；10 表示 PC、II；11 表示 PC、IC。
  ◇ IPv6 目的地址（第 2 和 3 位），00 表示 PI、II；01 表示 PI、IC；10 表示 PC、II；11 表示 PC、IC。
  ◇ 通信类型和流标签（第 4 位），0 表示不压缩，指示通信类型的 8 bit 和指示流标签的 20 bit 都被发送；1 表示通信类型和流标签都是 0。
  ◇ 下一个头（第 5 和 6 位），00 表示不压缩，所有 8 bit 都被发送；01 表示 UDP；10 表示 ICMP；11 表示 TCP。
  ◇ HC2 编码（第 7 位），0 表示不再有头压缩比特串；1 表示 HC1 被多个头压缩比特串紧跟，每个都是 HC2 编码格式，第 5 和 6 位决定是哪类 HC2 编码的应用类型（如 UDP、ICMP 或 TCP 编码）。

（2）UDP 头部域的编码。LOWPAN_HC1 的第 5 和 6 位允许压缩 IPv6 头部中下一个头部域，每一个协议头部做进一步压缩也是可能的。这里介绍 UDP 头部如何被压缩，因此，这里的 HC2 编码就是专指 HC_UDP 编码，其格式见图 4-13。HC_UDP 编码允许压缩 UDP

头部中的域有源端口、目的端口、长度，UDP 头部的校验和域不被压缩，因此，会被携带在包中。下面介绍的方案允许压缩 UDP 头部到 4 B。仅有的能从其他地方推断出其值的 UDP 头部域是长度域。

图 4-13　HC_UDP（UDP 公共压缩头编码）

HC_UDP 编码域被展示如下（以第 0 位开始，以第 7 位结束）所述。

- UDP 源端口（第 0 位），0 表示不压缩，被携带；1 表示被压缩到 4 bit，实际的 16 bit 源端口号由下式计算来得到，即 P+短端口（short_port）值，P 的值为 61616（0xF0B0），短端口（short_port）被表示为一个 4 bit 值，它需要被携带。
- UDP 目的端口（第 1 位），0 表示不压缩，被携带；1 表示被压缩到 4 bit，实际的 16 bit 源端口号由下式计算来得到：P+短端口（short_port）值，P 的值为 61616（0xF0B0），短端口（short_port）表示为一个 4 bit 值，它需要被携带。
- 长度（第 2 位），0 表示不压缩，被携带；1 表示被压缩，从 IPv6 头部长度信息中计算出长度值，UDP 长度域的值等于 IPv6 头部中有效载荷长度值减去 IPv6 头部和 UDP 头部之间的所有扩展头长度。
- 保留（从第 3 到第 7 位）。

（3）非压缩域。

① 非压缩 IPv6 域。这个方案允许 IPv6 头部被压缩到不同的程度，因此不是完整的（标准的）IPv6 头部，仅非压缩域需要被发送，后面的头部（如原始 IPv6 头部的下一个头部域所指定的）紧跟 IPv6 非压缩域。

非压缩 IPv6 寻址由一个分派类型描述，此分派类型含有一个 IPv6 分派值，后跟非压缩 IPv6 头，这个分派类型前有另外的 LoWPAN 头。

跳限制是必须出现在非压缩 IPv6 域，这个域必须始终跟随编码域（如 HC1 编码），其他非压缩域必须跟随跳限制域。这些域是源地址前缀（64 bit）和/或接口标识符（64 bit）、目的地址前缀（64 bit）和/或接口标识符（64 bit）、通信类型（8 bit）、流标签（20 bit）、下一个头部（8 bit）。实际的下一个头部（如 UDP、TCP、ICMP 等）是跟随在非压缩域之后的。

② 非压缩和部分压缩 UDP 域。这个方案允许 UDP 头被压缩到不同的程度，因此不是完整的（标准的）UDP 头部，仅非压缩域或部分压缩域需要被发送。

UDP 头部的非压缩域或部分压缩域必须始终跟随在 IPv6 头部和它的关联域之后。任何需携带的 UDP 头的出现顺序必须与标准的 UDP 头（RFC0768）中相应域的出现顺序一样，如源端口、目的端口、长度、校验和。若源或目的端口是一个短端口符号（如压缩 UDP 头部所指出），则不使用 16 bit，而是取 4 bit。

9. 链路层网格上的帧传递

即使 IEEE 802.15.4 网络被期望普遍地使用网格路由，但 IEEE 802.15.4 2003 规范没有定义这样的功能。在这样的情形下，全功能设备（Full Function Device，FFD）运行 Ad Hoc 或 Mesh 路由协议来传播它们的路由表。在这样的网格场景下，两个设备不需要直接连接来通信。在这些设备中，发送者是众所周知的创建者，而接收者是周知的最终目的地，创建者可以使用其他中间设备来转发数据到最终接收者。为了使用单播完成这样的帧传递，除了逐跳源和目的地外，在消息包中包含创建者和最终目的地的链路层地址是必要的。

这里介绍如何实现在网格中的第二层传递帧，在给定了目标最终目的地链路层地址后，将网格寻址头包含于任何其他 LoWPAN 封装头之前，可以使能网格传递功能。

若节点希望使用默认网格转发者来传递分组（例如，因为它与目的地不是直接可达的），它必须包含网格寻址头（带有创建者的链路层地址和最终目的地的链路层地址），然后设置 802.15.4 头部的源地址为它自己的链路层地址，并将转发者的链路层地址放在 802.15.4 头部的目的地址域，最后发送此分组。

类似地，若节点收到带有网格寻址头的帧，它必须查看网格寻址头的最终目的地域来决定帧的目的地。若节点本身是最终目的地，则销毁此分组；若它不是最终目的地，设备（网络中的节点）减少剩余跳数域的值后，如果结果仍为 0，则丢弃此分组；否则，节点查询它的链路层路由表，决定通向最终目的地的下一跳节点，并将哪个节点地址放在 802.15.4 头部的目的地址域。最后，节点将 802.15.4 头部的源地址改变为它自己的链路层地址并发送此分组。

尽管节点必须满足网格路由协议来成为一个转发者，但并没有要求仅使用网格转发，仅全功能设备（Full Function Device，FFD）被期望作为路由器参与到网格中。简化功能设备（Reduced Function Device，RFD）的功能仅限于发现 FFD 并使用之来转发。对于一个使用网格传递的 RFD 来说，转发者总是一个适当的 FFD。

（1）LoWPAN 广播。附加的网格路由功能被编码来使用一个紧跟网格头的路由头，特别地，广播头由一个 LoWPAN_BC0 分派域构成，此 LoWPAN_BC0 分派域后接一个序号域，序号域被用来检测重复地分组。广播头的格式如图 4-14 所示。

0	1	2 7	8 15
0	1	LoWPAN_BC0	Sequence Number

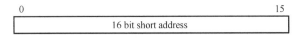

图 4-14　广播头

序号（Sequence Number）：这个 8 bit 的值应该由创建者在它发送了新网格广播或多播分组时增加。

（2）16 bit 短地址。用于 6LoWPAN 分组中的 16 bit 短地址格式如图 4-15 所示。

0 15
16 bit short address

图 4-15　16 bit 短地址格式

这里，0xffff 是 16 bit 的广播地址，其他地址划分如下所述。

- 范围 1：0xxxxxxxxxxxxxxx，首位为 0 表示此范围地址为单播地址，其余 15 bit 用于实际地址。
- 范围 2：100xxxxxxxxxxxxx，前 3 bit 为 100 表示是多播地址，其余 13 bit 为实际的多播地址。
- 范围 3：101xxxxxxxxxxxxx，前 3 bit 为 101 表示此段地址被保留。
- 范围 4：110xxxxxxxxxxxxx，前 3 bit 为 110 表示此段地址被保留。
- 范围 5：111xxxxxxxxxxxxx，前 3 bit 为 111 表示此段地址被保留。

4.3.4　RPL 路由协议

IETF 已经为低功率和有损耗网络（Low power and Lossy Networks，LLN）开发了一个 IPv6 路由协议（包括 6LoWPAN），即 RPL（IPv6 Routing Protocol for LLN）路由协议[52]。LLN 是由具有受限处理能力、存储能力，以及能量的智能物体组成的，不同于在 Ad Hoc 网络中有良好性能表现的 MANET 路由协议，RPL 路由协议（RFC6550）的目标是优化物联网中的上下行数据流，以适合与因特网互连。RPL 路由协议适合物联网部署，因为它能适应低速设备与因特网间的流量转发。该协议设计时考虑到了由上千节点组成的 LLN，且节点互连的链路是不稳定的（有损耗的）情况。在集中了大量物联网应用（如都市网络，包括智能网格、工业自动化、家居和建筑自动化等）后，IETF 的一个工作组 ROLL（Routing Over Low power and Lossy networks）已经定义了应用特定的路由需求。RPL 协议已经被设计在各种链路层上操作（如 IEEE 802.15.4），它是一个应用于 LLN 的距离矢量 IPv6 路由协议。下面将详细阐述该路由协议。

1．RPL 协议的拓扑

（1）构建拓扑。LLN 等无线网络典型地预先确定拓扑，因此，RPL 必须要先发现链路，然后选择通信对象。RPL 路由被优化为流向或来自一个或多个根的流量，这些根充当拓扑的 Sink 节点。因此，RPL 的组织拓扑为一个有向无环图（Directed Acyclic Graph，DAG），此图被划分为一个或多个目的地导向的 DAG（Destination Oriented DAG，DODAG），每个 DODAG 都有一个 Sink 节点。若 DAG 有多个根节点，则期望根节点由公共骨干（Common Backbone，如传输链路）连接。

（2）RPL 标识符。RPL 使用四个值来识别和维持拓扑。

① 第一个是 RPLInstanceID。RPLInstanceID 用于识别一组 DODAG，一个网络可能有多个 RPLInstanceID，每个 RPLInstanceID 独立定义一组 DODAG，可以针对不同的目标函数（Objective Functions，OF）或应用进行优化。由同一 RPLInstanceID 识别的一组 DODAG 被称为 RPL 实例（RPL Instance），相同 RPL 实例中的所有 DODAG 使用相同 OF。

② 第二个是 DODAGID。DODAGID 的范围是 RPL 实例，在网络中，RPLInstanceID 和 DODAGID 的结合可唯一地识别单一的 DODAG，RPL 实例可以有多个 DODAG，其中每个 DODAG 都有唯一的 DODAGID。

③ 第三个是 DODAGVersionNumber。DODAGVersionNumber 的范围是 DODAG，DODAG 有时从 DODAG 根中通过增加 DODAGVersionNumber 的值重建。RPLInstanceID、DODAGID 和 DODAGVersionNumber 的结合可唯一地识别一个 DODAG 版本。

④ 第四个是等级（Rank）。Rank 的单位是 DODAG 版本，Rank 在 DODAG 版本上建立一个偏序（Partial Order），定义了单个节点关于 DODAG 根的位置。

（3）RPL 实例和 DODAG。RPL 实例包含一个或多个 DODAG 根，RPL 实例可以提供通向某目的地前缀的路由，在 DODAG 内通过 DODAG 根或替代路径可达此目的地。这些根可以独立操作，也可以在网上协作，而这种网络不必像 LLN 一样受限。

RPL 实例可由如下所述的要素构成。

● 具有单一根的单一 DODAG，如 DODAG 被优化以最小化延时；
● 具有独立根的多个非协调 DODAG（具有不同 DODAGID）；
● 具有虚拟根的单一 DODAG，能够协调骨干网上的 LLN Sink 节点（具有相同 DODAGID）；
● 适合一些应用场景的上述的结合。

每个 RPL 分组都与一个特定 RPLInstanceID 和 RPL 实例相关联。

图 4-16 描述了由 3 个 DODAG 组成的 RPL 实例，其根分别在 R1、R2、R3 上，每一个都会通告相同的 RPLInstanceID，虚线描述了父节点与子节点间的连接。

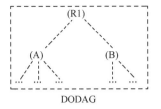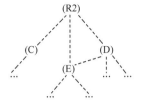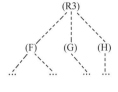

图 4-16　RPL 实例

（4）DODAG 版本。图 4-17 描述了 DODAG 版本号的增加是如何产生新的 DODAG 版本的，阐述了导致不同 DODAG 拓扑的 DODAG 版本号的增加情形。为了适应拓扑的改变，需要新的 DODAG 版本号。

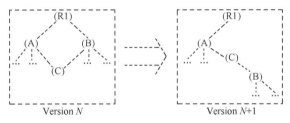

图 4-17　DODAG 版本

2. 上行路由（Upward Router）和 DODAG 构造

根据目标函数（Objective Function，OF）可构造指向 DODAG 根的上行路由，RPL 节点可以通过 DODAG 信息对象（DODAG Information Object，DIO）消息构造和维护这些 DODAG。

（1）目标函数（Objective Function，OF）。目标函数定义了 RPL 节点如何在 RPL 实例中选择和优化路由，OF 由 DODAG 信息目标（DODAG Information Object，DIO）配置选项中的目标代码点（Objective Code Point，OCP）识别，定义了节点如何将一个或多个度量和约束转化为被称为等级（Rank）的值（此值近似于从 DODAG 根到拥有该值的节点的距离），OF 也定义了节点如何选择父节点。

（2）DODAG 修复。DODAG 根通过增加 DODAG 版本号开始一个全局修复操作，这将发起一个新的 DODAG 版本。新 DODAG 版本中的节点能够选择一个新位置，此位置的等级（Rank）值不受旧版本中的等级（Rank）值约束。RPL 支持用于 DODAG 版本中进行局部修复的机制，DIO 消息指定了必要的参数，这些参数由 DODAG 根中策略来配置并受这些策略控制。

（3）接地的（Grounded）和浮动的（Floating）DODAG。DODAG 可以是接地的或浮动的，这由 DODAG 根决定。接地的 DODAG 提供到主机的连接，可用来满足定义的应用目标。浮动的 DODAG 不需要满足此目标，在大多数情况下仅提供到 DODAG 中节点的路由，例如，浮动的 DODAG 可以被用来保持修复期间的内部连通性。

（4）局部 DODAG。在 LLN 网络中，RPL 节点能够通过形成局部 DODAG（它的 DODAG 根是希望的目的地）优化到目的地的路由。不同于由多个 DODAG 组成的全局 DAG，局部 DAG 有一个且仅有一个 DODAG 和一个 DODAG 根，局部 DODAG 能被按需构造。

（5）数据路径验证和循环检测。LLN 网络的低功率和损耗特征促使 RPL 使用数据包进行按需循环检测，因为数据流量频率低，维持经常可能与物理拓扑不一致的路由拓扑会造成能量浪费。典型的 LLN 会在物理连接上呈现变化，这些是暂时的，并无碍于流量，但对控制层面的密切追踪是代价昂贵的。在有数据发送之前，RPL 不必处理连接性上的短暂和低频率的变化。

使用数据分组传输的 RPL 分组信息包括发送者的等级（Rank），分组（上行或下行）路由决定的两个节点间等级（Rank）关系之间的不一致性将指出可能存在的环。一旦接收到这样的分组，节点将开始局部修复操作。例如，如果一个节点收到一个标明其在上行方向传输的分组，若此分组记录其发送者的等级比其接收者的低，则接收节点能够断定此分组已不在上行方向前进，且相应的 DODAG 不一致。

（6）分布式算法操作。构造 DODAG 的分布式算法步骤如下所述。

① 一些节点被配置成 DODAG 根，具有相关联 DODAG 配置。

② 通过向所有 RPL 节点发送链路局部多播 DIO 消息，节点通告它们的存在、与 DODAG 的从属关系、路由代价、相关度量。

③ 根据指定的目标函数及其邻居的等级，节点侦听 DIO 并使用它们的信息来加入新的 DODAG（因而选择 DODAG 父节点），或维持存在的 DODAG。

④ 对 DIO 消息指定目的地，通过在 DODAG 版本中的 DODAG 父节点，节点提供路由表条目。决定加入 DODAG 的节点能够提供一个或多个 DODAG 父节点作为默认路由的下一跳，以及关联实例的其他大量的外部路由。

DODAG 的构建过程示例如图 4-18 所示。

主动发起构建过程的 RPL 节点成为 DODAG 根节点，它通过广播一个 DIO 消息来发起这个构建过程。监听根节点的邻居将收到这个 DIO 消息，根据消息中的目标函数、综合广播路径开销等做出是否加入该 DODAG 的决定。一旦决定加入，则将该 DIO 消息的发送者记录为父节点，计算自身的 Rank 值，并向父节点回复包含路由前缀信息的 DAO 消息。加入 DODAG 的节点更新 DIO 消息后进行广播。若没有定期收到 DIO 消息，则主动发起 DIS 消息来请求 DIO 消息。

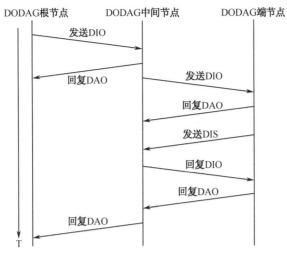

图 4-18　DODAG 图构建的消息交互

3．下行路由和目的地通告

RPL 使用目的地通告对象（Destination Advertisement Object，DAO）消息来建立下行路由，DAO 消息是应用的一个选择功能，这些应用需要 P2MP 或 P2P 流量。RPL 支持下行流量的两种模式：存储（完全有状态）或非存储（完全源路由），任何给定的 RPL 实例均是存储的或非存储的。在两种情况中，P2P 包向上传输到 DODAG 根，然后向下到最终目的地（除非目的地在上行路由上）。在非存储的情形下，在向下传输前，包将一路传输到 DODAG 根；在存储的情形下，通过源和目的地（比到 DODAG 根要早到达）的共同祖先，包可以下行发送到目的地。

4．局部 DODAG 路由发现

RPL 网络能选择性地支持 LLN 网络中到特定目的地的 DODAG 按需发现。这样的局部 DODAG 的行为表现与全局 DODAG 稍有差别：它们被 DODAGID 和 RPLInstanceID 的结合唯一定义。RPLInstanceID 指示 DODAG 是不是局部的。

5．等级（Rank）特性

节点的等级是其在 DODAG 版本中位置的分等级表示，用来避免环或检测环，同样也必须展示某些特性。等级的准确计算留给目标函数，即使等级的特定计算留给目标函数，等级也必须实现一般的特性而不管目标函数如何做。

特别地，当 DODAG 版本被跟随着指向 DODAG 目的地时，节点的等级必须单调减少。在这种情形下，等级能被看成 DODAG 版本中节点位置或半径的分等级表示（Scalar Representation）。

尽管等级的值得自于路径度量值并受其影响，但等级不是路径代价。等级的特性如下所述（未必都落入所有度量中）。

（1）类型。等级是一个抽象的数字值。

（2）功能。等级是一个 DODAG 版本中关于其邻居的相对位置的表达，但不一定是到根的距离或路径代价的一个好的指示或合适的表达。

（3）稳定性。等级的稳定性决定了路由拓扑的稳定性，一些过滤措施可用来保持拓扑稳定，因此，等级的改变未必和一些链路或节点度量那么快。新的 DODAG 版本将是一个好机会来调解 DODAG 版本中度量和等级间可能随时间形成的差异。

（4）特性。等级按严格单调模式增加，可用于确认到根去或从根来的级数。但一个度量，如带宽或抖动，未必能体现这个特性。

（5）抽象。等级没有物理单位，却使每跳增加的一个范围，增加值由目标函数确认。

（6）等级比较函数 DAGRank()。等级可以看成一个固定的带小数点的数，整数部分和小数部分之间的小数点的位置由 MinHopRankIncrease 决定，它是一个节点和其任一个 DODAG 父节点之间等级值的一个最小的增量，由 DODAG 根提供，可以在跳数代价精度和网络能支持的最大跳数之间进行某种权衡。例如，较大的 MinHopRankIncrease 值使得给定跳数对等级值准确性的影响更大，但无法支持更多跳数。

当目标函数计算等级时，它能使用全部等级数量（如 16 bit），当比较等级时，例如，父节点关系的决定或循环的检测，只能使用等级的整数部分。等级的整数部分由 DAGRank() 宏（Macro）计算，即

$$DAGRank(Rank) = floor(Rank/MinHopRankIncrease)$$

其中，floor(x)是求小于或等于 x 的最大整数。

例如，若 16 bit 的等级数值的十进制值为 27，且 MinHopRankIncrease 是十进制值 16，则 DAGRank(27) = floor(1.6875) =1。

● 若 DAGRank(A)<DAGRank(B)，节点 A 有一个小于节点 B 的等级值；
● 若 DAGRank(A)=DAGRank(B)，节点 A 有一个等于节点 B 的等级值；
● 若 DAGRank(A)>DAGRank(B)，节点 A 有一个大于节点 B 的等级值。

（7）等级关系。等级计算可以为 LLN 网络上的邻居节点 M 和 N 维持如下属性。

① DAGRank(M)<DAGRank(N)：在这种情况下，M 的位置更接近 DODAG 根，节点 M 可充当节点 N 的 DODAG 父节点而不会形成环；对节点 N，DODAG 父节点集里的所有父节点的等级值必定小于 DAGRank(N)。

② DAGRank(M)=DAGRank(N)：在这种情况下，DODAG 的节点 M 和 N 的相对于 DODAG 根的位置（远近）是接近的。通过具有相等 Rank 值的节点找路由可能产生路由环，例如，若节点 M 和 N 都相互选择了通过对方（具有相等 Rank 值的节点）的路由。

③ DAGRank(M)>DAGRank(N)：在这种情况下，节点 M 距 DODAG 根的距离比节点 N 远，节点 M 实际可能在节点 N 的子 DODAG（sub-DODAG）上，若节点 N 选择节点 M 作为 DODAG 父节点，则可能形成环。

6. RPL 使用的路由度量和约束

路由协议可使用路由度量来计算最短路径，内部网关路由协议（Interior Gateway Protocol，IGP），如 IS-IS（RFC5120）和 OSPF（RFC4915）使用静态链路度量，这样的链路度量能够简单地反映带宽，也能根据多个度量（定义了不同的链路特征）的多项式函数进行计算。有些路由协议支持多个度量，在绝大多数情形下，一个度量可用于每个拓扑或子拓扑。比较少见的是，在出现多条相同代价路径时，第二个度量可以用做附加评判。众所周知，多度量的优化是一个 NP 完全问题，一些集中式的路径计算引擎可支持多度量的优化。

相比而言，LLN 既需要静态也需要动态度量的支持，而且，链路和节点度量都需要。在 RPL 中，事实上不可能只定义一个度量或甚至一个组合度量就能满足所有用例。

此外，RPL 支持基于约束的路由，约束可以既被用于链路也被用于节点，若链路或节点不满足所需约束，则将它从候选邻居集中删除，从而产生一个受约束的最短路径。

目标函数可用于计算（受约束的）路径的目标，而且，节点被配置来支持一组度量和约束，并且根据在 DIO 中通告的度量和约束来选择它们在 DODAG 上的父节点。上行流和下行流度量可以被合并或单独被通告，取决于 OF 和度量。当它们单独被通告时，可能发生 DIO 父节点集不同于 DAO 父节点集（一个 DAO 父节点是一个接收单播 DAO 消息的节点）。但是，关于 Rank 值计算的规则，全都是 DODAG 父节点。

目标函数（OF）与 RPL 所使用的路由度量和约束之间的关系被弱化了，事实上，尽管 OF 规定了诸如 DODAG 父节点选择、负载均衡等规则，但所用到的度量或约束，以及对偏好路径的约定，都是基于携带在 DIO 消息中的 DAG 容器选项中的信息来决定的。

例 1   最短路径：提供最短端到端延时的路径。

例 2   最短约束路径：不经过任何使用电池运转节点，并优化了路径可靠性的路径。

7. 环的避免

当拓扑改变时，RPL 应设法避免造成环，当确定发生了环，基于等级的数据路径确认机制可用于检测环。RPL 使用环检测机制来确保分组在 DODAG 版本上是向前转发的，并在必要时触发修复动作。

（1）贪婪和不稳定。若节点试图在 DODAG 版本上移动更深（增加 Rank 值）以便增加父节点集的大小或改进一些度量，则它是贪婪的。一旦一个节点已加入了一个 DODAG 版本，则 RPL 将不允许某些行为的发生，包括贪婪，以便防止 DODAG 版本的不稳定性。

假定一个节点愿意接收和处理来自于其自身子 DODAG 上的一个节点（通常是比自身更深的节点）的 DIO 消息，在这种情况下，则有可能形成反馈环，其中两个或更多的节点继续移入 DODAG 版本以试图相互反向优化，这将导致不稳定性。正是因为这个原因，RPL 限制这些情形，在这些情形中，节点可能在局部修复的一些环节中处理来自更深节点的 DIO 消息。

例3 贪婪父节点的选择和不稳定性。

图 4-19 描述了一个 DODAG 的三种不同的配置，节点 B 和 C 之间的一条可能的链路存在于图 4-19 所示的三种配置中。在图 4-19（a）中，节点 A 是节点 B 和 C 的 DODAG 父节点。在图 4-19 的（b）中，节点 A 是节点 B 和 C 的 DODAG 父节点，且节点 B 也是节点 C 的 DODAG 父节点。在图 4-19（c）中，节点 A 是节点 B 和 C 的 DODAG 父节点，且节点 C 也是节点 B 的 DODAG 父节点。

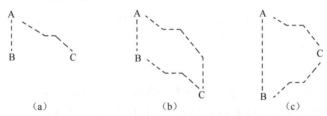

图 4-19　贪婪 DODAG 父节点选择

若 RPL 节点太贪婪，由于它试图优化超出其最大偏好父节点数量之外的父节点，则不稳定将发生。考虑图 4-19 描述的三个子图中的 DODAG，节点 B 和 C 可能最愿意选择节点 A 作为 DODAG 父节点，但我们将考虑它们正在贪婪条件下操作（试图为 2 个父节点进行优化）时的情形。

① 设图 4-19（a）为初始化条件。

② 假设节点 C 首先能够离开 DODAG，然后重新以更低的等级加入，将节点 A 和 B 视为 DODAG 父节点，如图 4-19（b）所示。现在节点 C 的深度比节点 A 和 B 更大，且节点 C 满足有两个 DODAG 父节点的要求。

③ 假设节点 B 在它的贪婪模式下愿意接收和处理来自节点 C 的 DIO 消息，然后节点

B 离开 DODAG 并重新以更低的等级加入，将节点 A 和 C 看成 DODAG 父节点。现在节点 B 的深度比节点 A 和 C 更大，且满足有两个 DODAG 父节点的要求。

④ 若节点 C 也是贪婪的，它将离开并重新加入，其深度比节点 A 和 B 更大，且满足有两个 DODAG 父节点的要求。

⑤ 节点 B 又将离开并以更低等级重新加入，再次获得两个父节点。

⑥ 节点 C 又将离开并以更低等级重新加入。

⑦ 此过程将重复下去，DODAG 将在图 4-19（b）和图 4-19（c）所示的模式间振荡直到计数到无穷并重启系统。

⑧ 此循环能通过 RPL 机制转移，即节点 B 和节点 C 停留在能充分吸附它们偏好父节点 A 的等级，不要试图获得深度更大的父节点（即不要贪婪）；节点 B 和节点 C 不要处理来自比其本身更深节点的 DIO 消息（因为这样的节点可能在它们自己的子 DODAG 上）。

（2）DODAG 环。DODAG 环可能会发生当节点从 DODAG 离开并重新附着在它以前子 DODAG 的节点上，当 DIO 消息丢失时，这尤其可能发生。DODAG 版本号的严格使用能消除这种类型的环，但当使用一些局部修复机制时可能遇到这种类型的环。例如，考虑允许一个节点从 DODAG 上离开的局部修复机制，通告 INFINITE_RANK 等级值，然后重新吸附到 DODAG。在此情形下，节点可能重新附着到它自己以前的子 DODAG 上，从而导致 DODAG 环的出现。

（3）DAO 环。当父节点有一个路由被用来接收和处理来自子节点的 DAO 消息，但随后该子节点清除了相关的 DAO 状态时，将可能发生 DAO 环。此 DAO 环将发生在用于通告已宣布的前缀无效的 DAO 消息丢失之时，并持续到所有状态被清除为止。RPL 包括一个选项机制来确认 DAO 消息，它可以减轻被丢失的单一 DAO 消息造成的影响；RPL 还包括环检测机制，可减轻 DAO 环的影响并触发它们的修复。

8. RPL 支持的传输流量

RPL 支持三种基本传输流量：多点对单点（Multipoint-to-Point，MP2P）、单点对多点（Point-to-Multipoint，P2MP）和点对点（Point-to-Point，P2P）。

（1）MP2P 流量。在很多 LLN 应用（RFC5867、RFC5826、RFC5673、RFC5548）中，MP2P 是占优势的流量。MP2P 流量的目的地是指定的、有一定应用意义的节点，如提供到更大因特网或核心私有 IP 网络的连通性。RPL 通过允许 MP2P 目的地经过 DODAG 根来达到支持 MP2P 流量的目的。

（2）P2MP 流量。P2MP 是多个 LLN 应用（RFC5867、RFC5826、RFC5673、RFC5548）

所需的通信模式，RPL 通过使用目的地（前缀、地址或多播组）通告机制支持 P2MP 流量，这种机制提供到目的地的下行路由，并远离根。当 DODAG 拓扑改变时目的地通告能够更新路由表。

（3）P2P 流量。RPL DODAG 提供 P2P 通信的基本结构，对于支持 P2P 通信的 RPL 网络，根必须能够路由分组到目的地。网络中的节点也可以拥有到目的地的路由表，分组将向根流动直至到达知道到达目的地路由的祖先节点。

RPL 既不指定也不排除使用额外机制来计算和潜在地设置更优路由来支持任意 P2P 流量。

9. 局部和全局 RPL 实例

在给定的 LLN 中，可能有多样的、逻辑上独立的 RPL 实例。RPL 节点可以属于多个 RPL 实例，并可以在一些实例中充当路由器，而在另一些实例中充当叶子。下面将描述单一实例行为。

有局部和全局两种类型的 RPL 实例，RPL 在全局和局部 RPL 实例间是通过划分 RPLInstanceID 空间来进行 RPLInstanceID 的协调分配和单方面分配的。全局 RPL 实例是协调的，具有一个或更多 DODAG，典型地具有长期性；局部 RPL 实例总是单一 DODAG，它的单一根拥有相应的 DODAGID，以及分配有局部 RPLInstanceID。例如，局部 RPL 实例可用于构建 DODAG，以支持未来按需路由的解决方案。

RPL 网络中的控制和数据分组被标记以明确识别它们属于什么样的 RPL 实例。每个 RPL 控制消息均有一个 RPLInstanceID 域。一些 RPL 控制消息，当局部 RPLInstanceID 为下面所定义时，也可以包含 DODAGID。

在 RPL 网络传输的数据包暴露（Expose）了 RPLInstanceID 是 RPL 分组信息的一部分，对来自 RPL 网络外面的数据分组，入口路由器决定 RPLInstanceID 并放入，即将进入 RPL 网络的相应分组中。

全局 RPLInstanceID 在整个 LLN 中必须是唯一的，在整个网络中，大约有 128 个全局实例。局部实例总被用来与 DODAGID 关联，每个 DODAGID 大约能够支持 64 个局部实例。局部实例由拥有 DODAGID 的节点分配和管理，没有任何与其他节点的显式协调。

全局 RPLInstanceID 被编码在 RPLInstanceID 域中，如图 4-20 所示。

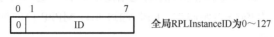

图 4-20　全局实例的 RPL 实例 ID 域格式

局部 RPLInstanceID 由拥有 DODAGID 的节点自动配置，并且配置 RPLInstanceID 节点的 DODAGID 是唯一的。用来配置局部 RPLInstanceID 的 DODAGID 必须获得节点的 IPv6 地址，并必须用做那个局部实例内所有通信的一个端节点。

局部 RPLInstanceID 被编码在 RPLInstanceID 域中，如图 4-21 所示。

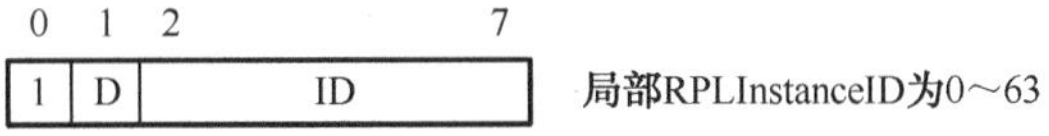

图 4-21　局部实例的 RPL 实例 ID 域格式

在 RPL 控制消息中，局部 RPLInstanceID 中的标记 D 总设置为 0，在数据分组中用于指出 DODAGID 是分组的源还是目的地。若标记 D 设置为 1，则 IPv6 分组的目的地址必须是 DODAGID；若标记 D 被清除，则 IPv6 分组的源地址必须是 DODAGID。

10．ICMPv6 RPL 控制消息

RPL 控制消息是一个新的 ICMPv6（RFC4443）消息，RPL 控制消息由代码识别，并由取决于代码的基本项和一系列选项构成。

大多数 RPL 控制消息都有链路范围，唯一的例外是非存储模式中的 DAO/DAO-ACK 消息，它们使用单播地址以多跳方式进行交换，因而使用的全局或唯一局部地址既可作为源地址，也可作为目的地址。对于所有其他的 RPL 控制消息，源地址是局部链路地址，目的地址是全 RPL 节点（All-RPL-Nodes）多播地址或者局部链路单播地址。全 RPL 节点多播地址是一种新的具有 FF02::1A 的地址。

与 RFC4443 一致，RPL 控制消息由 ICMPv6 头部、消息体等组成，消息体由一个消息基（Message Base）和多个选项组成，如图 4-22 所示。

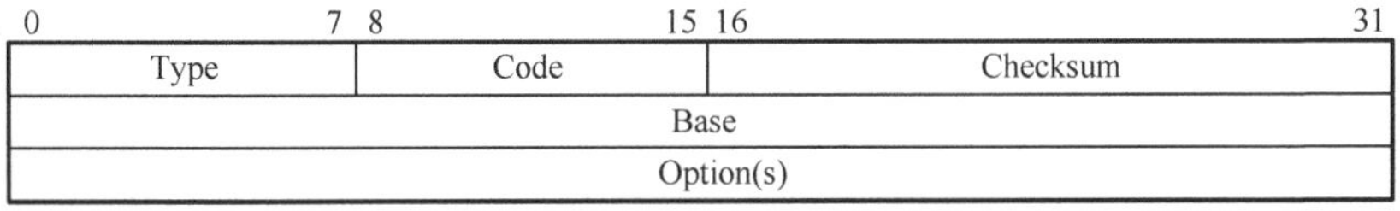

图 4-22　RPL 控制消息

RPL 控制消息是一个具有所需类型（Type）值为 155 的 ICMPv6 信息消息包，代码（Code）域识别 RPL 控制消息的类型。表 4-3 列出了当前定义的 RPL 控制代码。

表 4-3　RPL 控制代码

代　码	描　　述
0x00	DODAG 信息请求（DODAG Information Solicitation）
0x01	DODAG 信息对象（DODAG Information Object）

续表

代　码	描　　述
0x02	目的地通告对象（Destination Advertisement Object）
0x03	目的地通告对象确认（Destination Advertisement Object Acknowledgment）
0x80	安全 DODAG 信息请求（Secure DODAG Information Solicitation）
0x81	安全 DODAG 信息对象（Secure DODAG Information Object）
0x82	安全目的地通告对象（Secure Destination Advertisement Object）
0x83	安全目的地通告对象确认（Secure Destination Advertisement Object Acknowledgment）
0x8A	一致性检查（Consistency Check）

若一个节点收到一个具有未知代码域的 RPL 控制消息，此节点必须丢弃该消息而不做进一步处理。校验和的计算如 RFC4443 所述，代码的高序比特（0x80）指示 RPL 消息激活了安全功能，安全 RPL 消息具有支持机密性和完整性的格式。

（1）RPL 安全域。每个 RPL 消息都有一个安全变量，安全变量提供完整性和重放保护，以及可选的机密性和延时保护。由于安全覆盖了基消息及选项，因此，在考虑安全的消息中，安全信息位于校验域与基域之间，如图 4-23 所示。

0	7 8	15 16	31
Type	Code	Checksum	
Security			
Base			
Option(s)			

图 4-23　安全 RPL 控制消息

协议消息中显示的所使用的安全级别和算法如图 4-24 所示，并描述如下。

0 1	7 8	15	16			31
T	Reserved	Algorithm	KIM	Resvd	LVL	Flags
	Counter					
	Key Identifier					

图 4-24　安全选项

消息认证代码（Message Authentication Code，MAC）签名提供了对整个未保护 ICMPv6 RPL 控制消息的鉴定，包括具有全部所定义的域的安全项，但 ICMPv6 的校验和暂时设置为 0。加密提供了 RPL ICMPv6 消息的机密性，此消息开始于安全项后首字节并持续到分组的最后字节。安全转换产生一个安全的 ICMPv6 RPL 消息，包括加密域（MAC、签名等）。

① 计数器的值是时间（T）：若计数器是被设置的时间标记，则计数器域（Counter）是时间戳；若标记被清除，则计数器域是一个递增计算器。

② 保留域（Reserved）：7 bit，未被使用，此域必须被发送者初始化为 0，并必须被接收者忽略。

③ 安全算法（Algorithm）：此域指定了加密、MAC、网络使用的签名方案，此域中支持的值如图 4-25 所示。

算　法	加密/MAC	签　名
0	CCM with AES-128	RSA with SHA-256
1～255	未分配	未分配

图 4-25　安全算法编码

④ 密钥标识符模式（Key Identifier Mode，KIM）：KIM 是一个 2 bit 的域，它指出用于分组保护的密钥是显式还是隐式被决定的，并指出密钥标识符域（Key Identifier）的特定表示形式，KIM 设置如表 4-4 所示。

表 4-4　密钥标识符模式（KIM）编码

模式	KIM	意　义	密钥标识符长度/B
0	00	使用的组密钥； 由密钥索引域决定的密钥； 密钥源不存在密钥索引存在	1
1	01	使用的每对密钥； 由分组的源和目的地决定的密钥； 密钥源不存在； 密钥索引不存在	0
2	10	使用的组密钥； 由密钥索引和密钥源标识符决定的密钥密钥源存在； 密钥索引存在	9
3	11	使用的节点签名密钥； 若分组被加密，则它使用组密钥、密钥索引、密钥源指定密钥密钥源可能存在； 密钥索引可能存在	0/9

在模式 3（KIM=11）中，译码源（Key Source）和密钥标识符的存在或缺失取决于安全级别（Security Level，LVL），若 LVL 指出存在加密，则此域呈现；若指出没有加密，则此域不呈现。

⑤ 保留域（Resvd）：3 bit，未被使用，此域必须被发送者初始化为 0，并必须被接收者忽略。

⑥ 安全级别（Security Level，LVL）：LVL 是一个 3 bit 的域，指出提供的分组保护，这个值能够适合每个分组并考虑数据真实性的多样化级别，对数据机密性是可选的。KIM

域指出签名是否被使用，以及级别域的意义。指派安全级别值未必是有序的——更高的 LVL 值未必等同于增强的安全性。安全级别的设置如图 4-26 所示。

KIM=0, 1, 2		
LVL	属性	MAC长度
0	MAC-32	4
1	ENC-MAC-32	4
2	MAC-64	8
3	ENC-MAC-64	8
4~7	未分配	N/A

KIM=3		
LVL	属性	签名长度
0	Sign-3072	384
1	ENC-Sign-3072	384
2	Sign-2048	256
3	ENC-Sign-2048	256
4~7	未分配	N/A

图 4-26　安全级别（LVL）编码

MAC 属性指出消息有一个特定长度的消息认证码，ENC 属性指出消息被加密，签名属性指出消息有一个特定长度的签名。

⑦ 标记（Flags）：8 bit，未使用，保留为标记。此域必须被发送者初始化为 0，并必须被接收者忽略。

⑧ 计数器（Counter）：此域指出非重复的 4 B 值被用于构建加密机制，它实现了分组的保护并考虑了语义安全的规定。

⑨ 密钥标识符（Key Identifier）：此域指出哪个密钥被用于保护分组，此域提供分组保护粒度各种级别，包括对等密钥（Peer-to-Peer Key）、组密钥（Group Key）、签名密钥（Signature Key）。此域的值与 KIM 域的值相关，格式如图 4-27 所示。

0	31
Key Source	
Key Index	

图 4-27　密钥标识符

● 密钥源（Key Source）：指出组密钥创建者的逻辑标识符，8 B。
● 密钥索引（Key Index）：能够鉴别同一创建者创建的不同密钥，确认其发布的正在使用的密钥具有清楚的密钥索引，并且所有密钥索引具有不同于 0x00 的值，这是每个密钥创建者的责任。值 0x00 被保留为事先安装的共享密钥，此域长度为 1 B。

（2）DODAG 信息请求（DODAG Information Solicitation，DIS）。DIS 消息可以被用来从 RPL 节点请求 DIO（DODAG Information Object）消息，类似于 IPv6 邻居发现中所述的路由请求的使用节点可以用 DIS 来探测它的邻近区域以寻找邻近的 DODAG。

① DIS 基本对象的格式：如图 4-28 所示。

0	7	8	15	16	23
Flags		Reserved		Option(s)…	

图 4-28　DIS 基本对象

标记（Flags）：8 bit 的未使用域，保留为标记。此域必须被发送者初始化为 0，并必须被接收者忽略。

保留域（Reserved）：8 bit，未被使用。此域必须被发送者初始化为 0，并必须被接收者忽略。

DIS 基（Base）的未指派比特被保留，在发送时，它们必须被设置为 0，而在接收时，必须被忽略。

② 安全 DIS：安全 DIS 消息遵循图 4-22 中格式，这里基本格式是图 4-27 所示的 DIS 消息。

③ DIS 选项（Option）：DIS 消息可以携带有效选项，例如，可以携带如下所述的选项。

```
0x00 Pad1
0x01 PadN
0x07 请求信息（Solicited Information）
```

（3）DODAG 信息对象（DODAG Information Object，DIO）。DIO 携带信息，这些信息允许节点发现一个 RPL 实例，获得它的配置参数，选择一个 DODAG 父节点集，维持 DODAG。

① DIO 基本对象的格式：如图 4-29 所示。

0		7	8	15	16	31
RPLInstanceID			Version Number		Rank	
G	0	MOP	Prf	DTSN	Flags	Reserved
DODAGID						
Option(s)						

图 4-29　DIO 基本对象

接地标记（Grounded，G）：此域指出被通告的 DODAG 能否满足定义的应用目标。若标记被设置，则 DODAG 是接地的；若标记被清除，则 DODAG 是浮动的。

操作模式（Mode of Operation，MOP）：MOP 域识别 RPL 实例的操作模式。所有加入

DODAG 的节点必须遵循 MOP 以便作为路由器参与，否则它们必须作为叶节点加入。MOP 的编码如图 4-30 所示。

MOP	含义
0	RPL未维护下行路由
1	非存储模式
2	无多播支持的存储
3	具有多播支持的存储
未指定	其他所有的值未分配

图 4-30　操作模式编码

DODAGPreference（Prf）：3 bit 的无符号整数，定义了此 DODAG 的根与同一实例中其他 DODAG 根比较的优越性如何，其取值范围为 0x00～0x07，值越大表示越偏好，默认值为 0。

版本号（Version Number）：8 bit 的无符号整数，由 DODAG 根设置。

等级（Rank）：16 bit 的无符号整数，指示发送 DIO 消息的节点的 DODAG 等级。

RPLInstanceID：8 bit，由 DODAG 根设置，指出 DODAG 属于哪个 RPL 实例。

目的地通告触发顺序号（Destination Advertisement Trigger Sequence Number，DTSN）：8 bit 的无符号整数，由发布 DIO 消息的节点设置，DTSN 标记用于维持下行路由过程的一部分。

标记（Flags）：8 bit，未使用域，保留为标记。此域必须被发送者初始化为 0，并必须被接收者忽略。

保留域（Reserved）：8 bit，未被使用。此域必须被发送者初始化为 0，并必须被接收者忽略。

DODAGID：128 bit 的 IPv6 地址，由 DODAG 根设置，唯一识别 DODAG。DODAG 必须是属于 DODAG 根的可路由 IPv6 地址。

DIO 基（Base）的未指派比特被保留，它们必须在发送时被设置为 0 而在接收时被忽略。

② 安全 DIO：安全 DIO 消息遵循图 4-22 所示的格式，这里 DIO 基的格式是图 4-28 所示的 DIO 消息。

③ DIO 选项。DIO 消息可以携带如下有效选项。

0x00 Pad1

```
0x01 PadN
0x02 Metric Container
0x03 Routing Information
0x04 DODAG Configuration
0x08 Prefix Information
```

（4）目的地通告对象（Destination Advertisement Object，DAO）。DAO 用于在 DODAG 中上行传播目的地信息，在存储模式下，DAO 消息由子节点单播到被选择的父节点；在非储存模式下，DAO 消息被单播到 DODAG 根。DAO 消息可以选择性地携带目的地通告确认（Destination Advertisement Acknowledgement，DAO-ACK）消息的目的地确认，此确认将发送回 DAO 的发送者。

① DAO 基本对象的格式。图 4-31 展示了 DAO 基本对象的格式。

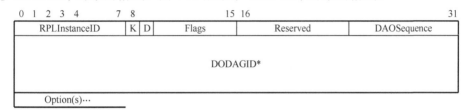

图 4-31　DAO 基本对象

RPLInstanceID：8 bit，此域指出与 DODAG 关联的拓扑实例，从 DIO 中获得。

K：标记 K 指出期望接收者发送回 DAO-ACK。

D：标记 D 指出 DODAGID 域呈现。当使用局部 RPLInstanceID 时，必须设置这个标记。

标记（Flags）：6 bit 的未使用域，保留为标记。此域必须被发送者初始化为 0，并必须被接收者忽略。

保留域（Reserved）：8 bit，未被使用。此域必须被发送者初始化为 0，并必须被接收者忽略。

DAOSequence：对来自一个节点的每个唯一 DAO 消息递增，并复制在 DAO-ACK 消息中。

DODAGID（可选）：128 bit 的无符号整数，由 DODAG 根设置，它唯一识别 DODAG，此域仅当标记 D 被设置时方呈现。当使用局部 RPLInstanceID 时，为了鉴别与 RPLInstanceID 关联的 DODAGID，此域通常会呈现；当使用全局 RPLInstanceID 时，此域不需要呈现。

DAO 基（Base）的未指派比特被保留，它们必须在发送时被设置为 0 而在接收时被忽略。

② 安全 DAO：安全 DAO 消息遵循图 4-23 所示的格式，这里 DAO 基的格式是图 4-31 所示的 DAO 消息。

③ DAO 选项：DAO 消息可以携带如下有效选项。

```
0x00 Pad1
0x01 PadN
0x05 RPL Target
0x06 Transit Information
0x09 RPL Target Descriptor
```

（5）目的地通告对象确认（Destination Advertisement Object Acknowledgement，DAO-ACK）。DAO-ACK 消息被作为单播分组被 DAO 接收者（DAO 父节点或 DODAG 根）发送以响应单播 DAO 消息。

① DAO-ACK 基本对象的格式：如图 4-32 所示。

0	7	8		15	16		31
RPLInstanceID		D	Reserved		DAOSequence		Status
DODAGID*							
Option(s)···							

图 4-32 DAO-ACK 基本对象

RPLInstanceID：8 bit，此域指出与 DODAG 关联的拓扑实例，从 DIO 中获得。

D：标记 D 指出 DODAGID 域呈现。当使用局部 RPLInstanceID 时，将设置这个标记。

DAOSequence：此域针对来自一个节点的每个 DAO 消息递增，并被接收者复制在 DAO-ACK 消息中。它用来将 DAO 消息与 DAO-ACK 消息关联起来，不与传输信息选项路径序号混淆，此序号与给定的 DODAG 中下行目标关联。

状况（Status）：指示完成情况。状况值 0 被定义为无限制的接收，剩余状况值被保留为拒绝代码。

● 0：无限制地接收（如欲接收 DAO-ACK 的节点未拒绝）。
● 1～127：非完全拒绝，发送 DAO-ACK 的节点愿意充当父节点，但接收节点被建议寻找和使用替代父节点。
● 127～255：拒绝，发送 DAO-ACK 的节点不愿意充当父节点。

DODAGID（可选）：128 bit 的无符号整数，由 DODAG 根设置，它唯一识别 DODAG，此域仅当标记 D 被设置时方呈现。当使用局部 RPLInstanceID 时，为了鉴别与 RPLInstanceID 关联的 DODAGID，此域通常会呈现；当使用全局 RPLInstanceID 时，此域不需要呈现。

DAO-ACK 基（Base）的未指派比特被保留。它们必须在发送时被设置为 0 而在接收时被忽略。

② 安全 DAO-ACK：安全 DAO-ACK 消息遵循图 4-23 所示的格式，这里 DAO-ACK 基的格式是图 4-32 所示的 DAO-ACK 消息。

③ DAO-ACK 选项：尚未定义。

（6）一致性检验（Consistency Check，CC）。CC 消息用来检查安全消息计数器和问题的挑战/应答，它必须作为安全 RPL 消息被发送。

① CC 基本对象的格式：如图 4-33 所示。

0	7	8	9	15	16	31
RPLInstanceID		R	Flags		CC Nonce	
DODAGID						
Destination Counter						
Option(s)…						

图 4-33　CC 基本对象

RPLInstanceID：8 bit，此域指出与 DODAG 关联的拓扑实例，从 DIO 中获得。

R：标记 R 指出 CC 消息是否是一个响应。清除 R 标记的消息是一个请求，设置 R 标记的消息是一个响应。

标记（Flags）：7 bit 的未使用域，保留为标记。此域必须被发送者初始化为 0，并必须被接收者忽略。

CC Nonce：16 bit 的无符号整数，由一个 CC 请求设置，相应的 CC 响应包括与该请求相同的 CC Nonce 值。

目的地计数器（Destination Counter）：32 bit 的无符号整数，指出发送者对目的地当前安全计数值的估计。若发送者没有估计，它应设置此域为 0。

CC 基（Base）的未指派比特被保留，它们必须在发送时被设置为 0 而在接收时被忽略。

② CC 选项。CC 消息可携带如下选项。

```
0x00  Pad1
0x01  PadN
```

（7）RPL 控制消息选项。

① RPL 控制消息选项的一般格式：如图 4-34 所示。

0	7 8	15 16
Option Type	Option Length	Option Data

图 4-34 RPL 选项的一般格式

选项类型（Option Type）：8 bit，选项类型标识符见表 4-5。

表 4-5 RPL 控制消息选项

模　式	意　义	模　式	意　义
0	填充 1	5	RPL 目标
1	填充 N	6	发送信息
2	DAG 度量容器	7	请求信息
3	路由信息	8	前缀信息
4	DODAG 配置	9	目标描述符

选项长度（Option Length）：8 bit 的无符号整数，表示选项的字节计数的长度值，不包括选项类型域和选项长度域。

选项数据（Option Data）：一个可变长度的域，含有特定于选项的数据。

② Pad1：此选项可能存现在 DIS、DIO、DAO、DAO-ACK、CC 消息中，其格式如图 4-35 所示。

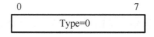

0	7
Type=0	

图 4-35 Pad1 选项格式

Pad1 选项用于插入单字节填充进消息中以使得选项能对齐，若需要更多字节的填充料，应该应用 PadN 选项而非多个 Pad1 选项。

③ PadN：此选项可能存现在 DIS、DIO、DAO、DAO-ACK、CC 消息中，其格式如图 4-36 所示。

0	7 8	15 16
Type	Option Length	0x00 Padding…

图 4-36 PadN 选项格式

PadN 选项用于在消息中插入两个或更多字节填充以使得选项能对齐，此选项数据必须被接收者忽略。

选项类型（Type）：0x01。

选项长度（Option Length）：对 N（$2 \leqslant N \leqslant 7$）字节的填充来说，此域的值为 $N-2$。此域

值为 0 指出整个填充长度为 2 B，值 5 表示整个填充长度为 7 B。

选项数据（Metric Data）：对 N（$N>1$）字节的填充来说，此域由 $N-2$ 个 0 值字节组成。

④ 度量容器（Metric Container）：此选项可能存在 DIO 或 DAO 消息中，其格式如图 4-37 所示。

0	7	8	15	16 ···
Type		Option Length		Metric Data

图 4-37　度量容器选项格式

此选项用于报告 DODAG 中的度量，它可能含有大量不连续节点、链路，以及聚合路径度量和约束。此选项可以多次出现在同一 RPL 控制消息中，例如，为适应度量数据大于 256 B 的使用情形。

选项类型（Type）：0x02。

选项长度（Option Length）：此域含有度量数据的长度值，以字节计算。

选项数据（Metric Data）：包括顺序、内容、编码。

⑤ 路由信息：路由信息选项可能出现在 DIO 消息中，并携带与 IPv6 邻居发现路由（Neighbor Discovery，ND）信息选项（RFC4191）相同的信息。DODAG 的根具有设置这个信息的权限，当在 DODAG 中下行传播时，信息不改变。RPL 路由器可能无法转换回 ND 选项来通告它自己的路由域，因此，附带到 RPL 路由器的节点将用 DODAG 来结束，对于此 DODAG，其根有分组目的地的最佳偏好。除了已有的 ND 语义外，目标函数用这个信息来支持 DODAG 是可能的，它的根对特定目的地是最佳偏好的。此选项的格式（类型、长度、前缀）稍有改变以便于被携带作为一个 RPL 选项，如图 4-38 所示。

0	7	8	15	16	23	24	27	28	29	30	31
Type		Option Length		Prefix Length		Resvd		Prf		Resvd	
Route Lifetime											
Prefix(Variable Length)											

图 4-38　路由信息选项格式

此选项用于指出，从 DODAG 根处来看，到特定目标前缀的连通性是可用的。在 RPL 控制消息可能需要指定到多个目的地的连通性的情况下，路由信息选项可以被重复。RFC4191 应该作为路由信息选项的权威参考。

选项类型（Type）：0x03。

选项长度（Option Length）：此域长度可变。选项长度不包括类型（Type）域和长度域，不同于 IPv6 ND，此长度以字节为单位来表示。

前缀长度（Prefix Length）：8 bit 的无符号整数。前缀中头若干比特数字有效，值的范围为 0～128。前缀域包含从选项长度域推断出的比特数字，但其必须至少是前缀长度。

Prf：2 bit 的带符号整数。当收到多个相同前缀（来自不同路由器）时，路由偏好指出是否选择喜爱的关联于此前缀的路由器。若保留值 10 被收到，此路由信息选项必须被忽略。

Resvd：2 个 3 bit 的域，必须被发送者初始化为 0 并被接收者忽略。

路由寿命（Route Lifetime）：32 bit 的无符号整数，时间长度以秒计（相对于分组被发送的时间），在这里，前缀对路由决策是有效的，值 0xffffffff 表示无穷大。

前缀（Prefix）：含有 IP 地址或 IPv6 地址前缀的长度可变域，前缀长度域含有前缀中的有效头若干比特数字。

路由信息选项的未指派比特被保留，它们必须在发送时被设置为 0，而在接收时被忽略。

⑥ DODAG 配置：此选项可能出现在 DIO 消息中，其格式如图 4-39 所示。

0　　　　　7	8　　　　　　15	16　　19	20	21　　23	24　　　　31
Type	Option Length	Flags	A	PCS	DIOIntDoubl
DIOIntMin	DIORedun	MaxRankIncrease			
MinHopRankIncrease		OCP			
Reserved	Def. Lifetime	Lifetime Unit			

图 4-39　DODAG 配置选项格式

此选项被用来通过 DODAG 为 DODAG 操作分发配置信息。

此选项中传达的信息通常是静态的，且在 DODAG 中不改变，因此，它未必包含在每个 DIO 中。这个信息在 DODAG 根中被配置并遍及 DODAG 进行分发。

选项类型（Type）：0x04。

选项长度：（Option Length）14。

标记（Flags）：4 bit 的未使用域，保留为标记。此域必须被发送者初始化为 0，并必须被接收者忽略。

认证激活（Authentication Enabled，A）：描述网络安全模式的 1 bit 的标记。此比特描述节点在加入网络作为路由器前是否必须使用密钥权威进行认证。若 DIO 并非安全 DIO，则此域必须是 0。

路径控制大小（Path Control Size，PCS）：3 bit 的无符号整数，用于配置比特数字（可能被分配到路径控制域）。

DIOIntDoubl：8 bit 的无符号整数，被用于配置 DIO 定时器的最大值。

DIOIntMin：8 bit 的无符号整数，被用于配置 DIO 定时器的最小值。

DIORedun：8 bit 的无符号整数，被用于配置 DIO 定时器的 k 值。

MaxRankIncrease：16 bit 的无符号整数，用于配置 DAG MaxRankIncrease，是允许的等级（Rank）增加量，用于支持局部修复。若 DAG MaxRankIncrease 为 0，则此机制关闭。

MinHopRankIncrease：16 bit 的无符号整数，用于配置 MinHopRankIncrease。

默认寿命（Def·Lifetime）：8 bit 的无符号整数，表示寿命，用于所有 RPL 路由的默认值，其计量单位由寿命单位指明。

寿命单位（Lifetime Unit）：16 bit 的无符号整数，提供以秒作为寿命的计量单位，用于表示 RPL 中的路由寿命。

目标代码点（Objective Code Point，OCP）：16 bit 的无符号整数，此域用于识别 OF。

⑦ RPL 目标：此选项可能出现在 DAO 消息中，其格式如图 4-40 所示。

0　　　　　　　7	8　　　　　　　　15	16　　　　　　　23	24　　　　　　31
Type	Option Length	Flags	Prefix Length
Target Prefix(Variable Length)			

图 4-40　RPL 目标选项格式

RPL 目标选项被用来指出目标 IPv6 地址、前缀、或多播组。在 DAO 中，RPL 目标选项指出了可达性。

RPL 目标选项可以选择性地与 RPL 目标描述符（RPL Target Descriptor）选项（见图 4-43）配对使用。

在 DAO 消息中，一组传输信息（Transit Information）选项可以直接跟随一组目标（Target）选项。

当有必要指出多个目标时，RPL 目标选项可以被重复。

选项类型（Type）：0x05。

选项长度（Option Length）：此域长度可变，选项长度不包括类型域和长度域。

标记（Flags）：8 bit 的未使用域，保留为标记，此域必须被发送者初始化为 0，并必须被接收者忽略。

前缀长度（Prefix Length）：8 bit 的无符号整数，IPv6 前缀中有效的头若干比特数字。

目标前缀（Target Prefix）：长度可变的域，用于识别 IPv6 目的地址、前缀、或多播组，前缀长度域含有前缀中有效的头若干比特数字。

⑧ 传输信息（Transit Information）：此选项可能出现在 DAO 消息中，其格式如图 4-41 所示。

0　　　　　　　　7	8　　　　　　　　15	16　17	23 24	31
Type	Option Length	E	Flags	Path Control
Path Sequence	Path Lifetime			
Parent Address*				

图 4-41　传输信息选项格式

此选项用于为节点指出到一个或多个目的地的路径的属性，目的地由一个或多个目标选项指出。此选项也可用于为节点指出它的 DODAG 父节点，此父节点通向一个正在收集 DODAG 路由信息的祖先，典型地为构建源路由的目的。在非存储操作模式下，这个祖先将是 DODAG 根，并且这个选项由 DAO 消息携带。在存储操作模式下，不需要父节点地址，因为 DAO 消息被直接发送到父节点。选项长度被用来决定父节点地址是否存在。

具有多个 DAO 父节点的非存储节点可以为每个 DAO 父节点包含一个传输选项，以作为非存储目的地通告操作的一部分。节点可以在 DAO 父节点的不同组间分发路径控制域的比特以便于在父节点中发出偏好信息。当在替代父节点/路径中进行选择以构建下行路由时，偏好信息可能影响 DODAG 根的决定。

一个或多个传输信息选项必须被置于一个或多个 RPL 目标选项之后。在这种方式下，RPL 目标选项指出了子节点，而传输信息选项列举了 DODAG 父节点。

选项类型（Type）：0x06。

选项长度（Option Length）：此域长度可变，决定父节点地址是否存在。

外部的（External，E）：1 bit 的标记。此标记用来指出父路由器重新分配外部目标到 RPL 网络，外部目标是通过替代协议获知的目标，外部目标被列在目标选项中，它不用于支持 RPL 消息和选项。

标记（Flags）：7 bit 的未使用域，保留为标记。此域必须被发送者初始化为 0，并必须被接收者忽略。

路径控制（Path Control）：8 bit 的比特域。此域限制含有到特定目的地的连通性通告信息的 DAO 消息可能被发送到的 DAO 父节点数目，也提供一些有关偏好的指示。

路径顺序（Path Sequence）：8 bit 的无符号整数。当 RPL 目标选项被拥有目标前缀（如在 DAO 消息中）的节点发布时，该节点设置路径顺序以及每次用更新信息发布 RPL 目标选项时将路径顺序值增加。

路径寿命（Path Lifetime）：8 bit 的无符号整数。寿命单位域（从配置选项获得）中时间长度，其中，前缀对路由决定有效。当看到新的路径顺序值，此段时间开始。0xFF 表示无穷大，0x00 表示可达性的丧失。含有对一个目标为 0x00 路径寿命值的传输信息选项的 DAO 消息被看成对那个目标无路径。对一个目标来说，具有如下特征的 DIO 消息指出无路径到达此目标，即该 DAO 消息包含一个传输信息选项，而此选项具有针对该目标的值为 0x00 的路径寿命。

父地址（Parent Address）：可选的（Optional），最初发布传输信息选项的节点的 DODAG 父节点的 IPv6 地址。根据 DODAG 操作模式（存储或非存储），由传输信息选项长度指出，此域可以不出现。

传输信息选项的未指派比特被保留，它们必须在发送时被设置为 0 而在接收时被忽略。

⑨ 请求信息（Solicited Information）：此选项可能出现在 DIS 消息中，其格式如图 4-42 所示。

0	7	8	15	16	23	24	25	26	27	31
Type		Option Length		RPLinstanceID		V	I	D	Flags	
DODAGID										
Version Number										

图 4-42 请求信息选项格式

请求信息选项用于为一个节点从邻近节点子集请求 DIO 消息，该选项可以指定由接收节点匹配的断言标准。这可被请求者用来限制来自非兴趣节点的响应数目。这些断言影响节点如何重置它的 DIO 定时器。

此选项包含节点在决定是否重置它的定时器时应该检查哪些断言的标记，当所有断言为真时，节点重置它的定时器。若标记被设置，RPL 节点必须验证关联的断言；若标记被清除，RPL 节点不必验证这些关联的断言（若标记被清除，RPL 节点假定关联的断言是真的）。

选项类型（Type）：0x07。

选项长度（Option Length）：19。

V：版本断言。若接收者的 DODAG VersionNumber 匹配被请求的版本号，版本断言为真；若标记 V 被清除，版本域无效。版本域必须在发送时设置为 0，而在接收时被忽略。

I: InstanceID 断言。当 RPL 节点的当前 RPLInstanceID 匹配被请求的 RPLInstanceID 时，InstanceID 断言为真。若此标记被清除，RPLInstanceID 域无效。RPLInstanceID 域必须在发送时设置为 0，而在接收时被忽略。

D：DODAGID 断言。若 RPL 节点的父节点集具有与 DODAGID 域相同的 DODAGID 值，此断言为真；若此标记被清除，DODAGID 域无效。DODAGID 域必须在发送时设置为 0，而在接收时被忽略。

标记（Flags）：5 bit 的未使用域，保留为标记。此域必须被发送者初始化为 0，并必须被接收者忽略。

版本号（Version Number）：8 bit 的无符号整数，当其有效时，含有正在被请求的 DODAG VersionNumber 的值。

RPLInstanceID：8 bit 的无符号整数，当其有效时，含有正在被请求的 RPLInstanceID 的值。

DODAGID：128 bit 的无符号整数，当其有效时，含有正在被请求的 DODAGID 的值。

请求信息选项的未指派比特被保留，它们必须在发送时被设置为 0，而在接收时被忽略。

⑩ 前缀信息（Prefix Information）：此选项可能出现在 DIO 消息中，携带的信息由 RPL 节点和 IPv6 主机指定，可使用 IPv6 ND 前缀信息选项（RFC4861、RFC4862、RFC 3775）。特别地，RPL 节点可以使用这个选项达到无状态地址自动匹配的目的，DODAG 的根节点设置那个信息的权威，其格式如图 4-43 所示。

0	7 8	15 16	23 24 25 26 27	31
Type	Opt Length	Prefix Length	L	A	R	Reservedl
Valid Lifetime			
Prederred Lifetime			
Reserved2			
Prefix			

图 4-43　前缀信息选项格式

前缀信息选项可以被用来分发 DODAG 内部使用的前缀，例如，进行地址自动配置。[RFC4861]和[RFC3775]应该被考虑作为关于前缀信息选项的权威参考。

选项类型（Type）：0x08。

选项长度（Option Length）：30。不同于 IPv6 ND，这个长度以单字节为单位来表示。

前缀长度（Prefix Length）：8 bit 的无符号整数，有效前缀中的头若干比特数字，取值范围为 0～128。前缀长度域为 on-link 的决策提供必要信息（当与前缀信息选项中的标记 L 结合时），它也支持地址自动分配，如同 RFC4862 所述。

L：1 bit 的 on-link 标记。当 L 被设置时，指出这个前缀能被用于 on-link 的决定；当 L 未设置时，通告将对关于前缀的 on-link 或 off-link 属性不作声明。

A：1 bit 的自动地址配置标记。当 A 被设置时，指出这个前缀能被用于无状态地址配置，如同 RFC4862 所述。

R：1 bit 的路由地址标记。当 R 被设置时，指出前缀域包含指派给发送路由器的完全 IPv6 地址，它能用于目标选项的父地址，指出的前缀是前缀域的最初前缀长度比特。

Reserved1：5 bit，未使用。此域必须被发送者初始化为 0，并必须被接收者忽略。

有效寿命（Valid Lifetime）：32 bit 的无符号整数，时间长度以秒计（相对于分组被发送的时间）。对于 on-link 决策的目的，此前缀有效。0xFF 表示无穷大，有效寿命也可被 RFC4862 所用。

首选寿命（Preferred Lifetime）：32 bit 的无符号整数。时间长度以秒计（相对于分组被发送的时间）。通过无状态地址自动配置从前缀中产生的地址是首选 RFC4862。0xFF 表示无穷大，此域的值不能超过有效寿命中的值，以免首选寿命不再有效。

Reserved2：未使用。此域必须被发送者初始化为 0，并必须被接收者忽略。

前缀（Prefix）：一个 IPv6 地址或一个 IPv6 地址的前缀。

前缀信息选项的未指派比特被保留，它们必须在发送时被设置为 0，而在接收时被忽略。

⑪ RPL 目标描述符：此选项格式如图 4-44 所示。

0	7	8	15	16	31
Type		Option Length		Descriptor	
Descriptor(cont.)					

图 4-44　RPL 目标描述符选项格式

此选项被用于限制一个目标，每个目标至多一个描述符。描述符由注入（Inject）目标到 RPL 网络中的节点设置，它必须被路由器复制而不能被其更改，此路由器在 DODAG 上行路由中传播 DAO 消息中的目标。

选项类型（Type）：0x09。

选项长度（Option Length）：4。

描述符（Descriptor）：32 bit 的无符号整数，不透明。

4.3.5 RPL 路由协议的扩展

1. RPL 路由协议的 QoS 机制

单一路由度量无法提供服务质量（Qualiity of Service，QoS）保证，例如，基于延时度量的目标函数（Objective Function，OF）能够发现端到端延时最小的路径，但无法保证其他性能指标，如网络寿命、吞吐量、可靠性等。常见的路由度量有：跳计数（Hop Count）、期望传输次数（Expected Transmission Count，ETX）、剩余能量（Remaining Energy）、无线信息强度指示器（Radio Signal Strenth Indicator，RSSI）。多个路由度量的组合能够兼顾多种网络应用的性能要求，常见的组合方式有简单组合（Simple Combination）和字典组合（Lexical Combination）。简单组合方式是取各个单一路由度量的加权平均值；字典组合方式是首先比较首选单一路由度量，若相等，则比较组合路由度量值。

2. QoS 保证的路由度量目标函数

一种基于模糊逻辑的目标函数（Objective Function base on Fuzzy Logic，OF-FL）考虑了将四种单一路由度量通过模糊规则合成为一种复合路由度量，兼顾了网络应用对不同性能指标的要求。四种单一路由度量分别是：

（1）跳计数（Hop Count）：该度量指邻居（即候选父节点）与根节点之间的跳数。由于拥塞可能发生在更小跳数路径上，更小跳数未必意味着更低的延时，同样，超负载的存在也使得更小跳数路径未必意味着更低的能量消耗。

（2）端到端延时（End-to-End Delay）：该度量在 RFC6551 中定义为一种聚合加性度量，表示链路延时之和，适用于需要实时性保证的网络应用。

（3）链路质量（Link Quality）：通常使用 ETX 作为节点与其邻居之间链路质量的指示器。ETX 值越小，表明链路质量越好。接收信号强度指示器（Received Signal Strength Indicator，RSSI）和链路质量级别（Link Quality Level，LQL）也可考虑用于链路质量评估。由于链路质量级别映射链路质量到 7 个值（即从 1 到 7），因而仅能多当前链路质量作粗略分类，故不推荐使用。

（4）节点能量（Node Energy）：该度量表示节点的剩余电池量，使用该度量可能避免选择低能量路由，因而有利于延长网络寿命。

模糊逻辑中的一个重要概念是语言变量（Linguistic Variable），它是一个取值范围介入"真"和"假"之间的一个字词或句子的集合。例如，根据在 DAG 图中节点离根的远近，跳计数的语言变量可以是"紧邻"、"邻近"、"远"。如图 4-45 所示，2 跳以下属于模糊子集"紧邻"的概率总为 1，而从 2 跳到 7 跳，概率逐渐下降低到 0，进一步，7 跳以后概率总为

0。基于同样的方式，可以将端到端延时、链路质量、节点电池量各自分类成三种模糊变量，见图 4-46 到图 4-48。既然 OF-FL 拥有 4 个输入模糊控制器，且每个输入拥有 3 个关系函数，故总共有 $3^4=81$ 条模糊规则，部分规则见表 4-6，其中最后一列是输出的邻居节点质量度量，图 4-49 示例了其数字化取值范围。

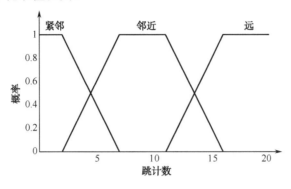

图 4-45　跳计数输入变量

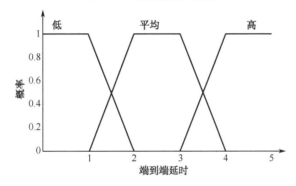

图 4-46　端到端延时输入变量

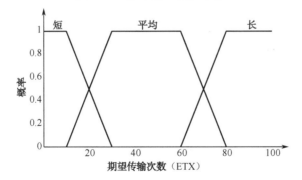

图 4-47　期望传输次数输入变量

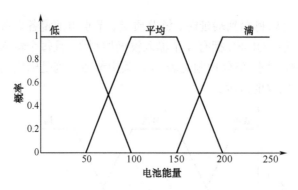

图 4-48　电池能量输入变量

表 4-6　模糊规则库

序号	跳计数	端到端延时	电池能量水平	ETX	质量
1	紧邻	低	高	短	优秀
2	紧邻	低	高	平均	很好
3	紧邻	低	平均	短	很好
4	紧邻	平均	高	长	好
5	邻近	低	平均	平均	好
6	邻近	平均	高	短	较好
7	邻近	高	低	平均	较差
8	邻近	平均	平均	长	较差
9	远	高	高	平均	差
10	远	高	平均	短	差
11	远	平均	低	平均	极差
12	远	高	低	长	极差

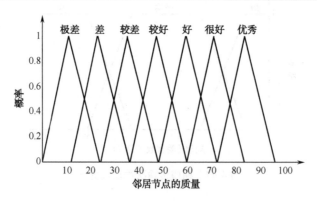

图 4-49　邻居质量输出变量

模糊规则建立后，通过逆模糊化方法，对多个单一路由度量值进行处理，得到一个输出度量值。一个简单而常用的逆模糊化方法如式（4-2）所示。

$$R = \frac{\sum\limits_{i=1}^{N} W_i \times \mu_A(W_i)}{\sum\limits_{i=1}^{N} \mu_A(W_i)} \tag{4-2}$$

在式（4-2）中，R 和 A 分别表示输出域值（Output Domain Value）和模糊区域（Fuzzy Region），W_i 是对应于规则 i 的域值（Domain Value），N 表示规则的数量，$\mu_A(W_i)$ 表示域值的权重。

考虑一个示例，一个邻居 RPL 节点到 DODAG 根节点的端到端延时为 1.5 s，跳计数为 3，ETX 为 10，剩余能量为 200。根据图 4-46 到图 4-48 所示的隶属函数，跳计数属于"紧邻"和"邻近"的概率分别为 0.2 和 0.8，端到端延时属于"低"和"高"的概率分别为 0.5，ETX 属于"短"的概率为 1，电池能量属于"满"的概率为 1。因此，只有两个规则被触发，即表 4-6 中的第 1 行和第 6 行。通过应用最大最小蕴涵规则，第 1 行规则的权值为 0.5，而第 6 行规则的权值为 0.2。因此，该邻居 RPL 节点的 R 可通过公式（4-2）计算，具体关系见式（4-3）。

$$R = \frac{0.5 \times 84 + 0.2 \times 48}{0.5 + 0.2} = 73.7 \tag{4-3}$$

在（4-2）中，84 和 48 分别是"优秀"和"较好"对应的最可能输出值，见图 4-49。

3. 支持节点移动的 RPL 路由协议

前面介绍的 RPL 路由协议不适用于网络拓扑频繁改变的 LLN 网络环境。下面介绍的 Co-RPL 路由协议能够适用于这样的网络环境，而且，还能够提供 QoS 保证。

（1）Co-RPL 协议概述。

① 网络结构：Co-RPL 使用了一种 corona 结构，能够改善移动节点的定位性能。corona 结构既可用在静态也可用在移动传感网中，主要用于延长网络寿命和避免网络能量空洞。Co-RPL 假定 DAG 根节点是静止的，而 RPL 路由器是移动的，这种情形在数据收集网络中很典型。这里根通常连接到因特网网关，考虑这样的根节点为静止节点具有合理性，corona 结构方便了快速寻找替代父节点来作为下一跳路由节点，corona 的概念是一种以 DAG 根为中心的一定大小半径值的圆形区域，例如，一个 corona 的半径可以是一个传感节点的最大发射半径。一种基于 corona 的网络结构如图 4-50 所示，图中灰色圆点表示运行 RPL 路由协议的移动节点；黑色圆点表示静态的 DAG 根节点，这些节点分别是四个 DAG 图的根，每一个都与一个 corona 相关联；即使一个 RPL 路由器位于多个 corona 的重叠区，它也仅能属于一个 corona，但它可以从一个 corona 切换到另一个 corona。

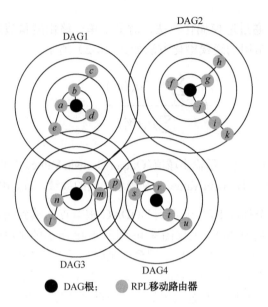

图 4-50　带静态 DAG 根的多 DAG 图组成的网络

在最初的 RPL 标准规范中，每个节点使用一种细流定时器（Trickle Timer）来控制 DIO 消息的广播，以便与本地节点交换连接信息。发送 DIO 消息的时间间隔是有限制的，且随网络稳定性增加而增大。移动实体会破坏这种稳定性，导致间隔被重置为最小值。细流定时器的问题在于发现拓扑改变的时间慢于短暂的拓扑稳定时间，因此，这种定时器机制不适合拓扑连续改变的网络环境。在 Co-RPL 路由协议中，DAG 根会周期性地发送 DIO 消息，以便实时获取节点位置。连续两个 DIO 消息之间的发送时间间隔可以根据节点的移动速度进行调整。此外，一旦检测到不一致的情况，邻居节点立即发送 DIO 消息而不必等待周期性定时器的定时期满。

② 控制消息：Co-RPL 没有创建新的控制消息，而是充分利用传统的 RPL 控制消息，以确保 Co-RPL 能兼容传统的 RPL 协议。通过在 DIS 和 DIO 消息中添加标记，可以将 Co-RPL 使用的控制消息与最初的标准控制消息区分开来。当一个采用 Co-RPL 协议的节点没有在任何 DAG 图上找到任何父节点，则会发送一个如图 4-51 所示的改进型 DIS 消息来寻找父节点。一个 1 bit 长的字段 F 被用来区分最初标准 RPL 使用的 DIS 消息和 Co-RPL 协议使用的 DIS 消息。若 F=0，则表示最初标准 RPL 使用的 DIS 消息，否则，该 DIS 消息是由运行 Co-RPL 的节点发送的。这个字段 F 占用了原 DIS 中 Flags 字段的第 1 位。

0 1 2 3 4 5 6 7 8 9 10		15 16	20	23
F	Flags	Reserved	Option(s)…	

图 4-51　Co-RPL 使用的改进性 DIS 消息格式

既然移动的无线传感网可以划分为以静态 DAG 根为中心的一组同心 corona，则该组同心 corona 中的每一个 corona 需要一个标识符 C_ID 来区分。C_ID 可以用于一个相对坐标来定位移动节点与DAG根之间的相对位置，可以检查节点的移动性并触发一个邻居发现过程。图 4-52 展示了 Co-RPL 使用的改进型 DIO 消息。一个 2 bit 长的 F 字段被用来区分最初标准 RPL 使用的 DIO 消息和 Co-RPL 协议使用的 DIO 消息，若 F=0，则解释为最初标准 RPL 使用的 DIO 消息；否则，该 DIO 消息是由运行 Co-RPL 的节点发送的。这个字段 F 占用了原 DIO 中 Flags 字段的前 2 位，同样，C_ID 占用了原 DIO 中保留（reserved）字段的前 3 位。通过集成 C_ID 到 DIO 保留字段，非 Co-RPL 的节点仍然能按默认目标函数进行操作。这使得 Co-RPL 节点能以一种透明的方式与原始 RPL 节点共存。

0 1 2 3 4		7 8		15 16		31
RPLInstanceID		Version Number		Rank		
G 0 MOP Prf		DTSN	F	Flags	C_ID	Reserved
DODAGID						
Option(s)						

图 4-52 Co-RPL 使用的改进性 DIO 消息格式

③ 邻居表：通过维护一个列表，每个节点（包括 DAG 根）能够跟踪它的邻居。列表中的每一行记录一个邻居的 ID、所属 DAG 和 corona，以及该邻居与列表维护节点之间的链路质量。表 4-7 是图 4-50 中节点 q 的邻居表。一旦收到新的 DIO 消息，节点（例如 q）将会更新它的邻居表。

表 4-7 Co-RPL 邻居表

节点 ID	DAG ID	C_ID	链路质量
p	3	3	45
s	4	2	60
r	4	1	80

（2）Co-RPL 协议规范。Co-RPL 协议包括三种新机制。

● corona 机制：为隶属于一个 DAG 图的每个节点计算 C_ID；
● 两种分布式算法：分别由 DAG 根和移动节点操作；
● 一种路径恢复机制：在节点失效时进行快速恢复。

① corona 机制：该机制的伪代码描述见表 4-8，DAG 根是唯一 C_ID 为 0 的节点，每个移动节点会检查它的邻居表来计算其 C_ID。具体做法是选择具有最小 C_ID 值的邻居，并将该邻居的 C_ID 值增 1 后作为自己的 C_ID 值，然后通过广播一个 DIO 消息来通告它的

新 C_ID 值。

表 4-8　corona 机制的伪代码描述

算法：corona 机制	
1: C_ID (DAGroots) ← 0	//将 DAG 根节点的 C_ID 赋值为 0
2: DAG 根节点广播 DIO 消息	
3: **for** 所有收到来自邻居的 DIO 消息的节点 **do**	
4:　　C_ID (mobilenode) ← min(C_ID (neighbors)) + 1	//以最小邻居 C_ID 值计算本节点新 C_ID
5:　　移动节点广播带新 C_ID 的 DIO 消息	

② DAG 根节点的操作：DAG 根是唯一能构建 DAG 图的节点，在网络部署之初，DAG 根发送 DIO 消息给它的邻居。DIO 消息含有根节点的 DAG ID 和用来计算等级（Rank）的目标函数（Objective Function，OF），以及根节点的值为 0 的 C_ID。DAG 根会周期性地向所有邻居发送 DIO 消息，一旦收到来自邻居的 DIS 消息，则立刻广播 DIO 消息而无须等待定时器超时。

③ 移动路由器的操作：移动路由器节点会侦听其邻居是否发送 DIO 消息，若没有收到任何 DIO 消息，则其没有邻居而与网络隔离开来，因而，该节点处于空闲模式，于是它将发送 DIS 直至收到一个 DIO 以便于加入一个 DAG 中。当收到第一个 DIO 消息，该路由器节点通过选择最好的父节点（依据通告的目标函数计算的度量值）来加入 DAG 中，通过表 4-6 中算法计算自身 C_ID，基于目标函数计算等级值，广播更新的 DIO 消息给邻居。移动路由器操作的伪代码描述见表 4-9。

表 4-9　移动路由器节点操作的伪代码描述

算法：移动路由器节点的操作	
1:　**repeat**	
2:　　　广播 DIS 消息	
3:　**until** 收到 DIO 消息	
4:　**for** 所有响应 **do**	
5:　　**if** C_ID (mobilenode) > C_ID (neighbors) **then**	
6:　　　　Bestparent ← Neighbor with best quality	//依据目标函数选择一个质量最好的邻居作为父节点
7:　　**else**	
8:　　　　该节点丢弃 DIO 消息	//移动节点不会选择具有更高 C_ID 的父节点以避免形成环
9:　**if** C_ID (neighbor) 发生改变 **then**	
10:　　广播 DIO 消息	
11: **else**	
12:　　等待直到定时器超时	

　　一个值得注意的问题是：有时移动节点的位置变化了，但它的 C_ID 不一定变化，例如，它与 DAG 根的距离并未改变，因而其 C_ID 不会变化，这时不会触发新一轮邻居发现过程。为了解决这个问题，在 Co-RPL 协议中，无论何时邻居表发生变化，都触发邻居发现过程。

　　④ 路径恢复机制：当节点无法与其父节点通信时，则数据包无法传递到 DAG 根节点，这时及时发现新的父节点至关重要。最初的 RPL 标准包括局部和全局修复规范。当检测到 DAG 的不一致问题时，修复操作将被触发。但是这两种方法缺乏响应性，不适用于移动网络环境。在 Co-RPL 协议中，来自失去父节点的移动节点的数据包会被转发到其邻居节点，直到该移动节点找到新的父节点为止。若一个移动节点无法转发数据包到其下一跳邻居（即它的父节点），它将逆向转发数据包到任一具有更高 corona 级别的节点，并通过发送 DIS 消息来通知其子节点停止数据发送。RPL 路由器将继续转发数据包给邻居节点，直至找到新的转发候选者。当移动节点被完全孤立（这意味着它不能发送数据到下一跳邻居也无法找到任何邻居），它应该通知其子节点停止数据传输。

4.4　网络层的安全设计

4.4.1　物理隔离设计

　　安全隔离网闸（Air Gap，GAP）技术是一种通过专用硬件使两个或者两个以上的网络在不连通的情况下实现安全数据传输和资源共享的技术，它采用独特的硬件设计，能够显著地提高内部用户网络的安全强度。

　　GAP 技术的基本原理是：切断网络之间的通用协议连接；将数据包进行分解或重组为静态数据；对静态数据进行安全审查，包括网络协议检查和代码扫描等；确认后的安全数据流入内部单元；内部用户通过严格的身份认证机制获取所需的数据。

　　安全隔离网闸可以高安全性地保证内网免受来自因特网的已知和未知的网络攻击行为，保证用户的应用在有效安全的情况下可控的展开。美国和以色列等国家规定高密级网络要采用物理隔离。下面将从不同角度对安全隔离网闸做进一步的阐述。

　　（1）安全隔离网闸利用物理隔离技术和高强度的协议分析功能来隔离内外网，阻止网络层和系统层已知和未知的网络攻击行为进入内网。虽然它利用了身份认证、硬件编码、GAP 反射和协议分析等网络安全技术来保证其本身和内部网络关键应用服务器的安全，但是其在应用层上的安全处理机制与传统的做法没有本质的区别。

　　（2）物理隔离网闸的安全性主要体现在物理隔离部件和高粒度的协议分析控制功能上。物理隔离部件的作用不仅仅是简单地进行网络链路层的隔离，其核心作用是在正常使用的状态下，能够在内外网络间传输安全的"无协议的数据"，通过硬件的编码、校验等技术来保证数据的有效和安全（安全时逻辑隔离）；另一方面，在非正常状态下（如外网主机死机，发现大量非正常数据包，发生溢出），隔离部件可以根据策略规则将隔离开关指向一侧，断开与外部网络的物理连接，从而保证内网关键服务器免受恶意攻击，可大大降低内部网络受到直接攻击的可能，减少系统维护和支持的工作（非安全时物理隔离）。

安全隔离网闸与其他技术的区别：防火墙侧重于网络层至应用层的策略隔离，往往还会存在一些安全问题，如本身操作系统、内部系统的漏洞、通用协议的缺陷等也会造成被攻击；而物理隔离卡等则侧重于物理链路层的硬隔离，所以存在着数据交换不方便的瓶颈，限制了应用的发展。GAP 技术属于从物理层到数据级别的多层次隔离，所采用的技术包含了数据分片重组、协议转化、密码学、入侵检测、病毒和关键字过滤、身份验证和审计等多个范畴。GAP 技术的安全性要高于防火墙，在数据交换方面远优于物理隔离卡。

GAP 技术无法提供其他安全技术的透明性，但是可作为防火墙、入侵检测的合理补充，保护核心网络的数据安全，形成纵深的防御体系中的重要一环。

GAP 的实现机制如下所述。

（1）专用硬件设计保证物理隔离下的信息交流：GAP 均采用专用隔离硬件的设计完成隔离功能，硬件设计保证在任意时刻网络间的链路层断开，阻断 TCP/IP 协议，以及其他网络协议；同时该硬件不提供编程软接口，不受系统控制，仅提供物理上的控制开关，这样黑客就无法从远程获得硬件的控制权；隔离硬件工作在系统的最底层，即使系统硬件出现故障也不会导致安全问题的产生；隔离硬件与暂存区的设计满足了数据传输实时性和传输效率的要求。

（2）集合多种安全技术消除数据交换中的安全隐患：GAP 在专用硬件的基础上，紧密集成了内核防护、协议转化、病毒查杀、身份验证、访问控制、安全审计等模块，这些模块可以与隔离硬件结合形成完整的防御体系。

（3）灵活高效的数据交换形式确保应用需求：GAP 产品都提供了多种数据交换方式以满足业务应用，例如，公安部信息通信局与天行网安公司联合研制的天行安全隔离网闸（Topwalk-GAP）提供了文件交换、邮件交换、数据库交换和提供 API 应用接口的消息模块，同时具有较高的传输速率和低延迟性。

4.4.2　网络层逻辑安全设计

物联网的网络层安全主要体现在两个方面。

（1）来自物联网本身的架构、接入方式和各种设备的安全问题。物联网的接入层将采用如移动互联网、有线网、Wi-Fi、WiMAX 等各种无线接入技术，接入层的异构性使得如何为终端提供移动性管理以保证异构网络间节点漫游和服务的无缝移动成为研究的重点，其中安全问题的解决将得益于切换技术和位置管理技术的进一步研究。另外，由于物联网接入方式将主要依靠移动通信网络，移动网络中移动站与固定网络端之间的所有通信都是通过无线接口来传输的，然而无线接口是开放的，任何使用无线设备的个体均可以通过窃听无线信道来获得其中传输的信息，甚至可以修改、插入、删除或重传无线接口中传输的消息，达到假冒移动用户身份以欺骗网络端的目的。因此，移动通信网络存在无线窃听、身份假冒和数据篡改等不安全的因素。

（2）进行数据传输的网络相关安全问题。物联网的网络核心层主要依赖于传统的网络技术，其面临的最大问题是现有的网络地址空间短缺，主要的解决方法寄希望于正在推进的 IPv6 技术。IPv6 采纳 IPsec 协议，在 IP 层上对数据包进行了高强度的安全处理，提供数据源地址验证、无连接数据完整性、数据机密性、抗重播和有限业务流加密等安全服务。但任何技术都不会是完美的，实际上 IPv4 网络环境中大部分安全风险在 IPv6 网络环境中仍将存在，而且某些安全风险随着 IPv6 新特性的引入将变得更加严重。首先，拒绝服务攻击（DDoS）等异常流量攻击仍然猖獗，甚至更为严重，主要包括 TCP-flood、UDP-flood 等现有 DDoS 攻击，以及 IPv6 协议本身机制的缺陷所引起的攻击。其次，针对域名服务器（DNS）的攻击仍将继续存在，而且在 IPv6 网络中提供域名服务的 DNS 更容易成为黑客攻击的目标。第三，IPv6 协议作为网络层的协议，仅对网络层安全有影响，其他（包括物理层、数据链路层、传输层、应用层等）各层的安全风险在 IPv6 网络中仍将保持不变。此外采用 IPv6 替换 IPv4 协议需要一段时间，向 IPv6 的过渡只能采用逐步演进的办法，为解决两者间互通所采取的各种措施将带来新的安全风险。

下面介绍路由攻击和网络层的阻塞攻击防护设计方法。

1. 路由攻击防护设计方法

（1）更新路由器操作系统：路由器操作系统需要经常更新，以便纠正编程错误、软件瑕疵和缓存溢出的问题。

（2）修改默认的口令：据卡内基梅隆大学的计算机应急反应小组称，80%的安全事件都是由于较弱或者默认的口令引起的。避免使用普通的口令，并且使用大小写字母混合的方式作为更强大的口令规则。

（3）禁用 HTTP 设置和 SNMP（简单网络管理协议）：路由器的 HTTP 设置对路由器来说是一个安全问题。如果路由器有一个命令行设置，禁用 HTTP 方式并且使用命令行设置方式，如果不使用路由器上的 SNMP，就不需要启用这个功能。思科路由器存在一个容易遭受 GRE 隧道攻击的 SNMP 安全漏洞。

（4）封锁 ICMP（互联网控制消息协议）ping 请求：ping 和其他 ICMP 功能对于网络管

理员和黑客都是非常有用的工具，黑客能够利用路由器上启用的 ICMP 功能找出可用来攻击网络的信息。

（5）禁用来自互联网的 telnet 命令：在大多数情况下，不需要来自互联网接口的主动的 telnet 会话。如果从内部访问路由器设置，则会更安全一些。

（6）禁用 IP 定向广播：IP 定向广播可能对设备实施拒绝服务攻击。一台路由器的内存和 CPU 难以承受太多的请求，这种结果会导致缓存溢出。

（7）禁用 IP 路由和 IP 重新定向：重新定向允许数据包从一个接口进来然后从另一个接口出去。不需要把精心设计的数据包重新定向到专用的内部网路。

（8）包过滤：包过滤仅传递被允许的数据包进入特定网络，许多公司仅允许使用 80 端口（HTTP）和 110/25 端口（电子邮件）。此外，可以封锁和允许 IP 地址和范围。

（9）审查安全记录：通过审查记录文件，会看到明显的攻击方式，甚至安全漏洞。

（10）禁用不必要的服务：路由器、服务器和工作站上的不必要的服务都要禁用。思科公司的设备通过网络操作系统默认地提供一些小的服务，如 echo（回应）、chargen（字符发生器协议）和 discard（抛弃协议）。这些服务，特别是它们的 UDP 服务，可能用于非法目的，例如，这些服务能够用来实施拒绝服务攻击和其他攻击，包过滤可以防止这些攻击。

2. 网络层的阻塞攻击（即网络层拒绝服务攻击）防护设计方法

这种攻击使用伪造 IP 地址的攻击节点向目标主机发送大量攻击数据包（如 TCP 包等），利用 TCP 的三次握手机制使目标服务器为维护一个非常大的半开放连接列表，从而消耗非常多的 CPU 和内存资源，最终因为堆栈溢出而导致系统崩溃无法为正常用户提供服务。

典型的 DDoS 攻击包括带宽攻击和应用攻击。在带宽攻击中，网络资源或网络设备被高流量数据包所消耗。在应用攻击中，TCP 或 HTTP 资源无法被用来处理交易或请求。发动攻击时，入侵者只需运行一个简单的命令，一层一层发送命令到所有控制的攻击点上，让这些攻击点一齐发送攻击包，即向目标传送大量的无用数据包，从而使占满攻击目标的网络带宽，耗尽路由器处理能力。由于 DDoS 通常利用 Internet 的开放性和从任意源地址向任意目标地址提交数据包，因此人们很难区分非法的数据包与合法的数据包。

在遭遇 DDoS 攻击时，一些用户会选择直接丢弃数据包的过滤手段。通过改变数据流的传送方向，将其丢弃在一个数据"黑洞"中，以阻止所有的数据流。这种方法的缺点是所有的数据流（不管是合法的还是非法的）都被丢弃，业务应用被中止。数据包过滤和速率限制等措施也会关闭所有应用，从而拒绝为合法用户提供接入。

通过配置路由器过滤不必要的协议可以阻止简单的 ping 攻击，以及无效的 IP 地址，但是通常不能有效地阻止更复杂的嗅探攻击和使用有效 IP 地址发起的应用级攻击。而防火墙可以阻挡与攻击相关的特定数据流，不过与路由器一样，防火墙不具备反嗅探功能，所以防范手段仍旧是被动和不可靠的。目前常见的入侵检测系统（IDS）能够进行异常状况检测，但它不能自动配置，需要技术水平较高的安全专家进行手工调整，因此对新型攻击的反应速度较慢。

探究各种防范措施对 DDoS 攻击束手无策的原因可知，变幻莫测的攻击来源和层出不穷的攻击手段是症结所在。为了彻底打破这种被动局面，在网络中配置整体联动的安全体系，通过软件与硬件技术结合、深入网络终端的全局防范措施，以加强实施网络安全管理的能力。首先，在网络中针对所有要求进行网络访问的行为进行统一的注册，没有经过注册的网络访问行为将不被允许访问网络。通过安全策略平台的帮助，管理员可以有效地了解整个网络的运行情况，进而对网络中存在的危及安全行为进行控制。在具体防范 DDoS 攻击的过程中，每一个在网络中发生的访问行为都会被系统检测并判断其合法性，一旦发觉这一行为存在安全威胁，系统将自动调用安全策略，采取直接阻止访问、限制该终端访问网络区域（如避开网络内的核心数据或关键服务区，以及限制访问权限等）和限制该终端享用网络带宽速率的方式，将 DDoS 攻击的危害降到最低。

在终端用户的安全控制方面，对所有进入网络的用户系统安全性进行评估，杜绝网络内终端用户成为 DDoS 攻击来源的威胁。从用户终端接入网络时，安全客户端会自动检测终端用户的安全状态。一旦检测到用户系统存在安全漏洞（未及时安装补丁等），该用户会从网络正常区域中被隔离开，并自动置于系统修复区域内加以修复，直到完成系统规定的安全策略才能进入正常的网络环境中。这样一来，不仅可以杜绝网络内部各个终端产生安全隐患的威胁，也可使网络内各个终端用户的访问行为得到有效的控制。

思考与练习题

（1）简述物联网网络层涉及的主要技术及其特点。

（2）简述物联网网络层的拓扑结构类型及其特点。

（3）简述物联网网络层的拓扑结构控制的基本方法及其特点。

（4）简述物联网网络层的分层结构的路由与寻址的特点。

（5）IPv6 技术应用于物联网时需要解决哪些关键问题？

（6）简述 6LoWPAN 网络框架和适配层格式。

（7）在 6LoWPAN 网络框架下如何进行寻址？

（8）为什么在 6LoWPAN 协议栈中不考虑 TCP？在此协议栈中如何弥补不考虑 TCP 而导致的不可靠性？

（9）阐述 RPL 路由协议的特点。为什么它可适用于物联网的网络层？

第 **5** 章

物联网系统应用层设计

5.1　应用业务的网络性能需求

据美国权威咨询机构 Forrester 的预测，未来物联网的通信量是当前互联网的 30 倍。不论预测是否具有科学性，但可以肯定的是，物联网的通信量将成为未来 IP 网络流量的重要组成部分，必将对 IP 网络承载能力产生深远的影响。同时，物联网应用的复杂性和多样性也对网络的"智能"提出了更高的要求。当前互联网的承载网是一种"尽力而为"的分组传输网络，并不适合物联网业务的"可靠传递"。物联网的承载网络则要求具备更多的电信级的特性，对网络服务质量、安全可信、可控可管等都提出了很高的要求。为满足物联网业务的承载，需要进一步提升接入网、城域网、骨干网的电信级要求，包括端到端服务质量（QoS）能力、网络自愈能力、业务保护能力、网络安全等。现有基于互联网应用的开放的 IP 网络架构是否需要为未来承载海量的物联网数据而优化、调整和改变，这一切都需要不断深入研究和实践验证。

5.1.1　业务承载能力分析

当前各个行业广泛存在的物联网应用可以分为 6 种基本类别：监控报警类、数据采集类、信息推送类、视频监控类、远程控制类、识别与定位类。下面对这 6 种基本应用所需要的网络承载能力进行分析。

（1）监控报警类。感知层的传感器节点持续监测本地数据，当发生不符合预期的数据变化时通过网络通知应用层进行报警。典型应用场景有家庭安防、环境监控等，这类应用的特点如下所述。

● 上行流量：数据量少，仅在某些触发条件下发送少量数据。

● 下行流量：无。

● QoS 要求：不同场景间有较大差异，与应用需求以及当前数据所代表的含义有关，通常对报警数据传输的实时性要求较高。

- 数据安全：不同场景间有较大差异，与应用需求有关。
- 设备管理和配置：出厂软件或本地安装时设定，或者通过在线远程配置。
- 对数据处理的需求：应用强相关，无通用可共享的数据。
- 终端移动性：与应用需求相关。

（2）数据采集类。感知层的传感器节点对环境感知数据进行周期性和持续性的采集并上报，在一个传感器网络中通常散布有大量的传感器节点，这些节点采集的数据由某个中心控制节点进行收集、汇聚后通过网络上传到应用层。典型的应用场景有气象信息监测、森林火灾预警监测、路况信息采集等，这类应用的特点如下所述。

- 上行流量：数据量较大，持续的数据上报或者周期性的数据上报。
- 下行流量：较少，更多的是用于修改上报规则等。
- QoS 要求：不同场景间有较大差异，与应用需求以及当前数据所代表的含义有关。
- 数据安全：不同场景间有较大差异，与应用需求有关。
- 设备管理和配置：更多的是应用交互，由应用定制的参数较多，因此应用负责应用层设备管理，网络参数的设定则需要与网络耦合较强部分进行设定。
- 对连接性的需求：需要监控连接性以防破坏或无效。
- 对数据处理的需求：应用相关，部分数据可共享（如路况信息）。
- 终端移动性：与应用需求相关。

（3）信息推送类。根据终端的请求，或由应用系统持续性或周期性地向远程终端设备主动推动信息的应用。典型应用场景有智能博物馆、电子广告牌、车站交通信息通知等，这类应用的特点如下所述。

- 上行流量：数据量不定，常用于进行应用交互。
- 下行流量：较大，持续或者基于交互等外界条件出发的或者周期性的数据推送。
- QoS 要求：不同场景间有较大差异，与应用需求以及当前数据所代表的含义有关。
- 数据安全：不同场景间有较大差异，与应用需求有关。
- 设备管理和配置：通过在线远程配置，或者出厂软件或本地安装时设定。
- 对连接性的需求：较强，需要维护网络连接以便于进行数据的正确传输。
- 对数据处理的需求：应用相关，可共享度低。
- 终端移动性：两极分化，部分终端有很强的移动性，部分终端则通常不移动。

（4）视频监控类。终端把实时采集的视频数据通过网络持续地向监控中心发送。典型应用场景有行业视频监控、全球眼等。这类应用的特点如下所述。

- 上行流量：数据量大，更多的是基于会话的持续的多媒体流。

- 下行流量：较小，主要用于数据传输等的控制和调节。
- QoS 要求：不同场景间有较大差异，与应用需求有关。
- 数据安全：不同场景间有较大差异，与应用需求有关。
- 设备管理和配置：更多的是应用交互，由应用定制的参数较多，因此应用负责应用层设备管理，网络参数的设定则需要与网络耦合较强部分进行设定。
- 对连接性的需求：较强，需要维护网络连接以便进行数据的正确传输。
- 对数据处理的需求：应用相关，可共享度低。
- 终端移动性：两极分化，部分终端有很强的移动性，部分终端则通常不移动。

（5）远程控制类。感知层的传感器节点通过对现场环境进行持续性监测或数据采集，并通过网络发送至应用系统，或者当检测到不符合预期的异常事件时立即通过网络报警。应用系统对上传的数据进行分析、处理后，根据情况向执行器发送远程控制指令。典型应用场景有工业自动化中的过程控制、电力自动化系统的继电保护等，这类应用的特点如下所述。

- 上行流量：无，如有则可以认为是与数据收集类的组合。
- 下行流量：数据量不定，取决于实际应用。
- QoS 要求：不同场景间有较大差异，与应用需求有关，但通常对控制消息传输的实时性较高。
- 数据安全：不同场景间有较大差异，与应用需求有关。
- 设备管理和配置：更多的是应用交互，由应用定制的参数较多，因此应用负责应用层设备管理，网络参数的设定则需要与网络耦合较强部分进行设定。
- 对连接性的需求：较强，需要维护网络连接以便于进行数据的正确传输。
- 对数据处理的需求：应用相关，可共享度低。
- 终端移动性：两极分化，部分终端有很强的移动性，部分终端则通常不移动。

（6）识别与定位类。RFID 或 GPS 终端设备把物体的电子标签或位置信息通过网络发送到应用系统，由应用系统对物体进行智能化的识别、定位和追踪。典型应用场景有物流货运、车辆调度等，这类应用的特点如下所述。

- 上行流量：数据量较大，持续的数据上报或者周期性的数据上报。
- 下行流量：RFID 等识别类终端无下行流量，但对于具有 GPS 定位功能的终端，可能会根据位置信息推送相应的服务。
- QoS 要求：不同场景间有较大差异，与应用需求以及当前数据所代表的含义有关。
- 数据安全：不同场景间有较大差异，与应用需求有关。
- 设备管理和配置：通过在线远程配置，或者出厂软件或本地安装时设定。
- 对连接性的需求：需要监控连接性以防破坏或无效。

- 对数据处理的需求：应用相关，部分数据可共享。
- 终端移动性：与应用需求相关。

表 5-1 列出了这 6 种基本物联网应用对网络承载能力需求的对比关系。

表 5-1　6 种基本物联网应用对网络承载能力需求对比

能力指标	监控报警类	数据采集类	信息推送类	视频监控类	远程控制类	识别与定位类
上行流量	少量数据	数据量较大	少量	数据量大	无	数据量较大
下行流量	无	较少	数据量较大	少量	少量	少量
QoS 要求	应用需求相关	应用需求相关	应用需求相关	应用需求相关	应用需求相关	应用需求相关
数据安全	应用需求相关	应用需求相关	应用需求相关	应用需求相关	应用需求相关	应用需求相关
管理配置	远程管理配置	远程管理配置	远程管理配置	远程管理配置	远程管理配置	远程管理配置
连接性需求	较强	较强	较强	较强	较强	较强
终端移动性	应用需求相关	应用需求相关	应用需求相关	应用需求相关	应用需求相关	应用需求相关，移动性强
应用场景	家庭安防	气象信息监测	智能博物馆	全球眼	工业自动化	物流货运

从物联网业务数据传输的实时性来看，不同的物联网应用对数据传输的实时性要求差异性较大。美国仪表系统和自动化学会关于工业环境下的无线系统标准委员会（ISA-SP100）把自动化和环境控制中的应用分为监控、控制、安全应用三大类，又细分为六小类。

第 4、5 类为报警监控类应用，为基于事件的维护而必须采集的数据，一般不对监控对象产生直接的控制和操作，对实时性要求一般，如工业环境中设备状态的监控。

第 3 类为开环控制类应用，用户接收到采集数据或报警信息后需要人工对监控对象进行处理和干预，对实时性要求较强，如设备工作电压过低或电池电量不够等。

第 1、2 类为闭环控制类应用，当系统接收到采集数据后需要即时对监控对象进行频繁的远程控制和调节操作，对实时性要求很强，如过程控制中的工作参数（如电压/电流的变化、温/湿度变化、压力/振动的变化）需要动态调节在一个设定的范围。

第 0 类为关键的紧急行动类应用，需要通过远程控制立即执行，对实时性要求极强，如安全连锁、紧急停车、电力自动化系统中的继电保护等动作。

5.1.2　基本业务需求分析

不同的物联网业务对网络带宽、实时性、数据安全性、终端设备移动性，以及连接时长等有不同的需求，欧洲电信标准化组织（ETSI）和第三代合作伙伴计划专门针对机器到机器（M2M）业务的需求制定了相应技术规范，以下是 M2M 应用的典型需求。

（1）提供可以承诺服务质量的通信保障，根据不同的 M2M 应用需求提供不同级别的 QoS 保证。

（2）提供端到端的业务安全，移动业务现有安全系统建立在基于用户卡的鉴权，而基于机器类业务的主要区别在于采集数据和控制外部环境的核心是机器，在现有的业务网络，终端设备和用户卡不具有同等的安全保障，因此机器通信的安全是 M2M 业务需要重点支持的功能。

（3）M2M 系统可以寻址到各种 M2M 终端设备。

（4）支持群组管理，多个具有相同功能的 M2M 终端设备节点可以组成一个群组，支持对同一群组中的终端设备同时进行相同的操作。

（5）终端设备远程管理，由于 M2M 终端设备通常情况下是无人值守的，因此 M2M 终端设备的远程管理需求是 M2M 业务的最基本特征，需要支持对 M2M 终端设备进行远程参数配置和远程软件升级等远程管理功能。

（6）支持不同流量的数据传输，例如，在视频监控业务中有大量的视频数据需要传输，而在智能抄表业务中只需要传输少量的数据信息。

（7）支持多种接入方式，能够支持固定和移动形态的终端设备通过各种方式接入。

（8）支持终端设备数量的扩展，新增的终端设备可以方便地加入到网络中。

（9）支持多种信息传递方式，包括单播、组播、任播和广播。

（10）支持具有不同移动性的终端设备，有些终端设备是固定的，而另一些终端设备则可能是低移动性的。

5.1.3　业务应用对平台营运的需求

物联网业务应用作为信息产业新的经济增长点，核心的运营支撑平台必须服务于产业链上的各参与方，包括物联网运营商、业务提供商及用户等，通过运营支撑平台的推广与合作，广泛发展物联网业务，推动物联网市场快速增长，从而形成共赢的良性产业生态环境。

从物联网运营的角度来看，首先，物联网业务运营支撑平台能够对原有语音、彩信、短信等电信业务能力进行封装，提供开放接口，从而降低业务创新的难度。其次，平台需要具备透明的认证鉴权、接入计费、网管、业务支撑等功能，同时为所有的物联网业务者提供统一的运营维护、管理界面。再次，平台必须提供不同行业应用系统、社会公共服务系统（如 120、110 和 119 等）的接入，实现行业信息的整合，提供大量数据的存储、分析和挖掘，具有云计算的能力。还有，该平台需要具有开放、灵活、异构的架构，不但能够与传感器网络、移动接入，以及宽带接入网络等无缝集成，而且能够与现有的运营商已有的承载网和业务网无缝集成，平台具备可扩展性、易融合性等。此外，平台必须具备完善的管理能力，实现统一的合作伙伴（SP）的管理、统一的用户管理、统一的业务产品管理、统一的订购管理、统一的认证授权管理等。

从业务提供者的角度来看，希望专注于业务应用的开发，关注业务数据和业务流程的处理，期望简单、快速的业务开发环境，不希望分散精力处理不同的传感器、不同的电信能力，以及不同的门户系统。首先，平台需要对提交的物联网业务开发需求，自动匹配合适的传感器资源，并对传感器与业务平台进行登记注册。其次，提供标准的开发接口，开发传感器与平台的交互界面，编写详细的数据上传、下载、存储，以及其他等业务交互流程，并根据需要，激活诸如语音、视频、短信、计费、网管、故障、告警等其他的工作流。此外，平台需要为每个业务应用提供用户统计、业务统计、计费统计等功能，提供符合自身业务需要的门户。

从物联网业务的使用者角度来看，由于物联网本身具有的复杂性、普遍性，因此每个用户可能有多个物联网应用，有多种方式接入，客户希望可以像使用水和电一样方便地接入使用物联网业务，有自己的业务申请注册管理界面，有自己的费用结算、充值划账界面，有自己的鉴权管理、委托管理、查询统计、多种提醒等功能。

平台需要具备与现有的运营系统实现对接，如计费系统、网管系统、行业专家系统及公众服系统等，实现对运营商业务能力的封装，系统支撑能力对接，行业系统、公众系统的对接，业务系统对接等。系统对接采用的协议应尽量是目前运营系统的通用协议，而不是新制定的协议规范。

目前，运营商的网络主要是针对人与人之间的通信模式进行设计、优化的，没有考虑网络在物联网阶段会遇到传感器并发连接多，但连接数据传输量少，传感器数量级增长等机器与机器之间通信的业务需求。物联网终端通信的业务模式还具有频繁状态切换、频繁位置更新（移动传感器）、在某一个特定的时间集中聚集到同一个基站等特征，这对网络的信令处理和优化机制要求更高，也对网络带宽和带宽优化有更高的要求。随着物联网的引入和发展，目前的核心网也面临着大量的终端同时激活和发起业务所带来的冲击。当用户面或信令面资源占用过度，出现拥塞时，目前的处理机制就无法很好地支撑物联网业务应用。如果物联网发展迅速，而运营商的网络没有有效隔离物联网服务的网络和提供人与人通信的网络，则物联网业务会冲击现有人与人通信的行业应用和个人应用，可能会造成业务中断，引起用户投诉。

除此之外，现有网络发展到物联网阶段，在安全方面、计费方面、地址符标志及 IP 地址管理等方面均存在新的挑战。

5.1.4 业务带宽需求及管理

带宽与资费始终成正比。为此，选择合理的带宽对于用户而言显得尤为重要，而要准确地选择带宽，必须了解各种网络应用对带宽的要求。目前，视频监控类应用对带宽的要求是最高的，不同的用户对各种业务的需求及其数量也存在很大的差别。预计在未来 3～5 年内，一般用户的上行带宽需求主要在 500 kbps～10 Mbps 内，下行带宽在 2～100 Mbps 内。网络应用的发展对带宽需求是无止境的，带宽不够的问题总是存在的。

为了解决带宽压力问题，QoS（Quality of Service）带宽管理是一种有效的解决方案，它是一种网络带宽管理机制，是用来解决网络延迟和阻塞等问题的一种技术，可确保重要业务量不受延迟或丢弃影响，保证网络的高效运行。例如，在路由器设备里，经常看到对 QoS 支持的选项。然而，当大量新一代网络应用出现后，传统的 QoS 解决方案已经不能解决问题了。在这种情况下，就需要专业的带宽管理器，带宽管理器是对网络协议栈的第二层到第七层进行管理的网络设备，所以具有较高的技术门槛。不经过多年的研发和用户测试，以及对新应用的识别技术持续研发投入是很难在市场中占有一定份额的，所以真正意义的带宽管理设备（或应用流量管理设备）的提供商很少。在带宽管理设备的技术上，主要包括应用和用户识别技术、按应用与用户对流量和带宽进行控制的技术。

1．应用和用户识别技术

该技术主要是通过对不同应用和用户的数据包进行分析来确定的，相对来说，这种识别技术对带宽管理设备提供商基本都是大同小异的，这点类似于安全厂商对病毒的识别，可以通过特征代码、特征协议和端口特性等方式识别。

2．流量和带宽控制技术

这是不同厂商的核心技术，而且需要对内核进行修改和开发。大体而言，目前管理网络流量的方式，不外乎优先保障、流量控管、应用流量阻止三种。至于哪一种方式是最佳的管控方法，由于每个企业的网络应用环境不同，所以产品功能应同时具备这三种管理方式，才可以帮助企业网管基于不同环境、不同时间、不同需求，进行最佳的灵活配置。目前主要的技术有 PFQ（Per Flow Queuing）技术、TRL（TCP Rate Limiting）、数据包优先控制技术和 CBQ（Class-Based Queuing 基于类的队列）技术，这些技术（除 TRL 外）的核心都是通过控制数据包的优先权进行延迟排队的方式实现的。

（1）PFQ 技术。PFQ 技术可适应复杂的网络传输，采用区分服务模式（Diffserv），对每个"流"的队列进行控制（如 PIPE、VC），按照应用的不同对带宽进行有效的管理，控制特殊的数据流（如音频流、视频流），保证最小带宽、最大带宽、突发值，从而不会丢弃数据，真正做到端到端的控制策略。同时，可按优先权（10 个级别）为所有流量提供最小带宽的访问。

（2）TRL 技术。TRL 技术可对 TCP 协议的流量在信息流传输过程产生的尖峰脉冲起到平滑作用，并且可以消除网络瓶颈的产生，但并不支持其他协议。在传递大量短小的 HTTP 应用时，系统资源浪费明显，所以其管理的带宽无法超过 500 Mbps，能够对 TCP 流量进行压缩，达到增大带宽的效果。

（3）数据包优先控制技术。数据包优先控制技术与 PFG 技术类似，也是通过对数据流进行控制的，只是不是采用每个"流"的控制方式，而是根据应用需求确定流的控制设定优先权（8 个级别）来保证最小带宽、最大带宽、突发值、上下行限制等。

（4）CBQ 技术。CBQ 技术是一种基于类的算法，可根据流量特征处理数据包，并确保一定的传输速率。接收的数据包根据变量，如差分服务代码点（Differentiated Services Code Point，DSCP）中的 IP 协议头、IP 地址、应用程序或协议、URL 或其他信息等进行分类。这种技术适用于突发性的传输应用，但对于低优先级应用可能导致长时间得不到所需带宽资源而形成所谓的"队列饥荒"（即失去连接），从而导致丢包、重发、出现拥塞现象等严重的问题。

带宽管理器是一种单独的网络设备，它作为网络中的一部分，放置在路由器和交换机之间，如果有防火墙，则需要放置在路由器和防火墙之间，它将对所有从内部网到外部网流量，以及外部网到内部网的流量进行检测、控制与管理，并将检测到的流量按照协议分类，生成报表，用于察看每个协议当前正在使用的流量大小。

如今，越来越多的路由器厂商也加强了 QoS 带宽管理的功能，并号称能够对企业带宽进行有效的管理，从而保证企业的关键业务。例如，D-Link、TP-Link、飞鱼星、侠诺等众多路由器厂商，都推出了相应的路由器产品。那么，独立的带宽管理器会不会被 QoS 路由器取代呢？路由器的设计是为了做路由，随着路由表的不断加大，路由器本身做路由的负担就很重，要路由器再加重负担去处理其他如 QoS、流量分类等工作，路由器的处理速度就会慢下来。因此，独立的带宽管理器不会被 QoS 路由器取代。

一般路由器在网络繁忙时会产生 30～40 ms 时延。路由器所采取的 QoS 机制都是通过所谓的"队列"技术来实现的，也就是说，路由器通过广域网链路来不及发送的信息包都在路由器内以不同优先等级来排队。当队列过长时，路由器只好把处理不了的信息包扔掉，这将引起 TCP 的大量重发，一些会话（Session）会因此而中断。另外，路由器的 QoS 只是单向的控制，监控能力也比较差。

独立带宽管理器监视、管理网络七层协议中从第二层到第七层的所有流量，可以根据不同的需要从不同的层面去管理，从第二层的 MAC 地址、第三层的 IP 地址、第四层的静态端口、第五六七层的动态端口、URL 分类、应用等，真正做到在应用层上的应用。独立带宽管理器采用 TCP 整形等多种技术，通过对 TCP 窗口大小和 TCP 确认封包时延的精确控制，达到对 TCP 突发特性的调控。

独立带宽管理器对网络中每对对话的信息源进行流量监听、跟踪、计算和干预，对信息源向网络所发送信息量的多少、发送时间和频率进行控制，可从根本上解决网络的阻塞问题。例如，有的厂商充分运用了队列整形技术来管理带宽资源和平滑突发性 IP 流量。与基于路由器的解决方案相比，独立带宽管理器积极地对信息传输进行双向整形，因此，独立带宽管理器使每个应用程序都实现了稳定、迅捷、可控的性能目标。同时，队列控制技术充分应对了 TCP 和 UDP 流量。在没有硬件设备时，网络容易受到不可预测的应用性问题，当然这也是由具有侵略性的娱乐流量与关键任务，以及应用相竞争造成的。当有独立带宽管理器时，网络资源和应用性能就处于控制之下，可以按预期对关键任务目标提供支持。

5.2　适用于物联网的应用协议

5.2.1　物联网的通信量特征

物联网的流量模型研究仍未取得权威结果，但可以肯定的是，它既不同于互联网流量模型，也不同于移动通信的流量模型。物联网的规模巨大，尽管有些业务每次传输的数据量不一定非常大，甚至只有几十字节，但是必须一次传输成功，有着非常实时的传输要求。另外，移动蜂窝网络着重考虑用户数量，而物联网数据流量具有突发特性，可能会造成大量用户堆积在热点区域，引发网络拥塞或资源分配不平衡。

物联网的特征可能导致大量多媒体流量的产生。通常，物联网包括装备多样化的具有通信、计算、服务能力的高智能体传感器。文献[53]将物联网上的多媒体通信量划分成三类：通信、计算、服务。

1. 通信

"通信流量：任何时间、任何地方、任何媒介"已成为物联网的通信目标。在这个背景下，核心组件是 RFID 系统，它由多个阅读器和 RFID 标签组成。每个标签具有唯一标识符并被应用到不同物体，阅读器通过产生消息触发标签发射，它表示了阅读器通信范围对可能存在的标签的一个询问。对于实际的物联网，RFID 标签是一个附带在天线上的微芯片，天线既可用来接收阅读器的消息，又可用来将发射标签 ID 发送给阅读器。

事实上，传感器网络是物联网的构成部分之一，它们能与 RFID 系统协作完成通信功能。正如我们所知，传感器网络是由大量的、以多跳模式通信的感知节点组成的。通常，节点将它们感知到结果报告给 Sink 节点。至于物联网上的通信流量，IEEE 802.15.4 不涉及协议栈高层的协议细节，而这些却是无缝集成传感器节点与因特网所必需的。因此，如何设计适当的通信流量是有趣且富有挑战性的任务。

（1）在 IEEE 802.15.4 框架下，最大物理层包长是 127 B，而介质访问控制（Medium Access Control，MAC）子层的最大帧长是 102 B，而且，由于安全算法被使用在链路层，将产生一定开销，因此，帧的大小将进一步减小。

（2）不同于传统 IP 网络，在很多场景下，传感器节点被设置成睡眠模式以节省能量，因而，在此情况下不能工作。

通常，集成传感技术进入被动 RFID 系统会使能各种各样的多媒体流量类型在物联网上下文中变得可能。最近，在这个领域已开展了多个研究工作，例如，英特尔实验室正在实现一个有关无线识别和感知平台，该平台由标准 RFID 阅读器供能和阅读，获得来自阅读器的询问消息的能量。简言之，设计适当多媒体流量的目的是使能量高效、可扩展、可靠、健壮。

2. 计算

计算通信量：通常，物联网上的计算通信量可被移动代理或 Sink 节点自治处理，移动节点访问被选源节点的顺序对计算通信量有很大的影响。寻找优化的源节点访问解决方案是一种典型的非确定性多项式时间完全问题[54]。计算通信量能够划分成以下几种。

- 静态计算量：移动代理的计算状态在被分派前由源节点确定。
- 动态计算量：根据当前网络条件，移动代理自动地决定源节点，并决定动态路由或资源分配。
- 混合计算量：源节点集由 Sink 节点决定，而源访问顺序由移动代理决定。

（1）静态计算量。它充分利用了当前全局网络条件，并在被移动代理发送前发现一条有效路径。文献[55]总结了两种方法，即局部最近优先（Local Closest First，LCF）和全局最近优先（Global Closest First，GCF），两种方法都在最邻近分派者的传感器节点处开始，当源节点想要以距 Sink 节点类似距离形成多个簇时，GCF 会导致 Z 字形路由，这是由于沿那些簇的路线波动造成的。

（2）动态计算量。由于在 Sink 节点处收集的全局信息可能由于物联网的变化而过时，而动态计算量能够使能移动代理或 Sink 节点在路由建立过程的每一步来决定下一跳。另外，在决定动态路由的过程中，考虑迁移代价和迁移准确性的收益间的折中是必要的。动态计算量方法可以寻找既满足最大可用剩余能量又满足最小能量消耗的传感器节点来作为移动代理。

（3）混合计算量。在混合计算量中，源访问集的决定是静态的，而测试顺序的选择是动态的。特别地，文献[56]提出了基于移动代理的定向扩散（Mobile-Agent-Based Directed

Diffusion）的混合计算量方案。若在目标区域的源节点检测到感兴趣的事件，它们将向 Sink 节点泛洪或广播探测包。当沿源访问集（Source-Visiting Set）中节点迁移时，整个过程由源访问顺序（Source-Visiting Sequence）确定，因此移动代理遵循沿目标传感器的性价比高的路径。

3. 服务

服务通信量：服务通信量包括两个方面，即得分（Score）和形式（Form）。Score 意味着客户在多媒体流量上的感兴趣程度，而 Form 表示有关特定装置内容特征。为有效操作各种类型多媒体流量，我们将数据分为三类：偏好数据（Preference Data）、情形数据（Situation Data）和能力数据（Capability Data）。首先，多媒体流量服务器使用文献[56]中的方法计算多媒体服务和偏好数据间的相似度，然后评估该多媒体服务属于服务器群中某一个的概率，最后可通过上述计算的相似度和概率值的加权和获得得分。

另外，多媒体流量的整形主要用两种技术，即多媒体概要（Summarization）和多媒体代码转换（Transcoding）[54]。多媒体概要意味着概述媒体服务成一个短的（从数据大小的角度），可被看成一个短的时间尺度。多媒体代码转换意味着将内容从一种媒体类型转换到另一种类型，以便于内容能被特定装置合适地处理或在特定通信条件下被有效传输。

5.2.2 CoAP 和 HTTP 对比

物体 Web（Web of Things，WoT）是一种场景，即智能物体与 Web 集成的场景。智能物体应用能够建立在 RESF（Representational State Transfer）体系结构[57]之上，RESF 体系结构模式分离了应用与其提供的服务，能够实现共享与重用。从 RESF 体系结构中抽取的重要信息是资源（如文件和图像），在基于 Web 的 RESF 系统中，资源由资源识别符（URI）标识。

RESF 是模式的体系结构，由客户和服务器组成，客户发起请求给服务器，服务器处理这些请求并返回适当的响应。客户使用诸如 GET、PUT、POST 和 DELETE 等 HTTP 的方法访问资源，资源本身与返回给客户的表示在概念上是独立的。例如，服务器不发送它的数据库，但也许会发送一些以 HTML（Hyper Text Markup Language）、XML（Extensible Markup Language）、JSON（Java Script Object Notation）表示的数据库记录，这取决于请求和服务器实现的细节。

Web 服务器是一种软件系统，用来支持网上能互操作的机器对机器的交互。Web 服务器能够使能如下过程间的通信，即应用 REST 到使用 HTTP 的资源的操作中，或使用 SOAP（Simple Object Access Protocol）在分布式环境下发送信息和进行远程过程调用（Remote Procedure Calls，RPC）等。但是，用于 Web 服务的技术不适合用于约束网络和装置[58]，当以前用于实现 RESTful 的 Web 服务的协议用于约束网络时将会出现一些严重问题。例如，HTTP 头通常太大，在 6LoWPAN 网络（使用 IEEE 802.15.4 协议）中需要分片；TCP 也不能很好地适应无线网络，HTTP 请求/响应拉模型（请求由客户发起）在低任务周期的传感器网络中不能很好地工作，并且 HTTP 协议，正如当前用于现代服务器和浏览器中的那样，已经演变成了一种高复杂度的协议。因此，RESTful 的 Web 服务应用需要进行扩展。

因特网工程任务组（Internet Engineering Task Force，IETF）的约束 RESTful 环境（Constrained RESTful environments，CoRE）工作组已经定义了基于 REST 的 Web 传输协议，称为受约束的应用协议（Constrained Application Protocol，CoAP）[59]。CoAP 的目的是扩展 REST 体系结构以满足受约束物联网装置和网络（如 6LoWPAN）的需要，它在设计时充分考虑了重要的 M2M（Machine-to-Machine）应用的要求，如能量和楼宇自动化，因此认为它是适合物联网应用的。CoAP 由一组具有 HTTP 功能的 REST 子集组成，针对 M2M 应用进行了优化。CoAP 提供了 M2M 应用特征，如开销很低，支持多播和异步消息交换。

CoAP 协议栈如图 5-1 所示。不像 HTTP 那样，CoAP 在面向报文的传输协议（如 User Datagram Protocol，UDP）上异步交换消息。由于在 LLN 上的低性能，对移动性的敏感、非多播支持、短期交易或事务的高开销，TCP 协议不是很合适 LLN[58]。CoAP 建立在 UDP 之上，它的开销更低，可支持高效的 IP 组播。由于 UDP 不可靠，CoAP 实现一个轻量级的可靠机制而不是试图重建 TCP 的完整特性。

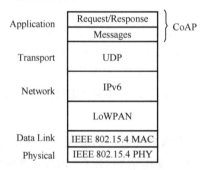

图 5-1　CoAP 协议栈

CoAP 被划分成两层[59]：消息（Messaging）层、请求/响应（Request/Response）层。消息层处理 UDP 之上两端点间的异步消息交换，存在四种不同类型的消息。

- 可确定（Confirmable，CON）消息：这类消息需要一个确认。
- 非确定消息（Non-confirmable，NON）：这类消息不需要一个确认。
- 确认（Acknowledgment，ACK）消息：这类消息是用来对可确定消息进行确认的。
- 重置（Reset，RST）消息：这类消息指出可确定消息已被接收，但处理此类消息会使上下文的一些信息缺失。

请求/响应层处理资源操作与传输的请求，响应消息的传输。请求由 CON 消息或 NON 消息携带，对 CON 消息中的请求的响应由相应的 ACK 消息携带。可靠机制由一个简单的停-等重传协议构成，它具有用于可确定消息指数退避机制，既可检测可确定消息副本，又可检测非确定性消息副本，并支持多播。

CoAP 使用了一个短的固定长度头部（4 B），其后是选项（如 URI 和有效载荷内容的类型）和有效载荷。在这种方式下，开销大大低于限制分片的 HTTP。

在应用层，服务由应用服务器运行，应用服务器驻留服务和执行服务，并提供与操作支持平台的通信接口。

Web 由三种技术组成：HTML、HTTP/REST 和 URI，仅后两者适应于机器间通信。目前，正在定义特殊的数据格式以代替 HTML，通常这些特殊的数据格式是基于 XML 和它的紧凑二进制表示（EXI）或基于 JSON（Java Script Object Notation，RFC 4627）的。

HTTP 本身功能强大，但其实现的代码空间和使用的网络资源相对昂贵，HTTP 的设计是通过代理来进行互操作的。在资源受限环境下，真正所需的是 REST，而未必是所有 HTTP。CoAP 是在资源受限环境下 Web 应用传输协议的一个新方法，它不仅仅是压缩型 HTTP，也提供相同的基本服务集，但其实现方式很简洁。CoAP 减少复杂性的一个主要做法是使用 UDP 而非 TCP，并定义了一个很简单的消息层来重传丢失的包。在 UDP 包中，CoAP 使用了 4B 的二进制头部，然后按序排列的选项（每一个都具有 1 B 的头部，可扩展到 2 B 以用于更长的选项值），其结构紧凑且易解析编码，可响应一个总头部大小为 10～20 B 的典型请求。选项类型的微分编码（Differential Encoding）提供了未来所需的可扩展性且不会加重实现负担。

在 CoAP 消息层的上面，CoAP 基本规范定义了熟悉的四种请求方法，即 GET、PUT、POST 和 DELETE。类似地，响应代码在 HTTP 响应代码后被编码完成，但被编码成一个单一字节（4.04 代表 4×32+04）。

与 HTTP 相互作用：若将 CoAP 仅用于 CoAP 端节点间通信，它一定是有益的，可通过与 HTTP 相互作用来发挥其全部潜力。REST 体系结构模式通过代理（或更一般地说仲裁），可实现这个目标。

CoAP 通常能构造仲裁者，仲裁 CoAP 和 HTTP 无须对特定应用相关的知识进行编码，这能够部署新应用而无须更新所有涉及的仲裁者。

在很多情形下，仲裁者能执行 CoAP 和 HTTP 间的翻译且不会造成对客户或服务器的更多需求，这里响应的方法、响应代码、选项在两种协议中都存在。CoAP 和 HTTP 间的映射是简单明了的，通过应用静态映射，甚至完全无状态的仲裁者都能够处理基于 REST 的自描述消息。

CoAP 和 HTTP 都能使用 URI 识别资源。反向代理模式仲裁者可使用一组类似 http：//或者 https：//URIs 形式的 CoAP 资源，使得老 Web 客户能透明地访问 CoAP 服务器。类似地，拦截代理（Interception Proxy，RFC 3040）被部署在网络适当的位置来拦截流量，某类服务器，可能提供此类服务，即自动重定向客户的请求到其自身的服务器。

通过映射单一 HTTP 请求到多播 CoAP 请求，可聚合多个响应回到单一 HTTP 响应，未来的仲裁者可能支持更复杂的跨 HTTP 和 CoAP 的通信模式，如组通信。

阻塞：基本 CoAP 消息在小有效载荷的情况下工作得很好，如温度传感器、灯光开关、楼宇自动控制装置。但有时候，应用需要传输更大的有效载荷，如固件更新。对于 HTTP 包，TCP 能将大的有效载荷分割成多个包，确保它们抵达并按序处理。尽管 UDP 通过 IP 分片可支持更大的有效载荷，但仍被限制在 64 KB 以内，更重要的是，在受限应用和网络中，实际效果并不好。不依靠 IP 分片，CoAP 仅增加一对块选项，可以多个请求-响应对的资源表示形式传递多个信息块。块选项使服务器能在很多的情况下成为真正的无状态，即服务器能够独自地处理每个块传递，不需要以前块传递所需的连接设置或其他服务器端的记忆。

观察：在 HTTP 中，事务总是客户发起的，客户必须反复执行 GET 操作以了解资源的状态。在具有受限功率、受限网络资源、节点大部分时间处于睡眠状态的环境下，这个拉模式变得很昂贵。Web 开发者提出了一些具有独特风格的 HTTP（RFC 6202）工作区，但作为一个新的协议，CoAP 做得更好。CoAP 使用异步方法将信息从服务器推到客户。在 GET 请求中，通过指定"观察（Observe）"选项，客户能指出其在下一步来自源的更新中的兴趣。在客户每次改变时，它将成为这个资源的观察者并接收一个异步通知，每个这样的通知消息在响应初始的 GET 请求的结构上是一样的，而不是设法创建另外复杂发布-订阅体系结构，仅仅增加了观察者设计模式，CoAP 有效地实现了对 REST 模型的最小改进。

发现：在机器对机器（M2M）的环境下，对于一个典型的 CoAP 应用环境，设备必须能够相互发现并能找到对方资源。资源发现在 Web 中很普遍，在 HTTP 中称为 Web 发现。当人们访问服务器的默认资源（如 index.html）时，会产生一种 Web 发现形式，它通常包括相关服务器上可用 Web 资源的链接。

若有标准化的接口和资源描述可用时，机器也能够执行 Web 发现。来自 IETF 的新方法包括资源路径"/.well-known/scheme"（RFC 5785）和 HTTP 链接头（RFC 5988），其中的一些相关技术今天仍具普遍性。CoRE 工作组正在做自治设备和嵌入式系统方面的工作，因此，一致性、能发现共同操作的资源的重要性比在当前 Web 中更大。为确保 CoAP 端节点间的互操作性，协议包括发现和通告资源描述的技术，因为这些描述是机器可解析的，我们也对描述本身进行了标准化。为了完成资源发现，CoAP 服务器可通过 URI"/.well-known/core" 提供的可用资源描述来进行资源发现。客户使用针对上述 URI 的 GET 请求访问这个描述，相同的描述能被通告，或甚至被传送到描述目录。描述格式是基于 HTTP 链接头格式的，因为因特网媒体类型被携带在有效载荷中，它易于被解析。

CoAP 交互模型类似于 HTTP 的客户/服务器模型，但是，M2M 交互通常导致端节点在 CoAP 的实现中既充当客户又充当服务器。CoAP 请求相当于 HTTP 请求，CoAP 请求被客户发送以请求一个行动（使用一个方法代码），而此行动是针对服务器上一个资源（由 URI 识别）的。服务器用响应代码回答，此响应可以包括资源的表示方法。不像 HTTP，CoAP 可以异步处理这些相互交互，这在逻辑上是使用一个消息层来完成的，该消息层支持可选择的可靠性（使用指数后退方法）。

5.2.3 CoAP 协议细节

1. CoAP 协议简介

（1）CoAP 协议特征。CoAP 是一种可实现 M2M 需求的受限 Web 协议，建立在 UDP 之上，利用了 UDP 服务来完成其消息的交换，即 CoAP 消息模型是基于 UDP 上两个端节点间进行消息交换的。

CoAP 定义了四种消息，即可确定消息（CON 消息）、非确定消息（NON 消息）、确认消息（ACK 消息）、重置消息（RST 消息），其中一些消息可以包含方法代码和响应代码，这使得它们可以携带请求或响应。对请求/响应交互过程来说，上述四种类型消息的基本交换过程都是透明的。

（2）CoAP 消息模型。CoAP 在逻辑上分成两层：消息（Messages）层和请求/响应（Requests/Responses）层，如图 5-2 所示。前者处理 UDP 和交互过程中的异步特性，后者使用方法代码/响应代码处理请求/响应消息的交互过程。

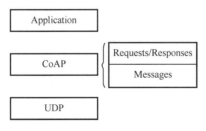

图 5-2 CoAP 的抽象层

CoAP 使用短的固定长度二进制头部（仅 4 B），其后有可能是紧凑二进制选项和有效载荷，这个消息格式可由请求/响应消息共享。每个消息都含有一个消息 ID，可用于检测重复和实现可靠性（此项可选）。若要实现可靠性，可用 CON 消息来提供此项功能。CON 消息在默认的超时间隔后会重传，两次重传间采用指数后退方法，直至接收者发送了 ACK。此 ACK 消息包含与相应的 CON 消息相同的消息 ID，如图 5-3 所示。

当接收者不能处理 CON 消息时，它将使用 RST 消息回答而不是用 ACK 消息。NON 消息不需要 ACK 进行确认，但仍需要消息 ID 以便进行消息的重复性检查，如图 5-4 所示。当接收者不能处理 NON 消息时，它会使用 RST 消息回答。由于 CoAP 是基于 UDP 的，因此，它也支持多播目的地址的使用，能够进行多播 CoAP 请求。

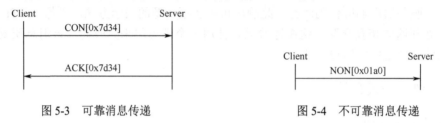

图 5-3　可靠消息传递　　　　　　　　　图 5-4　不可靠消息传递

（3）CoAP 请求/响应模型。CoAP 消息可携带 CoAP 请求/响应语义，包括方法代码和响应代码。可选的（或默认的）请求/响应信息（如 URI 和有效载荷内容类型）可由 CoAP 选项携带，令牌（Token）选项独立于消息本身，被用来进行响应与请求的匹配。

一个请求由一个 CON 或 NON 消息携带。若服务器（Server）能立即响应一个 CON 中的请求，则此响应被携带在随后的 ACK 消息中，称为 piggy-backed 响应。图 5-5 展示了一个具有 piggy-backed 响应的基本 GET 请求。

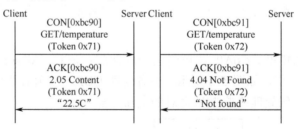

图 5-5　带有 piggy-backed 响应的基本 GET 请求

若服务器不能立即响应携带在 CON 消息中的请求，则它仅仅用空 ACK 消息响应以便客户（Client）能停止重传请求，而在响应准备好时，服务器在一个新 CON 消息中携带之并发送（这反过来需要客户进行确认）。这个过程称为单独响应（Separate Response），如图 5-6 所示。

同样地，若请求被放在 NON 消息中，则响应通常用新的 NON 消息发送，尽管服务器也可能发送 CON 消息，这种交互类型如图 5-7 所示。

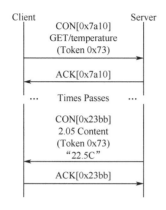

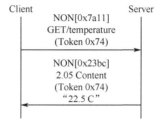

图 5-6　带有单独响应的 GET 请求　　　　图 5-7　NON 请求/响应

CoAP 以 HTTP 类似的方式充分利用了 GET、PUT、POST、DELETE 方法，但区别在于：服务器中的 URI 被简化为客户以及解析 URI，并被分离成主机、端口、路径、询问组件；另外，为提高效率，服务器中 URI 充分利用了默认值。

（4）中间物、缓冲、资源发现。为了高效地实现请求，CoAP 协议支持响应缓冲，简单缓冲便于使用携带在 CoAP 响应消息中的时新的有效信息，缓冲可位于端节点或中间物上。

代理在受限网络上很有用，这是因为如下几个原因：网络流量限制，提高性能的需要，访问睡眠设备上的资源，或者若干安全问题的考虑。代理协议支持代表其他 CoAP 端节点的代理请求，请求资源的 URI 被包括在此请求中，而目的 IP 地址被设置为代理的 IP 地址。

CoAP 是根据 REST 体系结构设计的，并具有类似 HTTP 协议的功能，因此在 HTTP 与 CoAP 或 CoAP 与 HTTP 之间进行映射是非常直截了当的，这样的映射可以方便地用于以下两个方面。

● 使用 CoAP 实现 HTTP REST 接口；

● 在 HTTP 和 CoAP 之间进行转换。

代理能实现这个转换，即它能转换方法代码或响应代码、内容类型和选项到相应于 HTTP 的特征上。

资源发现对 M2M 交互而言是很重要的，使用 CoRE 链路格式可支持此功能（在 [I-D.ietf-core-link-format]中描述）。

2．CoAP 消息语法

CoAP 是基于短消息交换的，默认使用 UDP 服务，例如，每个 CoAP 消息都占用一个 UDP 报文的数据部分。CoAP 可以与 DTLS 一起使用，也可以用在其他传输层协议之上，如 TCP 或 SCTP。

（1）消息格式。CoAP 消息被编码为简单的二进制形式，消息由固定大小的 CoAP 头部、类型-长度-值格式选项、有效载荷构成。选项数由头部域确定，有效载荷由选项后的字节数构成，若存在，其长度由报文长度计算得出。图 5-8 为 CoAP 消息格式。

0 1 2 3 4		7 8		15 16		31
Ver	T	OC	Code		Message ID	
Options（if any）…						
......						
Payload（if any）…						
......						

图 5-8　CoAP 消息格式

头部中域的含义如下所述。

① 版本域（Version，Ver）：长度为 2 bit，用于指出 CoAP 版本号，目前的实现设置此域的值为 1，其他值保留给未来的版本。

② 类型域（Type，T）：长度为 2 bit，用于指出 CoAP 消息的类型，0 表示 CON、1 表示 NON，2 表示 ACK，3 表示 RST。

③ 选项数（Option Count，OC）：长度为 4 bit，用于指出头部后的选项数目（0~14）。若设置为 0，则表示没有选项，有效载荷（若有）紧跟头部之后；若设置为 15，则选项数目不受限制，需要一个选项结束标记来指出不再有选项。

④ 代码（Code）：长度为 8 bit，用于指出消息携带的载荷类型。例如，1~31 表示请求，64~191 表示响应，0 表示空，其他代码值保留未用。若是请求，代码域指出请求方法；若是响应，则指出响应代码。

⑤ 消息 ID（Message ID）：长度为 16 bit，用于检测重复消息。

尽管保持 CoAP 消息足够小以有益于适应其链路层包大小，但也存在实现质量方面的问题。CoAP 规范本身仅提供消息大小的上界值，消息大小超出 IP 分片值将导致不希望看到的分组分片。CoAP 消息被适当封装后，应放入单一的 IP 分组中（即避免 IP 分片）。若目的地不知道路径上 MTU 的值，则应设定 IP MTU 为 1280 B；若不知头部的大小，理想的消息大小的上界是 1152 B，而有效载荷大小为 1024 B。

（2）消息大小的实现考虑。CoAP 消息大小的参数选择能很好地适应 IPv6 和现今大多数 IPv4 路径。但是，在 IPv4 中，很难确保绝对无分片。若 IPv4 也支持与众不同的网络，则包大小应更保守一些，如限制 IPv4 包大小为 576 B。更坏的情况是，IPv4 的 MTU 可低至 68 B，减去安全开销，仅剩 40 B 用于 UDP 有效载荷。关于这个问题，一种做法是设置 IPv4 的 DF 位，即不允许分片并执行某些形式的 MTU 路径发现。但是，这在多数 CoAP 实际使用案例中通常是不必要的。

在许多受限网络中，更重要的一种分片发生在适配层。例如，6LoWPAN L2 分组被限制到 127 B，包括各种开销。

消息大小在受限节点上的实现也是一个很重要的问题，很多实现需要为输入消息分配缓存，若实现太受约束以至于不能考虑分配上述提及的上界数目，则可使用如下实现策略：对接收一个报文进入一个太小的缓存的实现方案，通常能够决定报文的尾部是否应该被丢弃并检索初始部分。所以，若非全部有效载荷，至少 CoAP 头部和选项可以放入缓存中。若有效载荷被裁减，服务器能够充分解释此请求并返回 4.13（请求实体太大）的响应代码。

（3）选项格式。选项必须按选项号码的顺序出现。一个 Delta 编码被用在两个选项之间，每个选项的选项号码被计算为它的选项 Delta 域的值和前述的选项号码之和。具有相同选项号码的多个选项能够通过使用值为 0 的选项 Delta 域被包括在消息中，除选项 Delta 域外，每个选项在此域后紧跟一个长度（Length）域，用于指定选项值的长度，以字节计算。对具有大于 14 B 的值的选项，其长度域能够被扩展到一个字节，长度域后紧跟选项值（Option Value）。图 5-9 所示为选项格式。

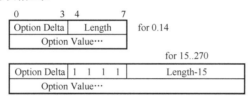

图 5-9　选项格式

选项中各个域的含义如下所述。

① 选项 Delta 域：长度为 4 bit，用于指示此选项的选项号码与前一个选项号码之间的差值，选项号码 14、28、42……被保留为非操作选项，这时它们携带空值（Empty Value）被发送。

② 长度域：指出选项值的长度，以字节计算。通常长度域为 4 bit，可表示 0～14 个字节，当长度域被设置为 15 时，另加一个字节表示长度，其值可加 15，可表示 15～270 个字节。

③ 选项结束标记：当头部选项计数域的值为 15 时，选项号码不受限制，由选项结束标记 0b11110000（选项 Delta 取值 15，长度取值 0）终止。当遇到这个标记，其后紧跟的是有效载荷（若有）。仅当 OC＝15 时，选项结束标记 0xF0 具有前文所述的特殊含义。例如，对其他 OC 取值，它将保持通常的含义。

选项值的长度和格式取决于各自的选项，它可定义可变的长度值，选项值的格式有：

● 无符号整数（uint）：非负整数，网络字节序表示，可变字节数；

● 串（string）：符合统一字符编码标准的字符串；

● 非通明：非通明字节序列。

3．CoAP 消息语义

CoAP 消息在 CoAP 端节点之间异步交换，用来传输 CoAP 请求/响应。由于 CoAP 与非可靠传输协议（如 UDP）绑定在一起，因此 CoAP 消息可能会无序到达、出现重复或丢失。基于此，CoAP 需要实现一个轻量级的可靠机制，而不是试图重建类似 TCP 的全部传输特征集。其特点如下：

● 针对 CON 消息，采用简单的停-等重传可靠机制，使用指数后退方法；
● 既针对 CON 消息又针对 NON 消息的消息包重复检测；
● 多播支持。

（1）可靠消息。消息的可靠传输通过在 CoAP 头部标记消息为 CON 开始，接收者必须通过 ACK 消息确认这样的消息（或者若缺乏适当处理此消息的上下文信息，则必须用 RST 消息拒绝之），发送者在等待指数增加的间隔后重传 CON 消息，直到接收到 ACK 消息（或 RST 消息）或使用完尝试次数为止。

CoAP 端节点必须记录它发送的每个 CON 消息而等待相应的 ACK 或 RST 消息，因此，需要设置超时间隔和重传计算器来控制重传。对一个新的 CON 消息，初始超时间隔被设置为 RESPONSE_TIMEOUT 与 RESPONSE_TIMEOUT×RESPONSE_RANDOM_FACTOR 之间的一个随机数，而重传计数器被设置为 0。当超时发生且重传计数器值小于 MAX_RETRANSMIT 时，消息被重传，重传计数器值增 1，超时间隔翻倍；若重传计数器值在超时间隔内达到 MAX_RETRANSMIT 时，且端节点收到 RST 消息，则取消此消息的发送尝试，应用进程通告消息发送失败。在另一方面，若端节点及时收到 ACK 消息，则认为发送是成功的。

依靠消息 ID 和后面描述的相应端节点的额外地址信息，ACK 或 RST 消息能够与 CON 消息相关联。消息 ID 是一个 16 bit 的无符号整数，由 CON 消息的发送者产生并被包括在 CoAP 的头部，这个消息 ID 必须由接收者复制在 ACK 或 RST 消息中。一些实现策略能够用来产生消息 ID，在最简单的情形下，CoAP 端节点通过一个可变的单一消息 ID 来产生消息 ID，它每次发送一个新 CON 就进行改变而不管目的地址或端口是否改变。处理大量交易的端节点能够保持多个消息 ID 变量。例如，针对每个前缀或目的地址，初始变量值应该随机化。同样，消息 ID 在潜在的重传窗口内一定不要重用，此窗口大小为 RESPONSE_TIMEOUT×RESPONSE_RANDOM_FACTOR×($2^{\text{MAX\_RETRANSMIT}}-1$)+期望的最大往返时间（the Expected Maximum Round Trip Time）。

上述公式中参数的建议值 RESPONSE_TIMEOUT 为 2 s，RESPONSE_RANDOM_FACTOR 为 1.5，MAX_RETRAN- SMIT 为 4。

接收者必须准备多次接收相同的 CON 消息，例如，当 ACK 消息丢失或不能在第一个超时间隔内到达原发送节点时，接收者应该使用相同的 ACK 或 RST 消息确认每个重复的 CON 消息拷贝，但对于任何请求应该仅进行一次处理和响应。

值得注意的是，发送 CON 消息的 CoAP 端节点可以在计数器达到 MAX_RETRANSMIT 前放弃获得 ACK 消息的尝试。例如，应用已经取消了请求，因为它不再需要响应了，或已有其他指示表明 CON 消息的确到达了。

（2）不可靠消息。一个更加轻量级的替代方法是标记消息为 NON，接收者不必确认 NON 消息，因此可节省通信开销，但发送成功的可靠性会差一些。若接收者缺乏适当处理此消息的上下文，可以使用 RST 消息拒绝它，否则必须默认地忽略它。

在 CoAP 层面上，没有方法检测 NON 消息是否被接收了，发送者可以选择多次发送 NON 消息。为此，需要指明消息 ID，以便于区分重传消息。产生消息 ID 的规则与前述相同。

接收者必须准备多次接收同样的 NON 消息（正如被消息 ID 和源地址信息所指出），接收者应该默认地忽略任何重复的 NON 消息，但对于任何请求应该仅进行一次处理和响应。

（3）消息匹配规则。ACK 或 RST 对 CON，以及 RST 对 NON 的准确匹配规则为：响应消息的 ID 必须匹配原来的消息 ID。对于单播消息，响应的发送源必须匹配原消息的目的地，不考虑安全问题时，消息的目的地和响应源的 IP 地址和端口号必须匹配；当考虑其他安全模型时，除了 IP 地址和 UDP 端口号匹配外，请求和响应必须有相同的安全上下文。

（4）消息类型。不同的消息类型是由 CoAP 头部的 T 域指出的，消息可以携带请求、响应或者空，这由 CoAP 头部的代码域（即 Code 域）指出，并与请求/响应模型有关。空消息的 Code 域被设置为 0，OC 域也应该被设置为 0，并且消息 ID 域后无字节。

① CON：需要被确认的消息称为 CON，当无包丢失，每个 CON 消息将准确地导致一个 ACK 或 RST 的返回消息，CON 消息总是携带请求或响应，并且一定为非空。

② NON：不需要被确认的消息称为 NON，对一些消息来说，因应用需要，它们被有规律地重复。例如，重复地读取来自传感器的数据，因此，最终的一个到达就足够了，不需要确认消息来确保每条消息都可靠到达。NON 消息总是携带请求或响应，并且一定为非空。

③ ACK：ACK 消息确认特定的 CON 消息的到达，由其消息 ID 识别，它不会指出任何封装的请求是成功了还是失败了，ACK 消息必须复制 CON 消息的 ID，且要么携带响应要么为空。

④ RST：重置消息指出特定的消息（CON 或 NON）被收到，但一些用于处理它的上下文信息丢失，当接收节点重新启动并已忘记了一些需要来解释消息的状态信息时，通常会导致这种情况。RST 消息必须复制 CON 或 NON 消息的 ID，且有效载荷必须为空。

（5）多播。CoAP 支持发送消息到多播目的地址，这样的多播消息必须是 NON 消息。为了减少响应拥塞，服务器应该知道请求通过多播到达。例如，通过利用 API，如 IPV6_RECVPKTINFO（RFC3542）。

当服务器知道请求通过多播到达时，服务器可以决定其假装没有收到请求，尤其是当它没有任何有用的响应时（例如，若它仅有空有效载荷或错误的响应）。这样的决定可能取决于应用，例如，在询问过滤中，若过滤规则不匹配，服务器不应该响应多播请求。

若服务器决定响应多播请求，它不应立即响应，而等待一段时间，称为空闲时间。空闲时间的具体值取决于应用，也可以依据下面描述得到。服务器应该在被选择的空闲时间段内选取一个随机时间点来发送一个单播响应给多播请求的发送者。

为了计算空闲时间段的具体值，服务器应该有一个组的大小估计值 G、一个目标速率 R，以及一个估计的响应大小 S。一个粗略的空闲期下界值为

$$lb\_Leisure = SG/R$$

对于 2.4 GHz 频段的 IEEE 802.15.4（6LoWPAN）网络上的多播请求，G 取值 100，S 取值 100 B，目标速率 R 可取 8 kbps（即 1 kBps），空闲期下界值约为 10 s。

（6）拥塞控制。CoAP 的基本拥塞控制由指数后退机制提供，为了避免拥塞，客户（包括代理）应该严格限制与给定服务器（包括代理）的并发的显著交互（Outstanding Interaction）数量。显著交互是指如下情况之一：仍未收到 ACK 但还期望接收的 CON 消息，或者仍未收到响应但还期望接收的请求，也可能两种情况同时发生。这个限制的理想值是 1。

4．CoAP 请求/响应语义

CoAP 在与 HTTP 类似的请求/响应模式下操作：起客户作用的 CoAP 端节点发送一个或多个 CoAP 请求到服务器，此服务器通过发送 CoAP 响应为这些请求服务。不同于 HTTP，请求/响应不在以前建立的连接上发送，但在 CoAP 消息上异步交换。

（1）请求。CoAP 请求由应用于资源的方法、资源标识符、有效载荷、因特网媒体类型（若有的话）、有关请求的可选元数据等构成。

CoAP 支持 GET、POST、PUT、DELETE 等基本方法，它们易于映射到 HTTP，具有与 HTTP 相同的安全属性（仅对检索操作）和等幂性（能以相同效果被调用多次）。GET 方法是安全的，因此，除了检索，不会对资源采取任何其他行动。

GET、PUT、DELETE 必须在上述的方式下执行，以使得它们具有等幂性（Idempotence），POST 方法不具有等幂性，因为它的效果由原服务器决定并且依赖于目标资源，且通常导致新资源被创建或目标资源被更新。

请求在CON或NON消息的CoAP头部的代码域设置方法代码并放入请求信息之时发起。

（2）响应。接收并解释请求后，服务器使用 CoAP 响应做出响应，此响应依靠客户产生的令牌与请求匹配。响应由 CoAP 头部的代码域的值进行识别，此值被设置为响应代码，类似于 HTTP 的身份代码（Status Code）。CoAP 响应代码指出尝试理解和满足请求的结果，响应代码的号码设置在 CoAP 头部的代码域中，其结构如图 5-10 所示。

图 5-10 响应代码的结构

前 3 比特定义了响应类型（class），而后 5 比特没有任何分类作用，它们针对全部类型给出额外的详细信息（detail）。存在 3 种类型，如下所述。

- 2：成功，请求被成功收到、理解、接受。
- 4：客户错误，请求含有坏的语法或无法被处理。
- 5：服务器错误，服务器不能履行对一个有效请求的处理。

响应代码被设计成可扩展，客户错和服务器错等不被端节点所识别的响应代码必须被处理成与那类代码等价的一般响应。但是，不存在一般的响应码来指明成功，因此，未被端节点识别的成功类响应码仅能被用来决定请求成功了，但没有进一步的详细信息。响应代码的前 3 bit 表示成单个十进制形式，后跟一个点号 "."，然后是后 5 bit 的两位十进制形式。响应代码如表 5-2 所示。

表 5-2 CoAP 响应代码

代 码	描　　述	代 码	描　　述
65	2.01 被创建（Created）	66	2.02 被删除（Delcted）
67	2.03 有效的（Valid）	68	2.04 被改变（Changed）
69	2.05 内容（Content）	128	4.00 坏请求（Bad Request）
129	4.01 未授权（Unauthorized）	130	4.02 坏选项（Bad Option）
131	4.03 被禁止的（Forbidden）	132	4.04 未发现（Not Found）
133	4.05 方法不允许（Method Not Allowed）	134	4.06 不可接受（Not Acceptable）
140	4.12 前提条件失效（Precondition Failed）	141	4.13 请求实体太大（Request Entity Too Large）
143	4.15 不支持的媒体类型（Unsupported Media Type）	160	5.00 内部服务器错误（Internal Server Error）
161	5.01 未实现（Not Implemented）	162	5.02 坏网关（Bad Gatewav）
163	5.03 服务不可用（Service Unavailable）	164	5.04 网关超时（Gateway Timeout）
165	5.05 代理不支持（Proxying Not Supported）	—	—

响应代码能以多种方式发送，这些方式如下所述。

① Piggy-backed。在大多数基本情形下，响应被直接携带在 ACK 消息中，称为 Piggy-backed 响应。响应通过 ACK 消息返回与响应是成功还是失败没有直接关系。Piggy-backed 响应能节省网络资源，对客户和服务器都有益。

② 分离（Separate）。在有些情况下，不可能返回 Piggy-backed 响应，例如，服务器可能需要比其在返回 ACK 消息前能等待的时间更长的时间来获得被请求资源的表示形式。

对 NON 消息中携带的请求的响应总能单独发送，因为 NON 不需要 ACK 消息。服务器可以发起请求尝试来获得资源的表示形式，初始化 ACK 定时器，或在事先知道不可能有 Piggy-backed 响应时立即发送确认。

当服务器最终获得资源表示形式时，将发送响应。为确保消息不丢失，此响应作为 CON 消息发送并需要被客户使用 ACK 消息回答，回答的 ACK 消息中需要复制服务器选择的新消息 ID。

针对分离交换，对携带请求的 CON 消息和携带响应的 CON 消息进行确认的 ACK 消息必须是空消息，例如，它既不携带请求也不携带响应。

③ 非确定性。若请求由非确定性消息携带，那么响应也用非确定性消息携带返回。但是，端节点必须准备接收非确定性响应以回答确定性请求，或准备接收确定性响应以回答非确定性请求。

（3）请求/响应匹配。不论响应如何发送，均可依靠令牌能够与请求匹配。此令牌被客户包括在请求中，连同通信对端节点的额外地址信息一起作为选项之一。令牌必须由服务器复制在响应中而不做任何修改，匹配响应与请求的准确规则如下所述。

① 对于用单播消息发送的请求，响应源必须匹配原请求的目的地。当不考虑安全问题时，消息的目的地和响应源的 IP 地址和端口号必须匹配；当考虑其他安全模型时，除了 IP 地址和 UDP 端口号匹配外，请求和响应必须有相同的安全上下文。

② 在 Piggy-backed 响应中，携带在 CON 消息中的请求和其 ACK 消息的消息 ID 必须匹配，响应中的和原请求中的令牌也必须匹配。在分离（Separate）响应中，仅响应中的和原请求中的令牌必须匹配。

客户产生令牌应遵循的原则是：当前用于给定会话的源/目的地对的令牌不能重复。

万一携带响应的消息是不能预期的，例如，客户无法等到具有指定地址和/或令牌的响应，则应使用 RST 消息拒绝此响应。

（4）选项。请求和响应可能都包括选项列表。例如，请求中的 URI 在多个选项中被传输，携带在 HTTP 头部的元数据也可作为选项。

CoAP 定义了单一选项集，既可用于请求也可用于响应，这些选项的语义和属性定义在表 5-4 中。

① 关键性的/选择性的。选项属于两类之一：关键性的和选择性的，它们间的差别在于未被端节点承认的选项如何被处理。

● 关于接收，类型"选择性的"中的未被承认选项必须被默认忽略。

● 发生在可确认请求中的类型为"关键性的"中的未被承认选项必定引起 4.02（坏选项）的返回。这个响应应该包括描述未被承认选项的人可读的错误消息。

● 发生在可确认响应中的类型为"关键性的"中的未被承认选项，应该产生使用 RST 消息进行拒绝的响应。

● 发生在非确认消息中的类型为"关键性的"中的未被承认选项，必定导致此消息被默认忽略。通过使用 RST 消息，此响应可以被拒绝。

无论是关键性的还是选择性的，这些选项均不是"强制的"（总是可选的）。定义这些规则是为了在实现中能够拒绝一些实现者不明白或不能实现的选项。

② 长度。选项值被定义具有特定长度，通常在上下限之间。若请求中的选项值的长度不在定义的范围内，则此选项被当成未被承认选项处理。

③ 默认值。选项可以被定义为具有一个默认值。若选项打算采用默认值，则此选项不应包括在消息中。若选项不出现，则必假定采用了默认值。

④ 重复选项。选项的定义要说明是否其仅被定义为至多发生一次，或者是否可以发生多次。若消息包含的选项具有比其定义的实例更多的实例，则额外的选项实例必须被处理为未被承认选项。

⑤ 选项号码。选项通过选项号码识别。单数号码表示关键性的选项，而偶数号码表示选择性的选项。

号码 14、28、42、…被保留为"fenceposting"，因为这些选项号码是偶数，它们代表选择性选项，除非被赋予了意义，否则必被默认地忽略。CoAP 选项号码如表 5-3 所示。

表 5-3　CoAP 选项号码

号码（Number）	名字（Name）	号码（Number）	名字（Name）
1	Content-Type	5	Uri-Host
2	Max-Age	6	Location-Path
3	Proxy-Uri	7	Uri-Port
4	Etag	8	Location-Query

续表

号码（Number）	名字（Name）	号码（Number）	名字（Name）
9	Uri-Path	13	If-Match
11	Token	15	Url-Query
12	Accept	21	If-None-Match

（5）有效载荷中。请求和响应都可以包含有效载荷，它们分别取决于方法和响应代码。具有有效载荷的方法有 PUT 和 POST，而具有有效载荷的响应代码则有 2.05（内容）和出错代码。

典型的 PUT、POST、2.05（内容）等的有效载荷是资源表示形式，其格式由因特网媒体类型指定，而因特网媒体类型由内容类型选项给出，此类选项无默认值。

2.01（创建）、2.02（删除）、2.04（改变）可以包含描述行动结果的有效载荷，这种有效载荷的格式由因特网媒体类型指定，而因特网媒体类型由内容类型选项给出，此类选项无默认值。

为解释出错情形，具有指示客户或服务器错误的代码的响应应该包括简单的、可阅读的诊断信息作为有效载荷。这种诊断信息必须用 UTF-8（RFC3629）编码，更明确的是用 Net-Unicode 形式（RFC5198）。内容类型选项没有意义，不应被包括在内。

（6）缓冲。CoAP 端节点可以缓存响应，以便减少今后类似请求的响应时间和网络带宽消耗。CoAP 的缓存目标是重用先前的响应消息以满足当前请求。在一些情况下，被存储的响应能被重用而无须网络请求，减少了延时和往返时间，刷新（Freshness）机制可用于这个目的，甚至当发起了一个新请求时，也通常是有可能重用先前响应的有效载荷满足之，因此，减少了所需要的网络带宽，确认（Validation）机制可用于这个目的。

不同于 HTTP，CoAP 响应的缓存能力不依靠请求方法，但依靠响应代码。指示成功的响应代码若不被端节点承认一定不能被缓存。针对当前的请求，CoAP 端节点一定不能使用已存储的响应，除非符合以下条件。

- 当前的请求的方法和被用于获得已存储的响应的方法匹配；
- 除无须匹配令牌、最大年龄或 ETag 请求选项外，所有选项要在选项的当前请求中的和被用于获得已存储响应的请求中的选项之间进行匹配；
- 已存储的响应或是刷新的或是成功确认的。

① 刷新模式。若缓冲中的响应是最新的，它能被用来满足后来的请求而无须联系来源服务器，因此可提高效率。

来源服务器决定刷新的机制是提供显式的到期时间，如使用最大年龄选项（Max-Age

Option），这个选项指出，若响应的年龄大于指定值，就认为不时新（Not Fresh）了。

由于最大年龄选项的默认值是 60，若其不出现在可缓冲的响应中，则在响应消息的"年龄"大于 60 s 后就被认为过时。若来源服务器希望防止缓冲，它必须明确地包含具有值为 0 的最大年龄选项在其发送的消息中。

② 确认模式。当端节点为一个 GET 请求准备有一个或多个已存储的响应时，但不能使用其任何一个（例如，因为它们都超时了），这时它可用 GET 请求中的 ETag 选项来给来源服务器一个机会既可选择已存储响应来使用又可进行更新，这个过程就是确认或重新确认已存储的响应。

当发送这样的请求时，端节点应该加 ETag 选项来指明每个已存储响应的实体标签的可用性。在更新最大年龄选项值后，2.03（有效的，Valid）响应指出由位于响应消息的 ETag 选项给出的实体标签所识别的已存储响应消息能被重用。

（7）代理。CoAP 能区分来源服务器的请求和通过代理做的请求，代理是一个 CoAP 端节点，能够被 CoAP 客户分配任务来代表其执行请求。代理的 CoAP 请求可作为正常的可确定性或非确定性的针对代理端节点的请求，但以不同方式指定了请求 URI。

在代理请求中的请求 URI 被指明作为代理 URI 选项中的一个串，而来源服务器请求中的请求 URI 被分离成 URI 主机、URI 端口、URI 路径、URI 询问等选项。当向一个端节点发送代理请求并且此端节点不愿意或不能够为此请求 URI 充当代理时，它必须返回 5.05（代理不支持）响应。若权威（主机和端口）被公认作为识别代理的端节点，则此请求必须被处理为本地请求。

除非代理被配置为可以转发代理请求到其他代理上，否则它必须翻译请求。来源服务器的 IP 地址和端口号由请求 URI 的权威组件来决定，请求 URI 被解码并分离成 URI 主机、URI 端口、URI 路径、URI 询问等选项。

代理请求中的所有选项必须在代理处被处理，未被代理所认可的请求中的关键性选项必定产生 4.02（坏选项）响应，它由代理返回。未被代理认可的选择性选项一定不能被转发到来源服务器。类似地，未被代理服务器认可的响应中的关键性选项必定产生 5.02（坏网关）响应。

若代理不使用缓冲，它将只转发被翻译的请求到确定的目的地；否则，若它使用缓冲但没有匹配已翻译请求的已存储响应且被认为是最新的，则它需要更新它的缓冲。

若针对目的地的请求超时，5.04（网关超时）响应必被返回。若针对目的地的请求返回了不能被代理处理的响应，5.02（坏网关）响应必被返回；否则，代理返回响应给客户。

若响应被产生在缓冲之外，考虑花费在缓冲中的资源表示时间，具有最大年龄选项的

响应必定被产生，此选项不能扩展由服务器在被始时所设置的最大年龄。对于每个响应，最大年龄选项能被代理使用如下公式调整，即

$$proxy\_max\_age=original\_max\_age-cache\_age$$

例如，若向 20 s 前更新的被代理资源发请求并且初始最大年龄为 60 s，则资源的被代理最大年龄现在为 40 s。

（8）方法定义。具有未被承认或不支持方法代码的请求必产生 4.05（方法不被允许，Method Not Allowed）响应。

① GET。GET 方法用于检索资源的信息表示形式，而此资源由请求 URI 来识别。若请求包含一个或多个接受（Accept）选项，则这些选项会指出响应的偏好内容类型。若请求包含一个 ETag 选项，则 GET 方法请求验证 ETag，并且仅当验证失败，请求传输资源表示形式。若成功，则应该发送 2.05（内容，Content）或 2.03（有效的，Valid）响应。GET 方法是安全的和等幂的。

② POST。POST 方法用来请求对附带在请求中的表示方法进行处理。由 POST 方法执行的实际功能由来源服务器决定并依赖于目标资源，它通常会导致新资源被创建或目标资源被更新。若资源已经创建在服务器上，包含新资源 URI 的 2.01（创建）响应应该返回；若 POST 成功，但没有在服务器上创建新资源，应该返回 2.04（改变）响应；若 POST 成功并导致目标资源被删除，应该返回 2.02（删除）响应。POST 既不安全也不等幂。

③ PUT。PUT 方法用来请求对请求 URI 所识别的资源进行更新或创建，而更新或创建所依据的是附带在请求 URI 中的表示方法。表示格式由内容类型选项给出的媒体类型指定。

若资源存在于资源 URI 上，被附带的表示法应该考虑作为那个资源的改进版本，并且 2.04（改变）响应应该被返回；若无资源存在，服务器可以创建具有那个 URI 的新资源，并产生 2.01（创建）响应；若资源没有被创建或更改，那么适当的出错响应代码应该被发送。对 PUT 的进一步的限制能够通过在请求中包含 If-Match 或 If-None-Match 选项来实施，PUT 方法不安全但等幂。

④ DELETE。DELETE 方法用来请求对请求 URI 识别的资源进行删除，若删除成功或万一 URI 识别的资源在请求前资源不存在，2.02（删除）响应应该被发送。DELETE 方法不安全但等幂。

（9）响应代码定义。

① 成功 2.xx。这类状态代码（Status Code）指出客户请求被成功接收、理解、接受。

2.01：被创建。同 HTTP 201"被创建"一样，但仅用来响应 POST 和 PUT 请求。随响

应返回的有效载荷（若有）是行动结果的表示，表示格式由内容类型选项给出的媒体类型指定。若响应包括一个或更多位置-路径和/或位置询问选项，这些选项的值指出资源被创建的位置；否则，资源被创建在请求 URI 上。缓冲应该在其过时的时候标记被创建资源的任何已存储的响应，响应不具有可缓冲性。

2.02：被删除。同 HTTP 204 "无内容"一样，但仅用来响应 DELETE 请求。随响应返回的有效载荷（若有）是行动结果的表示，表示格式由内容类型选项给出的媒体类型指定。响应不具可缓冲性，但是，缓冲应该在其过时的时候标记被删除资源的任何已存储的响应。

2.03：有效。涉及 HTTP 304 "未更改"，但仅用于指出由 ETag 选项识别的实体标签所识别的响应是有效的，因此，响应必须包括 ETag 选项。当缓冲收到 2.03（有效的）响应时，它需要使用包括在响应中最大年龄选项的值更新已存储响应。

2.04：改变。同 HTTP 204 "无内容"一样，但仅用于响应 POST 和 PUT 请求。随响应返回的有效载荷（若有）是行动结果的表示，表示格式由内容类型选项给出的媒体类型指定。响应不具可缓冲性，但是，缓冲应该在其过时的时候标记被改变资源的任何已存储的响应。

2.05：内容。同 HTTP 200 "OK"一样，但仅用于响应 GET 请求。随响应返回的有效载荷是目标资源的表示，表示格式由内容类型选项给出的媒体类型指定。这种响应具有可缓冲性，缓冲能够使用最大年龄选项来决定其新鲜度，以及使用 ETag 选项进行验证或确认。

② 客户错误 4.xx。这类响应代码用于客户可能出错的情况，适用于任何请求方法。服务器应该包含简短的、可阅读的消息作为有效载荷。这种响应具有可缓冲性，缓冲能够使用最大年龄选项来决定其新鲜度，但不能被验证或确认。

4.00：坏请求。同 HTTP 400 "坏请求"一样。

4.01：未授权。客户未被授权来执行被请求的行动，在未改进对服务器的认证状态前，客户不应重复此请求。

4.02：坏选项。由于一个或多个未被承认或不正确的关键性选项，请求不能为服务器所理解，未改进前客户不应重复此请求。

4.03：禁止。同 HTTP 403 "禁止的"一样。

4.04：未建立。同 HTTP 404 "未建立"一样。

4.05：方法不允许。同 HTTP 405 "方法不允许"一样，但不与"允许（Allow）"头部域并行。

4.06：不可接受。同 HTTP 406 "不可接受"一样，但没有响应实体。

4.12：前提或预处理失败。同 HTTP 412 "前提或预处理失败"一样。

4.13：请求实体太大。同 HTTP 413 "请求实体太大"一样。

4.15：不支持的媒体类型。同 HTTP 415 "不支持的媒体类型"一样。

③ 服务器出错 5.xx。响应代码的这种类型指出了服务器知道自身出错或无法执行请求的情形，这些响应代码可适用于任何请求方法。服务器应该包括可阅读的消息作为有效载荷，这种响应具有可缓冲性，缓冲能够使用最大年龄选项来决定其新鲜度，但不能被验证或确认。

5.00：内部服务器出错。同 HTTP 500 "内部服务器出错"一样。

5.01：未执行。同 HTTP 501 "未执行"一样。

5.02：网关坏。同 HTTP 502 "坏网关"一样。

5.03：服务不可用。同 HTTP 503 "服务不可用"一样，但可以使用最大年龄选项代替 "Retry-After"头部域。

5.04：网关超时。同 HTTP 504 "网关超时"一样。

5.05：代理不支持。服务器不能或不愿意为 Proxy-Uri 选项指定的 URI 充当代理。

（10）选项定义。单个 CoAP 选项被总结在表 5-4 中并解释如下。

表 5-4　CoAP 选项

号　码	C/E	名　字	格　式	长度/B	默　认　值
1	Critical	Content-Type	uint	0～2	(none)
2	Elective	Max-Age	uint	0～4	60
3	Critical	Proxy-Uri	string	1～270	(none)
4	Elective	ETag	opaque	1～8	(none)
5	Critical	Uri-Host	string	1～270	(see below)
6	Elective	Location-Path	string	1～270	(none)
7	Critical	Uri-Port	uint	0～2	(see below)
8	Elective	Location-Query	string	1～270	(none)
9	Critical	Uri-Path	string	1～270	(none)
11	Critical	Token	opaque	1～8	(empty)
12	Elective	Accept	uint	0～2	(none)
13	Critical	If-Match	opaque	0～8	(none)
15	Critical	Uri-Query	string	1～270	(none)
21	Critical	If-None-Match	(none)	0	(none)

① 令牌。令牌选项用来匹配响应与请求，每个请求均有一个客户产生的令牌，服务器必须将令牌复制到响应中。零长度令牌的默认值是假定选项缺省，因此，当令牌值为空时，令牌选项应该被省略。

令牌可用于客户本地识别符以区分并发请求，此选项是关键性的，最多发生 1 次。

② Uri-Host、Uri-Port、Uri-Path、Uri-Query。用于向 CoAP 来源服务器指明请求的目标资源，Uri-Host 选项指明被请求资源的因特网主机，Uri-Port 选项指明资源的端口号，每个 Uri-Path 选项指明到资源的绝对路径的一个片断，每个 Uri-Query 选项指明确定资源的参数中的一项。

Uri-Host 选项的默认值是请求消息的目的 IP 地址，Uri-Port 选项的默认值是目的 UDP 端口号。默认 Uri-Host 和 Uri-Port 选项足够用于向大多数服务器进行请求资源的操作。这些选项是关键性的。Uri-Host 和 Uri-Port 不能发生多于 1 次；Uri-Path 和 Uri-Query 可以发生 1 次或多次。

③ Proxy-Uri。万一单个选项无法装入整个绝对 URI，可以将这个"绝对 URI"拆分成多个片断，以便每个片断能被装入单个选项中，从而形成多个 Proxy-Uri 选项，一个请求可以包含多个 Proxy-Uri 选项，以便能将多个片断值串联成单个绝对 URI。

代理可以转发请求到另一代理或直接到绝对 URI 指明的服务器，为了避免请求循环，代理必须能够识别它的服务器名，包括任何别名、本地变量、数字 IP 地址。

一个接收了带有 Proxy-Uri 选项的请求的端节点若不能或不愿充当此请求的代理，则必定导致 5.05（代理不支持）响应的返回。

此选项是关键性的，可以发生一次或多次，必须优先于 Uri-Host、Uri-Port、Uri-Path、Uri-Query 选项中的任何一个。

④ 内容类型。内容类型选项指出消息有效载荷的表示格式，若此选项缺省，则可用缺省值替代。此选项是关键性的，不能发生多于 1 次。

⑤ 最大年龄。最大年龄选项指出响应在被认为过时前被缓存的最长时间，选项值的范围是 $0 \sim 2^{32}-1$ 之间的一个整数值，单位为秒（最大值约为 136.1 年），当响应消息中缺省此选项时，缺省值为 60 s。此选项是选择性的，不能发生多于 1 次。

⑥ Location-Path 和 Location-Query。此两选项指出一个资源的位置作为一个绝对路径 URI，Location-Path 选项类似于 Uri-Path 选项，而 Location-Query 类似 Uri-Query 选项。这两个选项可以被包括在响应中以指示使用 POST 创建的新资源的位置。两选项都是选择性的，可以发生 1 次或多次。

⑦ If-Match。此选项用做关于当前存在物或目标资源的一个或多个表示形式的 ETag 选项值的请求条件，If-Match 通常对资源更新请求有用，如 PUT 请求。

5.3 网络应用业务的服务质量设计

5.3.1 服务质量的主要技术指标

不同业务对网络的要求不同，为了在分组化的 IP 网络实现多种实时和非实时业务，人们提出了服务质量（Quality of Service，QoS）的概念。QoS 是指 IP 网络的一种能力，即在跨越多种底层网络技术（如 SDH、FR、ATM、Ethernet、ZigBee 等）的 IP 网络上，为特定的业务提供其所需要的服务。通俗地说，QoS 可充当网络交警的角色。QoS 包括多个方面的内容，如带宽、时延、时延抖动等，每种业务都对 QoS 有特定的要求。衡量 IP QoS 的技术指标如下所述。

（1）可用带宽。可用带宽是指网络两个节点之间特定应用业务流的平均速率，主要衡量用户从网络取得业务数据的能力，所有的实时业务对带宽都有一定的要求，如视频业务。

（2）时延。时延是指数据包在网络两个节点之间传送的平均往返时间，所有实时性业务都对时延有较高要求，如 VoIP 业务，一般要求网络时延小于 200 ms，当网络时延大于 400 ms 时，通话质量就会变得无法忍受。

（3）丢包率。丢包率是指在网络传输过程中丢失报文的百分比，用来衡量网络正确转发用户数据的能力。不同业务对丢包的敏感性不同，在多媒体业务中，丢包是导致图像质量恶化的根本原因，少量丢包可能使图像出现马赛克现象。

（4）时延抖动。时延抖动是指时延变化。有些业务，如流媒体业务，可通过适当缓存来减少时延抖动对业务的影响；而有些业务则对时延抖动非常敏感，如语音业务，稍许时延抖动会导致语音质量迅速下降。

（5）误包率。误包率是指在网络传输过程中报文出现错误的百分比，误码率对一些加密类的数据业务影响尤其大。

5.3.2 服务质量的主要实现机制

下面阐述确保服务质量的一种分层 QoS 机制。

QoS 机制的分层可以是垂直方向的，也可以是水平方向的。从水平方向来看，端到端的 QoS 要求发送端和接收端主机必须支持 QoS，并且只能保证与性能最差的链路同等的通信质量。另外，垂直方向由顶至底的不同层次上的性能也是必须要考虑的，以保证网络中高优先级的业务的发送和接收能获得较多或较早的处理机会。

（1）垂直模型。从垂直方向来看，通常从上往下可把 IP 网依次划分为应用层、IP 层、链路层和网元层（设备和链路）。IP 的网络性能取决于 IP 层的信息传送能力，并在很大程度上依赖于承载 IP 的底层链路的传输性能，同时应用层业务的相关特性也会影响 IP 网所表现出来的外在性能。链路层和物理层为 IP 数据包提供面向连接或无连接的传送能力。"链路"没有端到端的含义，它的终点是 IP 数据包被转发的地方（如路由器、源主机、宿主机）。链路技术包括 ATM、FR、SDH、PDH、ISDN、Ethernet、ZigBee 等。IP 层提供 IP 数据包的无连接传送能力。IP 层在特定源主机和宿主机之间通信，具有端到端的含义。当 IP 数据包在网络中传送时，网络可能会修改 IP 报文中的某些字段，但 IP 层和低层不能修改用户数据部分。IP 层支持的高层协议（如 TCP、UDP、FTP、RTP、HTTP 等）能够进一步强化端到端的通信，并会对 IP 层的性能产生影响。

（2）水平模型。从水平方向来看，主要由两部分组成：电路段和网络段。电路段和网络段又可以由不同的网元组成。从源主机（SRC）到宿主机（DST）之间传送 IP 数据包的一组电路段和网络段构成了端到端的 IP 网络。从网络的边缘向核心来看，一条端到端的 IP 包转发路径通常由用户设备（如主机+Modem/网卡）、用户接入链路（如 ISDN/PSTN、ADSL、Ethernet 等）、运营商网络边缘设备（如窄带/宽带接入服务器、DNS 服务器、边缘路由器）、骨干链路（如 ATM、SDH、DWDM）和核心设备（如高速路由器、标记交换路由器）等组成，这些设备或链路都有可能会影响到用户所感受到的 IP 网络的性能。

根据上面的分层模型，上层与下层之间是一种网络资源（包括带宽、内存和处理能力等）的需求和供给的关系。上层向其下层提出服务所需要的资源请求（可以是显式的，也可以是隐式的），下层做出响应（显式的请求）和提供资源。在传递 IP 包时，出现 QoS 问题最主要的原因是网络中的上下层之间的资源需求和供给不匹配，下层网络资源不足导致网络发生了拥塞。因此解决 IP 网络上的服务质量问题，主要是如何避免和消除拥塞的问题，这可以从网络的角度（如何更好地提供服务）和业务的角度（如何合理地提出需求）加以考虑。

从网络的角度来看，一是当整个网络发生拥塞时，设法尽量增加网络资源，充足的网络资源是解决服务质量问题的关键，在网络没有拥塞时有无 QoS 机制都行，因为即使是"尽力而为"的 IP 包也能够得到很好的服务；二是根据网络拓扑、流量和流向等因素合理优化网络的规划和设计，引导流量流向，尽量提高网络资源的利用率，例如，可以用流量工程的方法来解决负载不均衡的问题。

从业务的角度来看，就是在 IP 网络资源一定的情况下，在 IP 网络上提供有别于"尽力而为"的其他类型的业务，即提供有区别的业务。这可以借助 InterServ 模型（主要适用于 LAN 和接入网），也可以借助于 DiffServ 模型（主要适用于核心网）。例如，在网络有可能发生拥塞时，对服务质量比较敏感的业务设置较高的优先级，使其能够尽量优先得到服务。但无论是采用什么样的 QoS 模型，这些思路都以牺牲低优先级的业务为代价，来换取高优先业务的 QoS 保证。

下面简单介绍在不同的层面上提出的或应该使用的几种典型的 QoS 机制。

1．应用层

改善服务质量可以在应用层进行。这种方式的 QoS 机制通常是在 IP 网络边缘的主机上实现的，它根据网络所能够提供的资源情况，通过做单个应用的流量控制和服务器负载重定向等来改善该应用所感受到的服务性能。应用层 QoS 机制一般不需要对现有的 IP 网络做任何修改，因此实现和部署相对容易，但缺点是 QoS 机制的调节能力有限，并且不同的应用层 QoS 机制之间无法协同工作，消除网络拥塞相对不容易。

流量控制使得应用程序能根据网络所提供的资源情况动态调节（如不同速率的语音、视频编码）其向网络所发送数据的速率，当网络所提供的资源充足时，应用增加对网络资源的需求（从而获得较高的服务质量），否则降低对网络资源的需求（获得的服务质量下降）。服务器负载重定向是在提供服务的多个应用服务器之间做流量的均衡，当某个服务器或访问该服务器的链路发生拥塞时，客户应用程序在不同的服务器簇之间做流量的重定向，把客户请求导向服务器资源和网络资源充足的服务器，从而改善用户所感受到的服务质量。

2．传输层

传输层主要是对业务进行分类或为业务预留资源，是从业务的角度提供有别于"尽力而为"的服务类型，主要包括 InterServ 和 DiffServ 两种模型。除"尽力而为"的业务类型外，InterServ 模型提供的新业务类型包括保证型业务（Guaranteed Service）和控制型载荷（Controlled Load）两种，DiffServ 模型提供的新业务类型包括加速转发（EF）和多种确保转发（EF）两类。

3．网络层

网络层的 QoS 技术包括流量工程、QoS 路由、流量控制和拥塞控制等。现在的动态路由协议 RIP、OSPF 和 IS-IS 都会导致不均匀的流量分布，因为它们总是选择最短路径转发 IP 包的，其结果是在两个节点之间顺着最短路径上的路由器和链路可能发生了拥塞，而沿较长路径的路由器和链路却是空闲的。流量工程可以安排流量如何合理地通过网络，以避免不均匀地使用网络而导致的拥塞。流量工程可以人工进行，也可以借助多协议标记交换（MPLS）等工具实现。

流量工程通常与约束路由存在密切的关联，约束路由可为 DiffServ、InteServ 和流量工程等提供满足 QoS 要求的路径。约束路由决定一个路由时，不仅涉及网络的拓扑结构，而且还包括流提出的资源需求、链路资源可用性，以及网络管理员规定的一些可能的管制策略。因此约束路由可能会找到一条路线较长和负载较轻的路径，这条路径优于重负载的最短路径，网络流量会因此会更均匀一些。要想实现约束路由，路由器需要计算新链路的状态信息，再根据这些状态信息来计算路由。

4. 链路层

下面讨论 QoS 时的链路层以局域网（LAN）技术为例。根据分层模型，如果 IP 包承载在 LAN 上，那么 LAN 技术就必须支持高层的 IP QoS 机制。ATM LAN 已经能够支持 QoS，因此下面侧重于另外一种最常见的 LAN 技术——以太网（Ethernet）支持 QoS 的技术。

LAN 标准 IEEE 802.1q 和 IEEE 802.1d 扩展了以太网的帧格式，增加了 4 B，包括在以太网上传输数据时的 VLAN（Virtual LAN）标记和显式的 "user_priority" 字段。IEEE 802.1d 的 "user_priority" 字段（以前在 IEEE 802.1p 中做了定义）使用 IEEE 802.1q VLAN 标记的 3 bit 定义了 8 种以太网上的流量类型。对于以太网交换机上的某端口上的一定数量的队列，IEEE 802.1d 定义了使用哪种流量类型，以及如何把它们指派给这些队列的方式。将 DiffServ 模型的服务类型映射到 IEEE 802 类型的 LAN 上是一件很简单的事情，只需要将 DiffServ 的 DSCP（DiffServ Coding Point）值映射到 IEEE 802 的 "user_priority" 字段中就可以了。而将 InterServ 模型的服务类型映射到 IEEE 802 类型的 LAN 上就没有那么容易了，因为 InterServ 使用了信令协议 RSVP，而 IEEE 802 类型的 LAN 没有与 QoS 相关的信令机制。为此，IETF 制定了子网带宽管理（SBM）协议（RFC2814），它是一种工作在 IEEE 802 类型 LAN 网络上的、基于 RSVP 的许可控制信令协议。SBM 提供了一种把因特网级的 "setup（建立）" 协议（如 RSVP）映射到 IEEE 802 类型网络上的方法，尤其是提出了一种 RSVP 使能的主机/路由器与链路层设备（如交换机、桥）的互操作机制，以支持为 RSVP 使能的数据流能够预留 LAN 资源。

5.4　网络应用业务的负载均衡设计

5.4.1　负载均衡原理与技术

不均衡的流量分布将导致拥塞，这是网络引起 QoS 问题的最主要原因之一。即使一个网络的平均链路利用率可能会比较低（如 30%），但在该网络中的某一小部分链路的利用率完全有可能接近 100%。这些拥塞的链路将导致包延迟加长和出现抖动，甚至导致包丢失。导致网络中出现这些拥塞热点的原因可能是：

- 无法预期的事件，如线缆被切断或设备出现故障；
- 流量模式发生大的变化，而网络路由、拓扑和容量没有及时得到调整。

在骨干网中，不可能指望在合适的时间和合适的地点总是具有足够的容量。因此，一个 Web 站点的突然启用，一个计划外的多媒体流量广播或不断变化的需求都可能会导致网络中某些链路出现拥塞。

负载均衡（Load Balance）建立在现有网络结构之上，它提供了一种廉价、有效、透明的方法扩展网络设备和服务器的带宽、增加吞吐量、加强网络数据处理能力、提高网络的灵活性和可用性。负载均衡有两方面的含义，首先，大量的并发访问或数据流量分担到多台节点设备上分别去处理，减少用户等待响应的时间；其次，单个重负载的运算分担到多台节点设备上做并行处理，每个节点设备处理结束后，将结果汇总，并返回给用户，使系统处理能力得到大幅度提高。主要的负载均衡技术如下所述。

（1）DNS 负载均衡。最早的负载均衡技术是通过 DNS 来实现的，在 DNS 中为多个地址配置同一个名字，查询这个名字的客户机将得到其中一个地址，从而使得不同的客户访问不同的服务器，达到负载均衡的目的。DNS 负载均衡是一种简单且有效的方法，但是它不能区分服务器的差异，也不能反映服务器的当前运行状态。

（2）代理服务器负载均衡。可以使用代理服务器将请求转发给内部的服务器，使用这种加速模式显然可以提升静态网页的访问速度。然而，也可以考虑这样一种技术，即使用代理服务器将请求均匀地转发给多台服务器，从而达到负载均衡的目的。

（3）地址转换网关负载均衡。支持负载均衡的地址转换网关可以将一个外部 IP 地址映射为多个内部 IP 地址，对于每次 TCP 连接请求，动态地使用其中一个内部地址，达到负载均衡的目的。

（4）协议内部支持负载均衡。除了上述三种负载均衡方式之外，有的协议内部支持与负载均衡相关的功能，例如，HTTP 协议中的重定向能力等。

（5）NAT 负载均衡。简单地说，网络地址转换（Network Address Translation，NAT）是将一个 IP 地址转换为另一个 IP 地址，一般用于未经注册的内部地址与合法的、已获注册的 Internet IP 地址间进行转换，适用于解决 Internet IP 地址紧张、不想让网络外部知道内部网络结构等场合。

（6）反向代理负载均衡。普通代理方式代理内部网络用户访问 Internet 上服务器的连接请求，客户端必须指定代理服务器，并将本来要直接发送到 Internet 上服务器的连接请求发送给代理服务器处理。反向代理（Reverse Proxy）方式以代理服务器来接收 Internet 上的连接请求，然后将请求转发给内部网络上的服务器，并将从服务器上得到的结果返回给 Internet 上请求连接的客户端，此时代理服务器对外就表现为一个服务器。反向代理负载均衡技术把将来自 Internet 上的连接请求以反向代理的方式动态地转发给内部网络上的多台服务器进行处理，从而达到负载均衡的目的。

（7）混合型负载均衡。在有些网络系统中，由于多个服务器群内硬件设备、各自的规模、提供的服务等的差异，可以考虑给每个服务器群采用最合适的负载均衡方式，然后在这多个服务器群间再一次进行负载均衡或群集起来以一个整体向外界提供服务（即把这多个服务器群当成一个新的服务器群），从而达到最佳的性能。这种方式称为混合型负载均衡，该方式有时也用于单台均衡设备的性能不能满足大量连接请求的情况。

5.4.2 多条宽带线路下的负载均衡

随着宽带网络应用的飞速发展，一些对带宽、线路稳定性有特殊要求的网络环境（如企业网、大规模网吧、校园网、小区智能网）往往需要从运营商那里申请多条宽带线路，以此来提高上网速度，于是一个非常普遍的问题就被提出来了：在多条宽带线路的网络环境中，如何来实现线路备份和负载均衡？

解决这些问题的办法有多种方式和手段，其中最直接的是通过路由器提供的特性来解决。当前大多数交换机厂商的 3 层接入交换机都可以通过相关协议的配置来实现以下策略，下面将一一讨论这些策略。

1. 负载均衡策略

（1）基于线路的均衡策略。可以针对不同的线路端口设置不同的优先级来实现线路的负载均衡。例如，在 Internet 上有很多的游戏服务器，而每个服务器所走的线路也是不一样的，这时可以利用交换机上提供的优先线路策略。在优先线路策略中，如果某个线路断开了（如路由协议超时仍没收到 Hello 包，或者端口状态 down 掉），交换机就会根据路由配置的优先级选择策略自动选出一条线路，然后切换过去。

（2）基于带宽和访问目的均衡策略。设置基于带宽和访问的目的地址的负载均衡，这是交换机的缺省负载均衡策略，它可以连接到交换机上的不同宽带线路，根据不同的带宽和访问的目的地址作为优先级的依据来实现负载均衡功能。

（3）带宽和源均衡策略。设置基于带宽和源地址的负载均衡策略。在有些网络环境中，可能会有这样一种需求：根据 IP 地址来优先选取是走电信线路，还是走网通线路，而且相互备份，即如果电信线路出现了故障，原先走电信线路的客户端可以优先走到网通线路。

（4）分组均衡策略。可以为内部的客户端进行合理分组，设置不同的分组走不同宽带线路的策略。例如，在企业网中设置了 VIP 区和普通用户区，VIP 区走线路速度比较快的光纤，普通用户区走线路速度相对慢一些的 ADSL，来实现不同分组走不同宽带线路的目的。

2. 负载均衡的实现

下面介绍在接入交换机上实现负载均衡配置的几种常用路由技术，以及它们在均衡性能上的优劣比较。

（1）基于 RIP 实现负载均衡。RIP 在负载均衡方面的明显不足的关键原因是其缺乏动态负载均衡能力。例如，一台路由器具有两条到达另一台路由器的串行链路，在理想情况下，此路由器会尽可能平等地在两条串行链路中分配流量，这会使两条链路上的拥塞最小，并优化性能。但 RIP 不具有这样动态负载均衡的能力，它会使用首先知道的一条物理链路，并在这条链接上转发所有的报文，即使在第二条链路可用的情况下也是如此。改变这种情况的方式是路由器接收到一个路由更新消息，通知它到任何一个目的地的度量发生了变化。如果更新指出到目的地的第二条链路具有最低的耗费，它就会停止使用第一条链路而使用第二条链路。RIP 适用于跳数相对小的自治系统，例如，15 跳的跳数限制使得网络拓扑的直径最大是 15 跳。

（2）OSPF 实现负载均衡。路由负载均衡能力较弱，虽然 OSPF 能根据接口的速率、连接可靠性等信息，自动生成接口路由优先级，但对于通往同一目的地的不同优先级路由，OSPF 只选择优先级较高的转发，不同优先级的路由不能实现负载分担，只有相同优先级的，才能达到负载均衡的目的。

（3）EIGRP 实现负载均衡。在负载均衡能力上，EIGRP 实现与 OSPF 实现相比，其优先级的确定更为智能。EIGRP 可以根据优先级不同，自动匹配流量。去往同一目的地的路由表项，可根据接口的速率、连接质量、可靠性等属性，自动生成路由优先级，报文发送时可根据这些信息自动匹配接口的流量，达到几个接口负载分担的目的。但其不足之处是此协议只是 CISCO 公司的私有协议。

（4）多设备多线路的线路备份。VRRP 热备份协议是 RFC 中规定的标准线路备份和负载均衡协议（CISCO 有一个相对应的协议叫做 HSRP 协议）。若用户有 2 台交换机，便可以设置 2 个 VRRP 组，每个组都有一个虚拟的 IP 地址；内部的 PC 也分为两个组，这两个组设置的缺省 IP 地址分别是 2 个 VRRP 组的虚拟的 IP 地址。然后在 2 台交换机上设置不同的线路优先级，这样便可以实现内部不同的分组，从不同的交换机上不同的宽带出口去访问因特网。

根据 VRRP 协议，2 台以上的交换机会选出一台作为主交换机（Master）。Master 在缺省时间内（1 s）会向其他备份交换机发出一个广播报文（即 Hello 报文），向其他备份交换机表明自己工作正常，如果备份交换机很长时间（RFC 规定是 3 倍的广播加一个偏移值）内收不到这个广播报文，就开始由静默转为活跃，自己向网络发出 Hello 广播报文，并在 Hello 报文中附带自己的优先级，这样许多备份交换机通过比较彼此的优先级重新选举出一个新的 Master 来负责缺省路由的职能，这样 VRRP 协议便可以自动地进行切换，以实现备份的目的。在 VRRP 协议中，还有一个监控线路（Track）的功能，例如，可以监控出口的宽带，如果远方线路断开了，这时 Master 就可以自动地把自己的 VRRP 优先级别降低，它的 Hello 广播报文中携带的优先级也相应降低，这时如果备用路由器的优先级比它高，那么线路便很快地切换到这台交换机上去。

5.4.3 负载均衡设计案例

本节将介绍一个网站架构负载均衡设计方案。

1. 技术实现

（1）负载均衡。2 台同样配置的 Linux 服务器，内核支持 lvs，配置 keepalived 工具，即可实现负载转发。一旦其后的真实服务器出现故障，keepalived 会自动把故障机器从转发队列删除掉，等到故障修复，它又会自动把真实服务器的地址加入转发列表。由于 lvs 支持会话保持，因此对于 bbs 这样的应用，一点也不用担心其登录丢失。

（2）mysql 主从复制。既保证了数据的安全，又提高了访问性能。在前端的每个 Web 服务器上加入 mysql proxy 这个工具，即可期待实现读写的自动分离，让写的操作发生在主数据库，让查询这类读操作发生在从数据库。

（3）nagios 平台。nagios 是一个开源的、受广泛欢迎的监控平台，它可对主机的存活、系统资源（磁盘空间、负载等）、网络服务进行实时监控。一旦探测到故障，将自动发送邮件（短信）通知故障。

（4）备份。包括 Web 数据和数据库服务器的备份。对于 Web 服务而言，GNU tar 即可实现备份的一切愿望。简单地设置一下 crontab 就可以让系统自动备份。但是，由于空间的限制，不可能一直备份下去，所以要制定一个合适的策略，以不断地用新的备份数据去替换陈旧的备份数据，可依据磁盘容量决定替换周期。对于数据库，先 mysqldump 一下，再tar.完成这些工作后把备份文件传输到备份服务器集中。一个比较省事的方法是把备份服务器以 NFS 方式挂接到 Web 服务器及数据库服务器。

（5）Web 服务器。至少包括 apache 和 mysql proxy 这两个组件。apache 作为 bbs 和 blog 的容器，以虚拟机的方式把用户的请求转发到 bbs 目录或 blog 目录。

（6）安全措施。包含两层安全，一层是主机本身，另一层是结构（mysql 从外部网络隔离）。实践证明，iptables 是一个非常值得信赖的防火墙工具。在实际应用中，采取先关门后开窗的策略，大大增强系统的安全性。

2. 组件

（1）硬件。负载均衡 2 台（Dell 1950）、Web 服务器 2~3 台（Dell 1950）、数据库 2 台（Dell 2950）、存储 NAS（格式化后容量为 5 TB）、备份 4u 服务器（带磁盘阵列，容量为 5 TB）、监控服务器 1 台（Dell 1850）。

（2）软件。操作系统 centos 5（定制安装）、负载均衡 ipvsadm、keepalived、监控 nagios、Web 服务 apache+php、数据库 mysql、数据库代理 mysql proxy 等。

5.5　应用层的安全设计

5.5.1　应用层 DDoS 攻击的原理

按攻击所针对的网络层次可以把 DDoS 攻击分为网络层 DDoS（Net-DDoS）攻击和应用层 DDoS（App-DDoS）攻击。Net-DDoS 攻击主要利用现有低层（包括 IP 层和 TCP 层）协议的漏洞来发动攻击，具体细节在前面章节已经介绍了。

App-DDoS 攻击虽然也是利用泛洪式的攻击方法，但与 Net-DDoS 攻击不同的是，它利用了高层协议，如 HTTP。由于高层协议的多样性与复杂性，App-DDoS 攻击很难被检测到，而且高层协议通常具有较强的功能，可以实现多种复杂的功能，因此 App-DDoS 攻击所产生的破坏力远大于传统的 Net-DDoS 攻击。

App-DDoS 攻击有以下两种攻击方式：带宽耗尽型和主机资源耗尽型。

带宽耗尽型（如 HTTPFlooding）的目标是通过大量合法的 HTTP 请求占用目标网络的带宽，使正常用户无法进行 Web 访问。攻击的具体实现可以有多种不同的方式，攻击者可以通过单线程或多线程向目标 Web 服务器发送大量的 HTTP 请求，这些请求可以随机生成也可以通过拦截用户的正常请求序列然后重放产生。请求内容可以是 Web 服务器上的正常页面（如主页），也可以是重定向页面、头信息或某些错误文档，更复杂的可以是对动态内容、数据库查询的请求。攻击者甚至可以模拟搜索引擎采用递归方式，即从一个给定的 HTTP 链接开始，然后以递归的方式顺着指定网站上所有的链接访问，这也叫做爬虫下载（Spidering）。

主机资源耗尽型与 HTTPFlooding 不同，其目的是为了耗尽目标主机的资源（如 CPU、存储器、Socket 等）。攻击者用少量的 HTTP 请求促使服务器返回大文件（如图像、视频文件等），或促使服务器运行一些复杂的脚本程序（如复杂的数据处理、密码计算与验证等）。这种方式不需要很高的攻击速率就可以迅速耗尽主机的资源，而且更具有隐蔽性。与传统基于低层协议的 DDoS 攻击相比，App-DDoS 攻击具有以下特点。

首先，它利用了高层协议（HTTP）来实现。许多基于 Web 的应用（如 HTTP 或 HTTPS）通过开放的 TCP 端口（如 TCP 端口 80 与 443）为客户提供服务，因此低层的检测系统很难判断经过这些开放端口的用户请求是来自于正常用户还是来自于攻击者。这将导致针对 Web 应用的 App-DDoS 攻击请求可以顺利地穿越基于低层协议的检测系统，通过开放的 TCP80 端口直接到达 Web 服务器或网络数据库。

其次，由于 App-DDoS 攻击以高层信息流（HTTP 流）作为攻击手段，其实现以正常 TCP 连接和 IP 分组为前提，因此形成攻击的 HTTP 流不具备传统 DDoS 攻击的标志性特征（如 TCP 半开放连接和畸形 IP 数据报等），而且它无法采用虚假 IP 地址（虚假 IP 地址无法建立有效的 TCP 连接）的方法。越来越多的主机（包括个人主机和企业大型主机）全天候地连接互联网，为这种攻击提供了有利的条件和环境。

此外，由于高层的服务和协议差异很大，App-DDoS 攻击可以有多种不同的形式，而且一个简单的 HTTP 请求往往可以触发服务器执行一系列复杂的操作，如数据库查询、密码验证等，所以通过大量傀儡机向目标发送海量分组的攻击方式并不是 App-DDoS 攻击的唯一选择，它可以用低速率的请求、少量的攻击节点实现传统 DDoS 的攻击效果，这给现有的检测带来了很大困难。

2004 年的蠕虫病毒"Mydoom"及其后来的变体"Mytob"就是典型的 HTTPFlooding 攻击案例，而且也显示出目前 DDoS 攻击的发展趋势。该病毒采用了常用的 Web 服务器请求技术，通过模仿浏览器 IE 的请求文本，使 Web 服务器难以区分正常的和异常的 HTTP 请求，从而提高了攻击的破坏能力。由于所有的攻击请求都是由合法分组构成的，不具备传统 DDoS 攻击流的特征，因此攻击请求可顺利地穿越所有基于 IP 层和 TCP 层的检测系统，最终导致 SCO 和微软等知名网站的服务器崩溃。

5.5.2 新网络流特征导致 DDoS 检测的困难

应用层的 DDoS 攻击利用了高层协议和服务的多样性和复杂性，变得越来越复杂，因而更加难以检测。另一方面，网络技术的不断进化不但导致互联网的各种属性逐渐发生偏离，而且带来了许多新的特性，传统基于泊松分布和平稳随机过程的方法已经无法准确描述现代网络流的特性。在高速网络环境下逐渐增多的突发流正成为一种新的网络流特征，也为网络攻击提供了新的环境，这无疑对现代网络安全带来了新的挑战。

应用层的 DDoS 攻击所处的背景环境可以分为平稳背景流环境和突发流环境。平稳背景流是指那些流量随时间变化不大的网站，许多普通网站的流量都具有平稳的特性。突发流是现代网络流的一种新现象，近几年开始受到网络研究者的关注。对于 Web 应用来说，突发流是指海量的正常 Web 用户同时访问某一特殊的网站，从而导致 Web 服务器的访问量和相关网络的流量产生巨大的波动。典型的突发流事例包括：1998 年世界杯 Web 网站，2000 年悉尼奥运会网站，2000 年、2001 年、2002 年澳大利亚网球公开赛等体育网站的访问流量随比赛日程表出现的显著波动；遭受"9·11"恐怖袭击后 CNN 网站访问量的突增；Linux "红帽子"发布的首天，发布网站的访问量出现戏剧性的波动等。

可以预测，随着 Web 应用的不断推广，平稳背景流不再是互联网流量的唯一特征，具有突发流特征的 Web 网站将不断地增加，如网上拍卖活动、视频点播、大型活动的现场直播等。而且网络技术的发展也为突发流提供了有利的条件，例如，近年风靡全球的 P2P 就是一种具有典型突发流特性的网络。与传统的平稳数据流不同，突发流严重影响了通信网络和设备的性能，因此，如何有效处理突发流及区分隐藏于突发流中的 DDoS 攻击将成为网络研究中的新问题。

平稳背景流下的 App-DDoS 攻击检测/防御可以有以下的方法。

（1）请求速率/QoS 控制：使用统计方法判断每个 HTTP 会话的异常性，然后通过控制 HTTP 速率抵御攻击。

（2）基于"Puzzle"的方法：应用基于"Puzzle"的方法实现 App-DDoS 攻击的检测与防御。它的主要思路是：攻击常常是由程序执行的，而程序只能按预先设计的方案进行，不具有人的智能性，因此，当怀疑服务器处于攻击威胁时，可以生成一些简单的问题要求用户回答，如果返回的结果正确说明是正常用户，否则就是攻击源。

（3）基于"进攻"的防御方法：通过触发所有的客户（包括正常用户与攻击者）提高其请求速率可以有效排挤攻击者。其依据是攻击发生时，攻击者通常已经耗尽自身的链路带宽，而正常用户的带宽有较大的冗余，因此提高正常用户的请求速率可以有效降低攻击者对服务器入口处的带宽占有率。

从现有的研究来看，针对突发流环境下的 App-DDoS 攻击检测进行研究的文献并不多见。由于突发性与大流量是突发流与 App-DDoS 攻击的共同特征，因此，传统用于处理 DDoS 攻击的请求速率/QoS 控制方法并不能有效区分正常突发流用户的请求与 App-DDoS 攻击请求，原因如下所述。

首先，对汇聚流进行速率监控只能起到预警的作用，无法区分出攻击请求分组，如果采用随机丢弃客户请求分组的办法缓解服务器端的 Web 流量，有可能把正常用户的请求丢弃从而影响合法用户的访问。

其次，由于 App-DDoS 可以采用低速的攻击方式（如复杂的脚本程序与数据库查询），因此速率控制不一定能保证有效，而且速率控制一般只能适用于具有平稳特性的流的检测，无法应用于突发流和 App-DDoS 攻击流同时发生的场景。对每个 Web 用户分别进行 HTTP 请求速率监控也不足以有效检测 App-DDoS 攻击，因为攻击者可以利用现有的工具对攻击流进行成形。例如，采用间歇性脉冲方式的低速率攻击，在脉冲期间采用较高的速率攻击，脉冲结束后，攻击暂停等待下一个攻击脉冲的到来，这使每个攻击节点的平均请求速率非常低，不容易被检测。

再次，对现代 Web 服务器及网络，随着用户端带宽和 Web 页面复杂性的不断增长，正常用户的每次点击浏览行为有可能产生每秒几十个 HTTP 请求，这种速率已经与"Mydoom"

的攻击速率相当。现有基于流特征的检测方法一般隐含假设条件：攻击流与正常流存在统计上的差异，但是这个假设并不适用于突发流环境下的 App-DDoS 攻击检测。由于 App-DDoS 攻击者可以利用 HTTP 仿真工具组织攻击流，使攻击流模仿正常用户的请求流特性（包括 HTTP 请求速率、TCP 连接特性、IP 分组流特性等），因此，上述基于流特性的检测方法也不适用于这一类攻击。

有的研究者使用两个属性区分 DoS 攻击和正常突发流：DoS 攻击是由少量攻击主机急剧增长的请求率产生的，而正常突发流是由客户数量的增长造成的；DoS 攻击者通常是新用户，而正常突发流下的用户通常在突发流产生前都访问过该网站。因此通过约束每个访问客户机可使用的资源（如 TCP 连接数、占用 CPU 时间、占用缓存大小及用户响应时间）和比较新客户的比率来区分 DoS 攻击与正常突发流。但是，对于现代网络而言，这种方法的效果并不明显，原因如下所述。

首先，Web 应用的客户数量很大，因此不可能逐一确定每个客户可使用的合法资源数量，而且假设攻击由少量节点产生只能适用于传统的 DoS 攻击，随着网络的普及化，这种假设不适用于现代高速网络下的 DDoS 攻击。近期的互联网调查发现，现代的 DDoS 攻击通常与"僵尸网络"结合在一起，因此攻击者本身就能形成一个庞大的网络。另外，仅通过 IP 地址区分攻击也是不可行的，因为 App-DDoS 攻击请求通常由病毒程序产生，而病毒程序有可能驻留在合法的客户机上。

基于"Puzzle"的方法虽然具有检测与防御的功能，但是同样具有一些不足。

● 需要得到客户端的支持；
● 会干扰 Web 用户的正常浏览；
● 没有办法解决攻击程序与正常用户同处于一个终端的情况；
● 有可能导致互联网中的搜索引擎和缓存/代理等无法正常工作；
● 由于基于"Puzzle"的方法需要耗费大量服务器的资源（如 CPU 计算、内存等），在突发流环境下，难以实时处理海量的用户信息，而且其本身很容易成为 DDoS 攻击的目标。

基于"进攻"的方法同样需要客户端的支持，而且它的另外一个假设是服务器入口处具有足够的带宽，这在实际网络中是不可能实现的。由此可见，单靠传统的分组特征、流特征、速率分析来检测与控制突发流环境下的 App-DDoS 攻击是不够的。

5.5.3　有效检测突发流下 App-DDoS 攻击的方法

利用不同的协议，基于应用层的 DDoS 攻击并不局限于暴力的洪泛式攻击，可以有多种不同的表现形式，例如，Web 蠕虫的传播、针对 FTP 服务器的攻击、针对无线传感器的攻击及在具有显著突发流特性的 P2P 网络中的入侵与攻击行为等。因此，对于 App-DDoS 攻击检测来说，仍有大量工作要做，许多问题还需要进一步的探讨。下面仅从用户访问行为的角度介绍一种有效检测突发流下 App-DDoS 攻击的方法，以及相关的防御措施。

按照网络分层模型的理论，不同层次的信息流应该在对应的层次进行处理。App-DDoS 是一种高层攻击行为，简单地通过判断每一个进入服务器的 IP 分组、TCP 连接来实现高层攻击检测显然是不够的，而孤立地判断每一个 HTTP 请求的正常性也不足以有效检测 App-DDoS 攻击。针对 App-DDoS 攻击的检测系统应该建立在对应的层次才能获取足够的检测信息，并且寻找有效的观测信号来实现检测 Web 挖掘的研究指出，通过对 Web 用户的访问页面进行内容监控和分析，可以挖掘出用户的兴趣，而且其他一些研究也指出一个 Web 网站仅有 10%的内容被客户高频访问（约 90%），而且文件被访问的概率呈 Zipf 分布。这说明尽管访问者各不相同，但是在一定的时期内对给定的 Web 服务器的访问兴趣和访问行为是非常近似的。已有的研究也表明，对于突发流的场景，剧增的流量主要是由于用户数量的增长而产生的，不同用户的访问行为（包括用户的访问焦点、点击 Web 页面的次序、浏览时间间隔等）却是非常近似的，所以高层的 Web 用户访问行为特征可以作为 App-DDoS 攻击检测的有效信号。下面进一步阐述这种方法的有效性。

用户的访问行为可以由三个因素描述：HTTP 请求速率、页面阅读时间和请求对象序列（包括请求对象与各请求的先后次序）。因此，App-DDoS 攻击者（或者具有一定智能的攻击程序）可以从这三个方面模仿正常用户行为：小的 HTTP 请求速率、大的页面浏览时间和仿真的 HTTP 请求序列，前两者会降低攻击效果，而且只能通过增加被感染的计算机来弥补，提高了攻击难度。仿真 HTTP 请求序列包括以下两方面内容。

（1）仿真正常 HTTP 的流特征。这可以通过 HTTP 模拟工具实现，通过这种方法形成的攻击流具有一般正常流的特征属性（如到达率、阅读时间），因此不容易被检测出来。

（2）仿真正常用户的 HTTP 请求对象。简单的方法可能有四种：随机生成、预设、在线拦截并重放请求序列或者直接操控。

第一种方法是由攻击程序随机生成请求对象或者随机点击链接，由于是随机生成的，所以其访问的内容与正常用户相比将不具有明确的目的性。

第二种方法是由攻击程序预先设定一个攻击的 HTTP 请求序列，所表现出来的特征是周期性地重复浏览某些相同的页面对象。

第三种方法是拦截所在客户机的请求片断然后重放，但是由于被感染的客户机不一定会访问被攻击目标的 Web 服务器，因此这种方法并不能达到预期的攻击效果。

第四种办法是攻击者设置一个中心控制点，周期性地与病毒程序通信，并发布新的

HTTP 攻击请求序列。但由于这种方法需要不断地和控制点通信，容易暴露控制者所在位置，并且这种外部连接容易被客户机上的病毒检测系统或者防火墙所察觉和阻断。

从搜集到的资料来看，目前已经出现的，也是最简单有效的攻击方法是利用 HTTP 中的"GET/"方法直接请求网站主页，它仅需要目标网站的域名而不需要指定具体的对象文件名，因此简化了攻击程序。另外，主页一般是网站上被高频访问的页面，因此通过请求主页发动的 DDoS 攻击不容易被检测到。可见，尽管攻击者可以模仿浏览器发送 HTTP 请求，并通过仿真工具重新整合攻击流的流特性，使其接近客户的流特性，但是它始终无法实时、动态地跟踪和模仿正常用户的访问行为，因为只有 Web 服务器记录了所有访问者的访问记录，而这些分析结果是攻击者无法获取的。

基于用户行为的 App-DDoS 攻击检测方法首先利用大量正常用户的历史访问记录建立用户的 Web 访问轮廓（Profile），现有的 Web 挖掘技术可以实现这一功能。其次，利用建立的 Web 访问轮廓比较待测量用户访问行为的偏离程度，按照偏离程度的大小对不同 Web 用户的请求进行排队，偏离程度小的优先得到服务器的响应，偏离程度大的在资源紧张时将被丢弃。考虑到 App-DDoS 攻击是建立在正常 TCP 连接的基础上，单纯地通过高层丢弃或过滤攻击请求并不能有效地根治 App-DDoS 攻击，因为被攻击者操控的傀儡节点会继续向目标服务器发出攻击请求，这些攻击请求会促使服务器与傀儡节点继续建立新的 TCP 连接，从而耗费服务器资源，所以，对于这种持续不断的 TCP 连接请求，可以粗略判断为由攻击程序自动产生，因此较为彻底地抵御这种攻击的方法就是在高层进行检测过滤的基础上，进一步在传输层阻塞傀儡节点的TCP连接请求或隔离来自该IP地址的分组。由于App-DDoS攻击只能使用真实的 IP 地址，这种阻塞方法可以起到明显的抵御作用。

思考与练习题

（1）如何进行物联网应用业务的网络承载能力需求分析？

（2）简述物联网应用的通信量特征。

（3）对比分析 CoAP 协议和 HTTP 协议的主要特征。

（4）CoAP 协议有哪些消息类型？它们的特点是什么？

（5）简述 CoAP 请求/响应模型以及语义。

（6）CoAP 协议是如何考虑适应资源受限网络的特点的？是否仍存在不足？如何进一步改进（若有的话）？

（7）确保网络服务质量的主要实现机制有哪些？对比阐述其特点。

第6章

物联网系统设计的应用案例

6.1　智能家居行业中的物联网系统设计

6.1.1　智能家居物联网系统设计背景

随着信息社会的发展，网络和信息家电已越来越多地出现在人们的生活之中，而这一切发展的最终目标都是给人类提供一个舒适、便捷、高效、安全的生活环境。智能家居物联网是一个居住环境，是以住宅为平台安装有智能家居系统的居住环境，实施智能家居系统的过程称为智能家居集成。

1．智能家居物联网的起源

20 世纪 80 年代初，随着大量采用电子技术的家用电器面市，住宅电子化（Homen Electronics，HE）出现；80 年代中期，将家用电器、通信设备与安保防灾设备各自独立的功能综合为一体后，形成了住宅自动化概念（Home Automation，HA）；80 年代末，由于通信与信息技术的发展，出现了对住宅中各种通信、家电、安保设备通过总线技术进行监视、控制与管理的商用系统，这在美国称为 Smart Home，也就是现在智能家居的原型。

2．智能家居物联网能实现的功能和提供的服务

（1）始终在线的网络服务，与互联网随时相连，为在家办公提供了方便条件。

（2）安全防范，智能安防可以实时监控非法闯入、火灾、煤气泄漏、紧急呼救的发生。一旦出现警情，系统会自动向中心发出报警信息，同时启动相关电器进入应急联动状态，从而实现主动防范。

（3）家电的智能控制和远程控制，如对灯光照明进行场景设置和远程控制、电器的自动控制和远程控制等。

（4）交互式智能控制，可以通过语音识别技术实现智能家电的声控功能；通过各种主动式传感器（如温度、声音、动作等）实现智能家居的主动性动作响应。

（5）环境自动控制，如家庭中央空调系统。

（6）提供全方位家庭娱乐，如家庭影院系统和家庭中央背景音乐系统。

（7）现代化的厨卫环境，主要指整体厨房和整体卫浴。

（8）家庭信息服务，管理家庭信息及与小区物业管理公司联系。

（9）家庭理财服务，通过网络完成理财和消费服务。

（10）自动维护功能，智能信息家电可以通过服务器直接从制造商的服务网站上自动下载、更新驱动程序和诊断程序，实现智能化的故障自诊断、新功能自动扩展。

3．智能家居智能化系统的组成

家居智能化系统由以下三个方面组成。

● 家庭安全防范（HS）；
● 家庭设备自动化（HA）；
● 家庭通信（HC）。

在建设家居智能化系统时，依据我国有关标准，具体提出了以下的基本要求。

● 应在卧室、客厅等房间设置有线电视插座；
● 应在卧室、书房、客厅等房间设置信息插座；
● 应设置访客对讲和大楼出入口门锁控制装置；
● 应在厨房内设置燃气报警装置；
● 宜设置紧急呼叫求救按钮；
● 宜设置水表、电表、燃气表、暖气（有采暖地区）的自动计量远传装置。

4．智能家居的原型

智能家居概念的起源甚早，但一直未有具体的建筑案例出现，直到1984年美国联合科技公司（United Technologies Building System）将建筑设备信息化、整合化概念应用于美国康乃狄克州（Conneticut）哈特佛市（Hartford）的CityPlaceBuilding时，才出现了首栋的智能型建筑，从此也揭开了全世界争相建造智能家居的序幕。

5．第一个智能家居相关标准

1979年，美国的斯坦福研究所提出了将家电及电气设备的控制线集成在一起的家庭总线（HOMEBUS），并成立了相应的研究会进行研究。1983年美国电子工业协会组织专门机构开始制定家庭电气设计标准，并于1988年编制了第一个适用于家庭住宅的电气设计标准，即家庭自动化系统与通信标准，也称为家庭总线系统标准（Home Bus System，HBS）。在其制定的设计规范与标准中，智能住宅的电气设计要求必须满足以下三个条件，即

- 具有家庭总线系统；
- 通过家庭总线系统提供各种服务功能；
- 能和住宅以外的外部世界相连接。

6．中国智能家居物联网与智能小区的关系

智能家居可以成为智能小区的一部分，也可以独立安装。我国人口众多，城市住宅也多选择密集型的住宅小区方式，因此很多房地产商会站在整个小区智能化的角度来看待家居的智能化，也就出现了一统天下、无所不包的智能小区。欧美由于独体别墅的居住模式流行，因此住宅多散布城镇周边，没有一个很集中的规模，当然也就没有类似国内的小区这一级，住宅多与市镇相关系统直接相连。这一点也可解释为什么美国仍盛行 ADSL、Cable Modem 等宽带接入方式，而国内光纤以太网发展如此迅猛。因此，欧美的智能家居多独立安装，自成体系。而国内习惯上已将它当做智能小区的一个子系统考虑，这种做法在前一阶段应该是可行的，而且是实用的，因为以前设计选用的智能家居功能系统多是小区配套的系统。但智能家居最终会独立出来成为一个自成体系和系统，作为住宅的主人完全可以自由选择智能家居系统，即使是小区配套来统一安装，也应该可以根据需要自由选择相应产品和功能，可以要求升级，甚至如果对整个设计不感兴趣，也完全可以独立安装一套。智能家居实施其实是一种"智能化装修"，智能小区只不过搭建了大环境、完成了粗装修，接下来的智能化"精装修"要靠自己来实施。

如何建立一个高效率、低成本的智能家居系统已成为当今世界的一个热点问题。近年来，国际上许多大公司提出了相应的解决方案，但迄今为止，这一领域的国际标准尚未成熟，各国正努力研制适合于本国国情的智能家居系统。智能家居系统的提出和实现不仅会带来普通居民用户家庭生活方式上的变革，而且将波及工业控制等许多与 Internet 相关的嵌入式应用领域。而以智能家居为最基本构成单元的一个有序化网络体系结构的诞生则会为 Internet 注入新的生机和活力。

6.1.2　智能家居物联网系统设计案例分析

1．一种基于物联网的新型智能家居控制系统设计案例[60]

该系统是基于物联网的新型智能家居控制系统，以提升家居的安全性、便利性、舒适性、艺术性为目的，以智能化、人性化、高性价比为原则，是在现有智能家居技术上进行创新和设计的。该系统可以通过互联网、GSM 网、Wi-Fi 等网络对家居环境进行实时远程监控，并可对任意家电进行远程控制。同时，用户还可用手持无线语音遥控设备对任意的

家电进行控制，为用户带来全方位、全智能、高质量的智能家居服务。

该系统的构成有以下几个方面。

（1）中央控制器（单片机，如 ARM Cortex-M3、SST89E58RDA）：通过互联网远程发送信令到单片机，从而控制家电。

（2）门禁系统：可对来访者进行 IC 卡识别，若身份未能被识别，摄像头将自动采集来访者照片信息；当户主不在时，来客可以进行语音留言。

（3）空气质量检测与清新：当传感器感应到空气质量异常时，系统中的语音报警器将自动启动，同时臭氧发生器自动开启，换气扇同时工作，达到清新空气的目的。

（4）有线摄像头：在 PC 端可以实时了解室内情况。

（5）车载无线摄像头：通过互联网将视频反馈至远端 PC，可以全方位了解室内情况，达到实时监控室内情况的目的，也可以协助运送物品。

（6）手持无线语音遥控：通过语音控制家电。

（7）传感器模块：检测温度及烟雾浓度是否异常。

（8）GSM 模块：可以通过手机对家电进行远程控制；对温度及烟雾浓度的异常情况进行手机短信报警。

（9）无线数据传输模块：准确、稳定地将各个模块的数据传送到 PC，从而进行进一步的控制。

（10）Wi-Fi 模块：手持设备中设置 Wi-Fi 接入点，运行终端软件，同样可以实现在任何时刻、任意地点对家中的任意电器进行远程控制的目的，让用户尽享无线网络带来的便捷生活。

该系统利用物联网进行远程家电控制，同时对家居环境进行实时监控，并以无线的形式将数据（如视频信息、温度信息、空气质量信息、火灾信息等）发送到终端，同时也可以使用手持无线语音遥控设备进行控制等。该系统系统可应用于各种对安防要求较高的场所，如住宅、银行、工厂等。智能家居与先进的无线通信技术相结合，是智能家居的发展趋势。

2. 一种智能家庭主从 RFID 系统体系结构[61]

智能家居能应用物联网概念和 RFID 技术创建普适化的服务，存在一些用于智能家居的使用识别技术的体系结构方法，一个方法是将电器装备固定 RFID 阅读器来识别周围电器的标签，但像 UHF（Ultra High Frequency）标准的固定 RFID 阅读器用于家用电器联网的部署会显得体积大且昂贵；第二种方法是使用一种用于多个电器的多天线 RFID 阅读器（这些电器每个都有专门的天线），这种解决方案减少了单个电器 RFID 阅读器的成本，但这种方案不是很流行，它需要很高成本的电缆安装与维护；第三种方案是家庭成员配备手持移动 RFID 阅读器，从而能携带之在不同房间移动，当家庭成员进入一个房间时，移动 RFID 阅读器读取它覆盖范围内的 RFID 标签信息，信息被显示在移动阅读器显示屏上并被转发到家庭监控中心。

当前市面上的 NFC（Near Field Communication）移动电话，能被用来做一对一的标签阅读，但它们能工作的阅读距离大约为 5 cm。此外，RFID UHF 移动阅读器的阅读距离大约有 2 m。但与智能移动装置相比，目前体积仍太大、重量太重、耗能太多，因此不是很适合于家庭环境。另一个问题是人们仅愿意到处携带的是单一移动装置，这包括电话和 RFID 阅读器等。图 6-1 展示了智能家庭环境的体系结构，阅读器与标签间的通信协议是基于 RFID 标准协议，如 UHF，它是一种智能家庭主从 RFID 系统体系结构（Smart Home Master-Slave RFID System Architecture）。

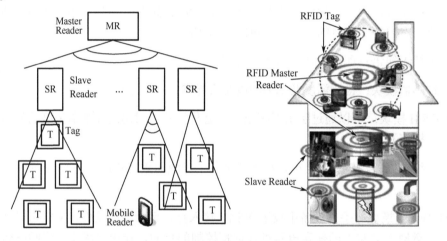

图 6-1　智能家庭主从 RFID 系统体系结构

（1）智能家庭主从 RFID 系统体系结构中的阅读器组件。

① 主阅读器（Master Reader，MR）。主阅读器是一种传统的功能强大的固定阅读器，具备与智能家庭服务器直接的固定连接或无线连接，可完成智能家庭系统所需的阅读器服务。它启动从阅读器的阅读过程，并唤醒任何被动标签为其提供能量或进行任何其他服务。此外，它可收集条目级别信息并转发到后端做进一步处理，进入其范围内的任何类型 MRFID 阅读器都能够被直接连接或通过从阅读器连接。MR 能够与智能家庭中其他 MR 通信，它也能充当 MRFID 阅读器与本地或远程服务器系统间的代理来提供信息服务。

② 从阅读器（Slave Reader，SR）。从阅读器是一种简化的阅读器，它充当中继来捕捉标签信息，这些信息是主阅读器不能直接读取的，因为主阅读器的无线信号无法直接覆盖这些标签。从阅读器可以集成到家用电器上。此外，当从阅读器的物理位置为系统所知时，

从阅读器的位置能够被用来定位标签。

③ 移动 RFID（Mobile RFID，MRFID）阅读器。传统 MRFID 阅读器假定具备诸如唤醒被动标签、发起读/写过程、标签和阅读器冲突管理、与本地或远程服务器通信等功能，这些都是很耗能量的处理过程。取决于人的移动或读取距离，更大的读窗口被需要来取得100％的标签检测率，它意味着更长的 MRFID 阅读器主动操作时间。在该体系结构中，主/从阅读器充当所谓的 RF 能量产生器，以及给标签唤醒和使其工作的能量。MRFID 阅读器总是面对标签的，而这些标签由主/从阅读器供电和唤醒，因此，MRFID 阅读器充当一个被动阅读器，不需要任何唤醒程序来启动。

（2）RFID 阅读器服务通信。图 6-2 展示了阅读器系统组件和智能家庭内部和外部服务间服务通信的高层体系结构。

识别过程由面向 RFID 阅读器系统的智能空间识别服务应用所发起，如图 6-2 的步骤 1 所示，主阅读器唤醒位于其无线信息范围内从阅读器和标签（步骤 2）。若经过主阅读器的首次唤醒呼叫仍未唤醒，从阅读器使用同样的方式处理（步骤 3）并唤醒它范围内的标签。从阅读器和标签发送它们的身份信息给主阅读器（步骤 4），它收集和移去冗余信息并发送其到智能空间目标服务器做进一步处理（步骤 5）。来自标签的复制的冗余信息稍后被用于标签的容错和定位。从阅读器在理论上能负责更多的标签信息处理，但从阅读器的智能由成本和复杂性约束决定。另外，系统能支持由具有和不具有嵌入式 RFID 阅读器能力的移动装置发起的 RFID 服务，存在以下四种可能。

① 为智能手机的 RFID 阅读器服务。在一定程度上，智能手机能被用于访问 RFID 标签信息，智能手机需要使用诸如 WLAN 的无线连接来与智能空间 RFID 主/从阅读器系统通信。智能手机发送关于诸如如下信息的询问，即智能手机发送对主从 RFID 阅读器系统的兴趣条目的询问，而主从 RFID 阅读器系统提供了关于这些条目所需的信息。

② MRFID 阅读器和标签交互的常规方法。在这种方法中，用户配备了移动 RFID 阅读器，通过直接接触，应该知道更多关于一个特定条目的信息。这种方法在短的操作时间内工作得很好，但在复杂的具有多标签的搜索服务中，时间和能量消耗都很大。

③ MRFID 阅读器和标签通过主/从阅读器通信。

（a）主/从阅读器作为 MRFID 阅读器和标签间的代理。在这种方法中，MRFID 阅读器与标签通信使用的是主/从系统作为代理。MRFID 阅读器发送诸如搜索轮廓（Search Profile）到主/从阅读器，主/从阅读器唤醒 MRFID 阅读器邻近区域合适的标签，或导航到感兴趣的条目位置。在第一种情况下，条目以及 MRFID 阅读器消耗侦听模式下的信息，这种情况下的优势是可能会避免由移动阅读器发起的多标签冲突过程的能量消耗，另一种好处是可能授权主/从阅读器对移动阅读器的唤醒程序。

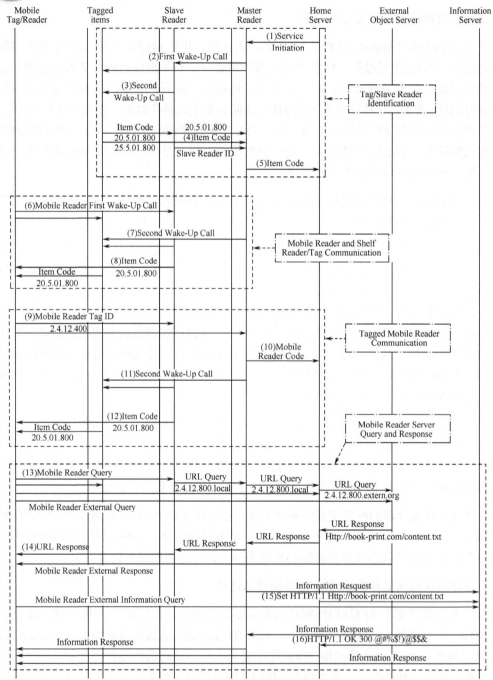

图 6-2　RFID 基本服务体系结构

（b）主/从阅读器作为能量源。这种方法类似（a），但主要差别是，主从系统仅充当 RF 能量源用于标签的唤醒与操作。

在（a）和（b）中，主/从和 MRFID 需要同步它们的通信。所以，MRFID 阅读器仅发送第一个唤醒信号（步骤 6），主/从阅读器继续进行第二次唤醒呼叫标签同步到第一个 MRFID 阅读器唤醒信号（步骤 7），标签发送它们的 ID 信息（步骤 8），MRFID 消耗侦听模式下的信息。

④ 被标记的 MRFID 阅读器用于自动识别和导航。在优化情形下，MRFID 阅读器装备一个装置识别标签，能被从主/从阅读器系统中自动识别。例如，若具有身份标签的移动阅读器进入一个购物场所，它将被此区域的（主或从）阅读器所检测（步骤 8）。这个特征允许额外服务，如 MRFID 阅读器的用户的位置或导航在智能空间。步骤 10～12 类似于步骤 5、7 和 8。

在所有这些方法中，MRFID 阅读器能够从本地、外部目标服务器或任何其他信息服务器的智能空间查询额外信息（步骤 13～16）。

（3）智能家庭 NFC 和 RFID 服务。智能家庭服务能够基于 NFC、RFID 或同时基于两者。

服务 1：NFC 服务

NFC 服务能够用于诸如购物、老年人护理等应用。在购物中，用户创建感兴趣的条目图标，并插入其到家用电器上，如冰箱等。用户访问冰箱并控制烹饪条目的可用性。万一缺少了条目，则从附带到电器上的条目表中装载。这些表是一批 NFC 标签，它们被附带到 A4 纸或塑料封面上。在塑料封面的上面，具有条目印刷图片的 A4 纸被固定，如图 6-3 所示。图片准确位于 NFC 标签上。用户触摸具有 NFC 电话的图片之一，购物应用程序将加条目到购物列表。

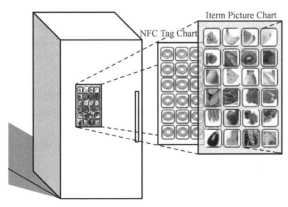

图 6-3　具有 NFC 标签的冰箱条目表

服务2：基于RFID的服务

在这种情形下，条目堆的控制更容易实现，因为UHF阅读器能同时读取多个标签。用户开冰箱并使用一个触摸操作，便可读取所有条目。购物应用程序通过使用烹饪单来控制堆栈列表，并自动产生购物列表。

服务3：结合RFID和NFC的服务

在这种情形下，移动阅读器有能力在同时间段或在不同时间段读RFID和NFC标签。RFID阅读器的多重标签读取能力能够在发生多重标签读取时选择感兴趣的条目，但会导致一些混乱，这种方案有助于发现条目潜在的位置。在这种情形下，条目与它们的位置关联，例如，通过货架上的NFC标签。在放条目到货架上之前，移动NFC阅读器先读取货架的ID。这种应用将货架和条目的ID关联在一起。在搜寻服务期间，RFID阅读器能够立即读取所有条目，并且应用程序通过使用前面若干步骤中的位置上下文信息能够定位阅读的条目。

（4）智能家居服务用例。

① 洗涤。在这种用例下，衣服附带了RFID标签以便表示有关颜色、质地、合适的洗涤程序等信息。智能家居洗涤系统由一个主RFID阅读器和若干位于干净衣架、脏衣容器盒，以及洗衣机上的从阅读器构成。家居洗涤控制应用程序监控每个RFID阅读器区域的衣服数量并自动报警，若衣服数量达到设定的阈值，将建议一个能量感知的洗衣程序。当洗衣机装载时，阅读器检查用户放入机器的衣服的兼容性。此外，控制应用程序不断地监控是否仍有脏衣服待洗。

另一种可能是使用引入的具有外部RF能量产生器的MRFID阅读器作为一个代价优化方案，它由用户携带从一个电器到下一个来收集所需信息。

② 烹饪。烹饪用例使用了RFID识别和因特网服务，可基于弹性参数选择和其他要求，如健康和保健，提出相应的饮食菜单。冰箱、货架、灶上的从阅读器与厨房的主阅读器通信，应用客户与服务器交互来寻找最新的条目堆位置来准备一份购物单。类似于洗涤应用，MRFID阅读器也能被用于此用例。

③ 卫生保健、药物治疗、远程监控。从医院返回到家里的老年人或病人需要特定的医药治疗和疾病管理程序，他们需要使用引入的RFID阅读器系统来进行程序过程控制。

场景以一个日常疾病及药物治疗开始，在这个例子中，用例使用了具有外部RF能量产生器的方案，如图6-4所示。

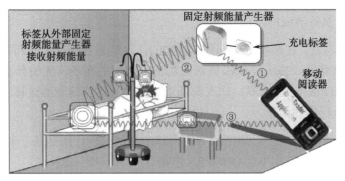

图 6-4 使用外部 RF 能量产生器的家庭恢复与药物治疗保障

MRFID 从房中 RF 能量产生器（见图 6-4 的①）中获得能量，RF 能量产生器能够唤醒其范围内的标签（见图 6-4 的②），MRFID 侦听标签响应（见图 6-4 的③）。

图 6-5 描述一个使用了 RFID 的家庭远程监控的用例，此用例可捕获病人信息和疾病状态，并与医院工作人员通信来更新医疗日记。

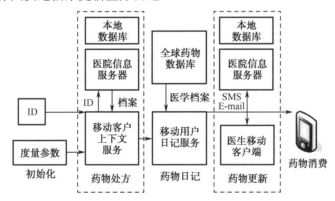

图 6-5 基于 RFID 的家庭远程访问监控

步骤 1：系统初始化和信息捕获。用户启动一个 RDID 监视用例，RFID 阅读器系统（如 MRFID 阅读器）唤醒标签以便进行信息交换（根据前面描述的 RFID 阅读器方法之一），MRFID 阅读器查询附带标签的人和药物以进行识别。

步骤 2：药物处方。发送病人和药物信息到医院，医生使用档案（Profile）和药物数据库分析病人状态。

步骤 3：药物日记。医生使用全球药物数据库，根据疾病状态和药物处方详细描述新的药物日记。

步骤 4：药物更新。医生发送药物日记到其移动终端、医院的服务器、病人的家庭服务器或移动装置，这能够根据医生的决定在线完成或离线完成，日记同步能够由 SMS、E-mail、基于 Web 的客户-服务器应用程序完成。

步骤 5：药物消费。在药物消费期间，病人的移动装置管理有关新药物日记的药物和警报，并为病人提供帮助。病人使用根据新药物日记绘制的图表，无论什么时候，通过触摸图表上相应的 RFID 或 NFC 标签，病人都能遵循医疗程序。这能通过移动客户应用程序进行控制，方便下一轮药物治疗。

所有这些应用都是基于前面介绍的方案进行工作的，软件层是基于客户-服务器体系结构，其使用了 HTTPS 协议和 WLAN/GPRS 连接。

6.2　智能医疗行业中的物联网系统设计

6.2.1　智能医疗物联网系统设计背景

由工业和信息化部牵头制定的《物联网"十二五"发展规划》将智能医疗作为重点支持的九大领域之一，智能医疗实用性强、贴近民生、市场需求旺盛。

1. 智能医疗发展趋势

物联网技术被广泛用于外科手术设备、加护病房、医院疗养和家庭护理中，智能医疗结合无线网技术、条码 RFID、物联网技术、移动计算技术、数据融合技术等，进一步提高医疗诊疗流程的服务效率和服务质量，提升医院综合管理水平，实现监护工作无线化，全面改变和解决现代化数字医疗模式、智能医疗及健康管理、医院信息系统等的问题和困难，并大幅度提高医疗资源共享程度，降低公众医疗成本。

通过电子医疗和 RFID 物联网技术能够使大量的医疗监护的工作实现无线化，而远程医疗和自助医疗，信息及时采集和高度共享，可缓解资源短缺、资源分配不均的窘境，降低公众的医疗成本。

依靠物联网技术，可实现对医院资产、血液、医疗废弃物、医院消毒物品等的管理；在药品生产上，通过物联网技术可实现对生产流程、市场的流动以及病人用药的全方位检测。

依靠物联网技术通信和应用平台，可实现实时付费，以及网上诊断，网上病理切片分析，设备的互通等；实现家庭安全监护，实时得到病人的各种各样的信息。

通过物联网技术可实现灾难现场医疗数据的采集，包括互连互通的各种医疗设备，特别是对于次生灾害造成的损失，可通过物联网实现现场的统一资源的调度。

基于物联网技术的智能医疗使看病变得简单，举一个最简单的例子：患者到医院，只需在自助机上刷一下身份证就能完成挂号；到任何一家医院看病，医生只需输入患者身份证号码，就能立即看到之前所有的健康信息、检查数据；在患者身上佩带传感器，医生就能随时掌握患者的心跳、脉搏、体温等生命体征，一旦出现异常，与之相连的智能医疗系统就会预警，提醒患者及时就医，还会传送救治办法等信息，以帮患者争取救治的黄金时间。

2．智能医疗发展现状

智能医疗的发展分为七个层次。

一是业务管理系统，包括医院收费和药品管理系统。

二是电子病历系统，包括病人信息、影像信息。

三是临床应用系统，包括计算机化医生医嘱录入系统（CPOE）等。

四是慢性疾病管理系统。

五是区域医疗信息交换系统。

六是临床支持决策系统。

七是公共健康卫生系统。

总体来说，我国处在第一、二阶段并向第三阶段发展的阶段，还没有建立真正意义上的 CPOE，主要是缺乏有效的数据，数据标准也不统一，加上供应商欠缺临床背景，在从标准转向实际应用方面也缺乏标准指引。我国要想从第二阶段进入到第五阶段，涉及许多行业标准和数据交换标准的形成，这也是未来需要改善的方面。国内在远程智能医疗方面发展比得较快，比较先进的医院在移动信息化应用方面其实已经走到了前面。例如，可实现病历信息、病人信息、病情信息等的实时记录、传输与处理利用，使得在医院内部和医院之间通过连网，实时、有效地共享相关信息，这一点对于实现远程医疗、专家会诊、医院转诊等可以起到很好的支撑作用，这主要源于政策层面的推进和技术层的支持。但目前欠缺的是长期运作模式，缺乏规模化、集群化的产业发展，此外还面临成本高昂、安全性及隐私问题等，这也将刺激未来智能医疗的发展。

3．未来智能医疗发展方向

将物联网技术用于医疗领域，借助数字化、可视化模式，可让更多人共享有限的优质医疗资源。从目前医疗信息化的发展来看，随着医疗卫生社区化、保健化的发展趋势日益明显，通过射频仪器等相关终端设备在家庭中进行体征信息的实时跟踪与监控，通过有效的物联网，可以实现医院对患者或者亚健康病人的实时诊断与健康提醒，从而可有效地减少和控制病患的发生与发展。此外，物联网技术在药品管理和用药环节的应用过程也将发挥巨大的作用。

随着移动互联网的发展，未来医疗向个性化、移动化方向发展，手机用户将会使用移动医疗应用，如智能胶囊、智能护腕、智能健康检测产品将会广泛应用，借助智能手持终端和传感器，可有效地测量和传输健康数据。在未来几年，我国智能医疗市场规模将超过100亿元，并且涉及的周边产业范围很广，设备和产品种类繁多。这个市场的真正启动，其影响将不仅仅限于医疗服务行业本身，还将直接触动包括网络供应商、系统集成商、无线设备供应商、电信运营商在内的利益链条，从而影响通信产业的现有布局。

6.2.2　智能医疗物联网系统设计案例分析

1．一种有关健康保健方面的智能医疗物联网系统方案[62]

物联网（IoT）技术提供给卫生保健领域的益处很多，这类应用可大多分成：物体和人员（工作人员和病人）跟踪、人员的身份与鉴别、自动数据收集与感知。

跟踪是一种在对运动中的人或物进行鉴别的功能，这既包括实时定位跟踪，如病人流量监视以便于改善医院的工作流的情形，又包括穿过受控边界的运动跟踪，如对指定区域的访问。对于资产，跟踪是最常用于连续存货位置跟踪（如维护、所需时的可用性、对使用的监控）和材料跟踪，以防止手术期间的遗留（如样品和血液产品）。

① 身份与鉴别。对病人身份进行鉴别，以避免不利于病人的事件发生，如错误的药物、剂量、时间、程序或手续等；全面和通用电子病历卡（或病史档案）的维护，包括住院档案和门诊档案等；进行新生婴儿的鉴别，以防止母婴失配。对工作人员来说，为了更好地为病人服务、确保病人的安全，身份和鉴别是最常用于授予访问权和激励雇员士气的手段。在涉及资产方面，身份和鉴别主要用于满足安全程序的要求，防止盗窃行为或避免重要器械和产品的丢失。

② 数据收集。自动数据收集与传递的主要目的在于减少形式化的处理时间、实现处理（包括数据登录和收集错误等）自动化、维护和手续（程序）审计自动化、医药库存管理自动化。此功能也涉及集成 RFID 技术和其他健康信息和临床应用技术。

③ 感知。传感器装置以病人为中心，特别在诊断病人场景下，可提供关于病人健康指示的实时信息。应用领域包括各种远程医疗解决方案、监视病人遵循医药处方、发送病人健康状况的信号，传感器既能应用于住院病人的护理，又能应用于门诊病人的护理。在病人移动情况下，具有多样化的无线接入技术被集成来支持连续的生命信号监控，基于异构无线接入远程病人监控系统能够被部署来扩展病人的监控范围，无论病人身处何处，均能实现监控。

图 6-6 所示的一种健康保健监控网体系结构。

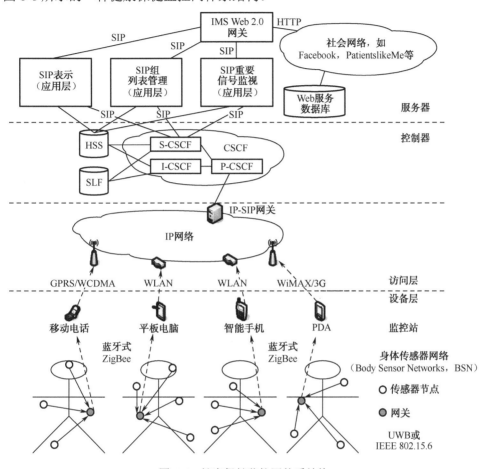

图 6-6　健康保健监控网体系结构

（1）装置层（Device Layer）。在人体传感器网络（Body Sensor Networks，BSN）中，人体的重要信息被监控并发送到位于体表的网关，网关再转发此信息到监控站。监控站是诸如蜂窝电话（Cell Phone）、平板电脑（Tablet PC）、智能手机（Smart Phone）、个人数字助理（Personal Digital Assistant，PDA）等无线设备，它通过 IP 接入网能够连到 IMS（IP Multimedia Subsystem）基础设施上。传感器通过使用超宽带（Ultra-Wideband，UWB）或正开发中的新标准（如 802.15.6）与网关通信。蓝牙（Bluetooth）或紫蜂（ZigBee）也可用于将数据从网关转发到监控站。

在普适监控中，BSN 中的上下文感知对合理解释生理信号至关重要，它将充分考虑环境因素和身体状况的演化。环境因素（如季节、气象条件、工作时间）有助于决定个体的上下文。

人体的重要信息（如呼吸）受多个因素影响，如性别、年龄、运动，基于个体的当前活动，人体状况会有一些变化。例如，心率的变化可由心电图测出，但在没有有关病人活动的上下文信息时，不能得到可靠的解释，因为心率变化可能是由于运动造成的，而非发病的征兆。因此，将传感器阅读与环境联系起来对上下文感知很重要，能够准确解释健康紧急事件。

感知的上下文信息被发送给位于人体体表的网关，由网关转发到监视站。使用特定算法处理这些数据、推测上下文以进行准确的事件检测。多种方法能够被用于这个目的，如人工神经网络、贝叶斯网络、隐马尔可夫模型等。

（2）访问层（Access Layer）。访问层负责监视站对无线信道的接入，这些信道使用的传输媒介包括 WLAN、WiMax、GPRS、WCDMA 等。

为了避免使 IMS 核心网过载，数据应该先被聚合、提炼、过滤。由于受限于低的处理能力、有限的电池容量等，BSN 的网关不适合执行这些功能，因此，可考虑选择监控站来完成。文献[63]给出的监控站体系结构，如图 6-7 所示。

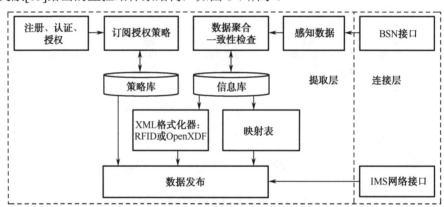

图 6-7　监控站体系结构

此体系结构由连接层（Connectivity Layer）和提取层（Abstraction Layer）组成。连接层有一个 BSN 接口和一个 IMS 网络接口。在提取层，传感器数据被处理、格式化、发送到 INS 核心网的应用服务器上。IMS 注册、认证、授权程序（控制安全与隐私）首先在监控站上执行，然后监控站与应用服务器间的订阅授权策略必须被建立。这些策略已被事先定义并存储在监控站的策略数据库（Policies Repository）中，它们取决于应用并指出哪种信息应该被周期性地发布，哪种应该基于紧急事件进行发布。获得的数据在监控站被处理，在这里使用数据聚合和一致性检查技术。然后，此数据被存储在信息库（Information Repository）中。接着，由基于定义在监控站的发布策略发布它，并且必须被表示成 IMS 兼容的格式。RFID 已被选择为基于开放 XML 的用户详尽表示信息（如活动、情绪、位置等）与表示服务器间的存储和交换的标准。OpenXDF 已经被选择作为基于开放 XML 的数字存储的标准，以及时间序列生理信号和元数据在监控站与重要信号监控服务器之间交换的标准。因此，根据这些标准，以及查询传感器和 IMS 之间的 ID 映射表，可将数据进行格式化，产生的 XML 文档被发送到各自的应用服务器并进行发布。SIP 标准 IMS 用于监控站与应用服务器间的通信。此外，当应用服务器想请求发布其传感器数据时，监控站也能接收来自此应用服务器的数据发布触发指令。

（3）控制层（Control Layer）。控制层控制 IMS 流量的认证、路由、分发，其核心是 CSCF（Call Session Control Function），它引用了用于处理 IMS 中信号分组的 SIP（Session Initiation Protocol）服务器或代理。存在两种类型的 IMS 数据库：HSS（Home Subscriber Server）和 SLF（Subscriber Location Function）。

控制层是一个公共的水平层，它将接入网络与服务层隔离起来（见图 6-6），在这一层，CSCF 是 SIP 服务器，它负责处理 IMS 中 SIP 信号。CSCF 被划分成三种[44]：代理 CSCF（Proxy CSCF，P-CSCF）、询问 CSCF（Interrogating CSCF，I-CSCF）和服务 CSCF（Serving CSCF，S-CSCF）。P-CSCF 是监控站与 IMS 网络间的第一个联系点，它验证和转发来自监控站的请求，然后处理和转发响应到监控站，可验证用户和校验 SIP 请求的正确性。I-CSCF 位于管理域的边沿，它从 HSS 和 SLF 数据库中查询用户信息，路由 SIP 请求到合适的目的地（典型的是 S-CSCF）。S-CSCF 是控制层的中心节点，充当 SIP 服务器，也作为 SIP 注册员，它维持终端用户（监控站）的 IP 地址与用户的记录 SIP 地址（公共用户身份）间的绑定，也执行网络操作员的策略，并决定 SIP 信号是否应该访问一个或多个应用服务器。HSS 数据库存储订阅者档案[64]，当由于存在许多用户而需要多个 HSS 时，SLF 数据库映射用户地址到这些 HSS。

（4）服务层（Service Layer）。服务层位于核心网络之上，用于存储数据、执行应用程序或提供基于数据的服务。

服务层是 IMS 服务体系结构的顶层，很多多媒体服务在此层提供。服务由应用服务器运行，应用服务器驻留、执行这些服务并提供接口与使用 SIP 协议的控制层通信。IMS 的水平体系结构提供一组公共功能，如 IMS 存在服务、IMS 组列表管理服务，通过任何地方的任何设备，这些功能能够为多个应用所使用。

SIP 存在服务器（Presence Server）负责收集、管理、分发用户的实时可用性和位置。BSN 用户将经过验证的上下文信息通过 IMS 发送到存在服务器进行存储和交换，允许用户既发布它们的存在信息（Presence Information），也允许订阅服务来接收其他用户的改变通知。社会网络成员能够通过预订来接收它朋友圈中有关其他用户的当前存在信息，当存在状态，如个体改变的实时位置、活动、个体地位等发生变化时，社会网络将会接收到相关通知。这个信息在合适地解释个体生理状态的变化时是很有用的。例如，病人心率的快速增加可能是心脏病发病的症状，也可能仅与身体活动有关，如病人开始慢跑。

SIP 组列表管理服务器允许用户或管理员管理（如创建、更改、删除、搜索）基于网络的组定义和成员关联列表。

SIP 重要信息监控服务器将监控人们的重要信息存储于数据库中，这个服务器允许用户注册和监控其他人的重要信息，前提是被监控人已授权于他们，这些用户可以是社会网络的注册成员或仅是他们中被选择的一组人。若个体的重要信息显示了一些非正常值，该服务器也允许注册的授权人员（如医生、紧急事件服务、家庭成员、护理者）接收紧急事件通知。

IMS Web 2.0 网关连接 IMS 和 Web 2.0（社会网络）域，使用代表性的状态转移（Representational State Transfer，REST），可以通过唯一的 HTTP 统一资源识别符（如 http://ims.provider.com/sensor readings/sensor1）来表示（或描述）传感器数据。这些数据能够通过社会网络使用 HTTP GET 方法访问，因为 IMS Web 2.0 网关会将这个请求翻译成 SIP SUBSCRIBE 消息并转发到重要信息监控服务器。服务器使用含 URI 和有关传感器阅读的信息的 SIP NOTIFY 消息进行应答。类似地，Web 域的服务会使用 HTTP POST 方法通过 IMS Web 2.0 网关通告它们的资源，网关将翻译其成为 SIP PUBLISH 请求并发送到合适的应用服务器。例如，用户 A 想要邀请用户 B 加入一个 Facebook 组，这里提出一个 Web 服务，含有能在询问用户 A 的朋友的 Web 服务数据库后返回 dataset 的 Web 方法。当用户 B 相关的 dataset 被返回后，用户 A 能够发送给用户 B 一个请求来询问用户 B 是否愿意加入这个组。Facebook 也能通过 IMS 体系结构使用 HTTP POST 消息发布这个和其他服务。IMS Web 2.0 网关会将这个请求翻译成 SIP PUBLISH 消息并发送它们到相应的服务器来进行发布。

例如，在病人社会网络中，病人可以交换他们的疾病信息。病人网络 PatientsLikeMe[65] 有助于人们发现与他们疾病相关的信息。病人能够比较症状，发现适合自己的治疗方案；他们也能追踪他们的进程，使用工具分析新治疗方案的效果，如血压水平、症状、副作用等。当前，病人通过手工的方式介绍他们症状和药物剂量。但是，关于病人重要信息和药物剂量的信息能够自动通过 BSN 实时发送。BSN 的使用是获得这些数据的更实际和更准确的方法。在这个应用中，SIP 组列表管理服务器可用于注册 IMS 框架下社会网络成员。当使用 BSN 的病人有空时，信息从监控站传送到 IMS 网络上的呈现服务器并在此进行发布。发布的信息通过使用 SIP 的重要信息监控服务器采用订阅的方式进行访问。在这种方式下，已注册的社会网络病人开始接收被监控病人的重要信息。

2. 一种基于物联网的智能移动医疗方案[66]

无线局域网（WLAN）为有线网络提供了灵活有效的延伸。利用 PDA 或计算机通过无线网络可随时随地进行生命体征数据采集、医护数据的查询与录入、医生查房、床边护理、呼叫通信、护理监控、药物配送、病人标识码识别，以及基于 WLAN 的语音多媒体应用等，可充分发挥医疗信息系统的效能，突出数字化医院的技术优势。

根据应用的差异，移动医疗可划分如下多个典型场景（如表 6-1 所示），可以看出，从核心应用到增值应用，呈现出业务多样性的特征。因此，面对以业务为导向的医疗信息化建设，支撑其业务运行的移动数据承载平台的构建应是移动医疗解决方案关注的重点。

表 6-1　移动医疗的典型应用场景

应 用 分 类	序　号	应用名称	用　户	使用环境	建议终端	相关应用系统
核心应用：突破有线的范围限制，实现随时随地共享病人信息	1	无线查房	医生	病房	Wi-Fi 笔记本电脑+医疗手推车	HIS 软件、PACS 软件等
	2	无线护理	护士	病房	Wi-Fi PDA	HIS 软件、PACS 软件等
	3	无线分诊	医生	诊室	Wi-Fi 笔记本电脑、Wi-Fi 平板电脑	分诊系统等
	4	无线输液	护士	病房	Wi-Fi PDA	HIS 软件、PACS 软件等
增值应用：借助无线网络和各类无线终端，实现药品、资产信息的快捷方便共享；提供信息接入功能	5	无线办公	医护人员	医护办公室	Wi-Fi 笔记本电脑、Wi-Fi 平板电脑	内部 OA 系统
	6	无线上网	病人	病房	Wi-Fi 笔记本电脑、Wi-Fi 平板电脑	互联网接入系统
	7	无线药品管理	药品管理人员	药房	Wi-Fi 扫描仪、终端上的 Wi-Fi 扫描功能	药品管理系统
	8	无线人员定位	医护人员	医院	Wi-Fi 条码标签	人员定位软件
	9	无线设备定位	设备管理人员	医院	Wi-Fi 无线条码标签	设备定位软件
	10	无线监控	保卫人员	医院	Wi-Fi 摄像头	视频监控系统
	11	无线呼叫	医护人员	医院	Wi-Fi 手机、PDA	IP 音频通信系统

智能移动医疗系统架构如图 6-8 所示，据数字化医院信息系统的建设目标，移动医疗系统的架构按照业务需求可划分为终端层、IP 网络层、服务器集群。其中 IP 网络的建设需要从传统的有线网络架设过渡到以无线接入为基础的有线/无线一体化智能移动网络部署。终端选型要充分考虑和兼容移动医疗业务未来的发展，特别是对语音、条码扫描、定位等细节的关注。服务器集群在确定独立的网路管理平台策略上需要充分规划医疗业务系统间的南北向接口。作为基础承载平台，移动医疗网络的智能化和一体化成为了数字化医院信息

系统的核心组成。

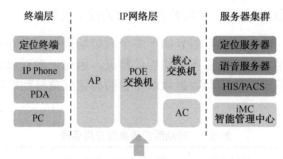

图 6-8　智能移动医疗系统架构

（1）端到端增强防护——解决无线安全问题。对于医疗单位的有线网络，一般会进行内外网隔离建设。但是由于无线技术本身的限制，使得同一区域部署两套独立的 WLAN 网络难以实现，所以在同一区域，内网和外网只能共享同一个无线网络。那么，如何保证内网的医疗应用安全，以及外网宽带接入服务的顺利进行，成为了移动医疗安全的重要关注点之一。

传统的无线安全解决方法重点在加强空间信号传输的加密/加扰，通过基于 802.11i/WAPI 的高强度的硬件加密和证书认证机制来防止无线网络遭受多种网络的攻击。但是对于移动医疗网络来说，更重要的是需要具备端到端的智能增强防护能力，防止非授权人员使用医院无线网络，防止非授权终端使用医院无线网络，保证医疗数据的私密性和完整性，智能感知无线入侵风险。

① 入侵检测：对于不合法用户的控制，传统的安全手段是通过定义合法用户列表、加密方式保证合法用户数据的安全性，但手段太单一，而且被动。无线入侵检测可以突破这种局限性，增强无线网络的安全性。

无线控制器可以指定 AP 工作在两种工作模式下：在模式一中，AP 负责监听空口所有信道的信息，但不负责用户报文的转发；在模式二中，AP 在为用户转发数据的同时定期切换到其他信道监听信息，AP 设备负责把监听到的无线设备和有攻击行为的无线设备上报给无线控制器，无线控制器根据 AP 上报的设备信息识别合法设备，排除非法设备，无线控制器可以控制 AP 将非法设备列入黑名单或者对其发起攻击。

② 终端准入控制（W-EAD）：在 W-EAD 方案中，客户端支持统一认证，即无线认证和安全认证的一次完成，从而方便部署和使用。拥有合法身份的用户除了被验证用户名、密码等信息外，还被检查是否满足安全策略的要求，包括病毒软件是否安装、病毒库是否升级、是否安装了必要的系统补丁等。对于同时满足了身份检查和安全检查的用户，W-EAD

会根据预定义的策略为其分配对应的网络访问权限，从避免非授权的网络访问现象，达到硬隔离的效果。

（2）基于 RSSI 指纹的无线定位——解决人员和设备的管理问题。目前部分医院采用的是传统 RFID 模式的定位系统，但这些定位系统都需要在病区内安装对应独立的读卡系统，而且是基于点的定位，只能定位对象在某一个接收点附近。而基于 WLAN 的 RSSI 指纹无线定位，不仅利用已有的移动 IP 网络基础，还实现面的精确定位，对象在哪个房间，在走廊哪个位置，都一目了然。RSSI 指纹特征定位技术是在多个位置上（P1，P2，P3……）收集来自被定位对象的信号 RSSI，由于被定位对象和各采集位置距离不同，所以这些采集位置将收到不同强度的 RSSI（RSSI1，RSSI2，RSSI3……），特定的 RSSI 数据（也称为 RSSI 指纹）将反映出特定物理位置的特征。一种智能移动定位逻辑结构如图 6-9 所示。作为移动医疗网的重要组成部分，无线定位系统应满足以下功能。

- 对传染病人、精神病人、失智老人实现在人、地、时、事的全方位的监控管理；
- 追踪病人位置、即时通报异常状况、随时掌握病人位置而确保安全；
- 当高危病人出现紧急情况下，可主动按键发射信号，在第一时间发出求救信号，方便救护人员及时得到信息；
- 对医疗仪器与设备提供即时位置追踪功能，加强设备的综合利用及管理，各种精准的信息也可生成仪器的使用率分析、故障率分析等管理报表；
- 加大对危险或单品价值特别大的药品的管理，对药品从入库到被消耗或报废的全过程进行监管，保证随时掌握每件药品的状态，可有效杜绝危险受控药品的外流滥用。

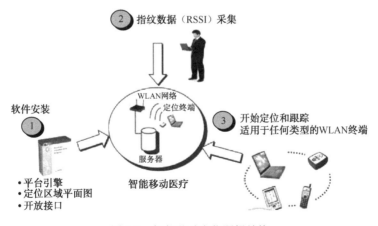

图 6-9　智能移动定位逻辑结构

（3）智能流量集中转发——实现移动医疗网络的无缝漫游。无缝漫游对医院的重要性不言而喻，无线终端设备在无线网络中快速移动，并且业务不中断是移动医疗网建设的基本原则。基于"瘦"AP 集中转发架构的"一次认证，快速移动接入"的方案可以确保全网内实现二、三层无缝漫游，使医护人员在移动查房过程中始终以最高的速率连接到网络，从而保证业务的连续性。如图 6-10 所示，主任医生张三在住院楼 A 工作时查询的是 HIS 服务器 A 的信息，当张三迁移到住院楼 B 去工作时，可以看出他还是从原来的 HIS 服务器读取信息。由于医生的无线终端在住院楼 A 时都已经通过安全认证，在住院楼 B 接入时就无须再次通过安全认证，直接接入即可。在移动过程中，只要有无线网络信号，业务就不会中断。"一次认证，移动接入"无缝漫游方案使无线网络不但灵活，而且更加可靠。

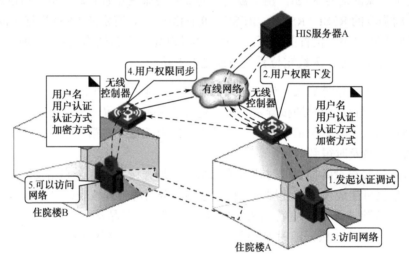

图 6-10　集中转发模式下的无缝漫游

（4）一体化管理平台——轻松管理网络设备。有线无线一体化：智能一体化移动医疗管理通过基于融合型的一体化管理平台，不但将有线、无线设备有机地融合起来，构成了一个整体，还通过对医院业务系统的融合对接，形成了业务透明、接口通畅、管理清晰的新型移动医疗控制中心，显著降低配置和管理难度，提高网络管理人员的工作效率，如图 6-11 所示。

- 有线无线一体化，让部署更简单，管理更容易；
- 一次认证，多次接入，不同住院楼不同病房之间实现无线终端快速漫游切换；
- 高安全性，结合无线 EAD 实现用户身份安全认证、动态加密；
- POE 供电方式，解决了供电不方便难题，同时也保护了投资；
- 提供 Wi-Fi 语音和对无线终端与病人具有感知定位等增值功能；
- 提供开放的业务平台，可在此基础上进行二次开发，与第三方软件进行有机融合。

（5）智能移动医疗网络技术点小结。综合来看，移动医疗网已经日渐成为医疗行业信息化水平提升的重要组成。从传统的无线网络实施过渡到智能型移动网络的设计和部署，相关的技术关注要点已经悄然发生了变化。网络的架构、协议的标准、用户接入安全、工程部署、网络架构、平台管理等多个方面都依据智能医疗应用的需求做出了最佳的方向选择，如表 6-2 所示。

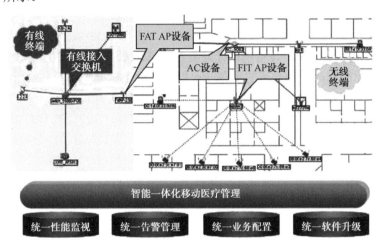

图 6-11　智能一体化移动医疗管理

表 6-2　智能移动医疗技术要点

技 术 要 点	可选 1	可选 2	可选 3
组网架构	FAT AP	FIT AP	混合
AP 制式选择	802.11n	802.11a/11g	混合
用户接入	共享密钥	认证授权	混合
数据加密	802.11i	WAPI	混合
安全防御	有线 IPS	无线 IPS	混合
转发模式	本地转发	集中转发	混合
定位模式	RFID	RSSI 指纹	混合
部署方式	AP 直放/走廊	AP 功分入室	混合
支持协议	IPv4	IPv6	混合
系统管理	有线/无线一体化管理	有线/无线各自管理	—

目前，智能移动医疗网络解决方案已经广泛地被医疗用户接受和认可，随着无线技术的不断发展，相关技术细节也会更加完善和融合。智能移动医疗网的建设，将为医生、护士提供实时、实地、全方位的数字化医院 IT 支持，可极大地提高工作效率，有效地减轻劳动强度，为患者提供更加优质、可靠的服务。同时，随着效率的提升、服务流程的优化，

数字化医院的社会效益和经济效益都会在智能移动医疗中取得最佳。

<h1>6.3　简单物联网应用系统设计</h1>

<h3>6.3.1　应用系统设计的一般模式</h3>

即使简单的物联网应用，其系统设计需要考虑前述章节介绍的感知层、网络层、应用层三个层次的设计需求。一种简单的物联网应用系统设计框架如图 6-12 所示。

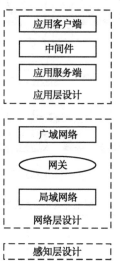

图 6-12　一种简单的物联网应用系统设计框架

在感知层，需要根据具体应用的功能、性能、与传输节点对接的技术要求等，确定传感器种类。从不同的分类角度，传感器种类数目差异很大，例如，从接口类型分，通常有串行接口和并行接口，数目比较固定；而从功能角度分，则数目众多、难以枚举。传感器接口种类的不同对数据传输性能的限制也不同，例如，UART 是一种通用串行数据总线，用于异步通信，可以实现全双工传输和接收，具有这种接口的传感器的传输距离从几米（RS-232）到百余米（RS-485），最大传输速率约为 115.2 kbps。I2C 是一个双向的两线连续总线，一种串行扩展技术，高速模式支持快至 3.4 Mbps 的速度，具有这种接口的传感器需要时钟同步。

在网络层，需要考虑将局部的感知节点组建为局域网，区域隔离的局域网需要考虑采用何种广域网互连，这里网关成为连接不同网络技术的关键节点。极为简单的物联网应用系统的网络层设计也极为简单，例如，若只有一个感知节点，且仅需要将感知的数据定期发送到云端，则只要将该感知节点通过网关（例如，一台连接运营商网络的无线路由器）

接入到因特网即可。

在应用层，需要根据物联网应用业务需求设计应用服务端来处理从感知层收集的数据，通常涉及数据的清洗、存储、分析、检索等操作。应用客户端是用户与物联网应用系统交互的界面，其实现应与应用服务端的业务处理的实现解耦，因此，需要考虑一个中间件层来实现这个解耦目标。若物联网应用逻辑简单，则中间件与应用服务端通常一并考虑进行设计。

6.3.2　应用系统设计的样例

1. 一种室内 PM2.5 自动检测系统

该系统通过室内部署的 PM2.5 传感器检测室内空气中的 PM2.5，并将数据传输到应用服务端进行处理并存储待用，用户能随时通过手机 APP 查询 PM2.5 的当前值，以及与历史值的对比关系。根据图 6-12 的框架细化该系统的各开发阶段如图 6-13 所示。

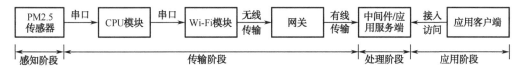

图 6-13　一种 PM2.5 自动检测物联网应用系统组成

在感知阶段，PM2.5 传感器可以采用型号为 SDS011 的产品，该产品还可同时输出 PM10 的数据。SDS011 的串口通信协议是 96008N1，基本参数如下：速率为 9600，数据位为 8，无校验位，停止位为 1，串口上报通信周期为 1+0.5 s，数据帧（10 字节）包含报文头（1 字节）、指令号（1 字节）、数据（6 字节）、校验和（1 字节）、报文尾（1 字节）。

数据帧的报文头占用第 0 号字节，其值为十六进制数 AA；第 1 号字节为指令号，其值为十六进制数 C0，表示是由 PM2.5 传感器输出的信号；第 2 和 3 号字节分别为 PM2.5 数据的低字节和高字节；第 4 和 5 号字节分别为 PM10 数据的低字节和高字节；第 6 和 7 号字节是保留未使用的数据字段，其值都为 0；第 8 号字节为校验和，其值为 6 个数据字段的值之和（最高位产生的进位丢弃）；数据帧的报文尾占用第 9 号字节，其值为十六进制数 AB。

PM2.5 数据的换算式为

$$PM2.5（\mu g/m^3）= ((PM2.5 \text{高字节} \times 256) + PM2.5 \text{低字节})/10$$

PM10 数据的换算式为

$$PM10（\mu g/m^3）= ((PM10 \text{高字节} \times 256) + PM10 \text{低字节})/10$$

对一个数据帧 AA C0 C1 04 89 09 00 00 57 AB，参与 PM2.5 值计算的低字节和高字节分

别为十六机制值 C1 和 04，转换成十进制数分别为 193 和 4，通过公式

$$((PM2.5 \text{高字节} \times 256) + PM2.5 \text{低字节})/10$$

得到

$$(4 \times 256 + 193)/10 = 121.7 \ \mu g/m^3$$

校验和为

$$C1 + 04 + 89 + 09 + 00 + 00 = 57$$

在传输阶段，感知的数据需要由 CPU 模块读取并传输到应用服务端进行处理。CPU 可以考虑选用 Cortex-M3，并选择 ESP8266 作为 Wi-Fi 模块与之集成。通过 Wi-Fi 接口连接网关，为客户端与远程应用服务器端交互信息提供网络连通保障。编写串口程序将 PM2.5 传感器感知的数据通过串口进行读取，同时，开发客户端程序将 PM2.5 数据传输到远端的应用服务器端。

在处理和应用阶段，需要考虑搭建一个后端处理平台。

一种做法是购买服务器设备、搭建服务器端软件平台，包括安装数据库管理系统软件（如 MySQL）、Web 服务器软件（如 Apache 或 Tomcat）等，并需要考虑为服务器设备配置固定 IP 地址，并申请域名等。

另一种做法是购买云服务，通过提交相关资源需求参数（如服务器配置、访问带宽、IP 地址等）向云服务提供商（如阿里云）购买后端处理平台资源。购买后，通过云服务提供商提供的用户名和密码（可自行修改）在有效期间使用。无论采用哪种后端处理平台搭建方式，若采用 Apache，前端开发语言可选 PHP，后端网络应用程序开发语言可选 Java 或 PHP；若采用 Tomcat，则相应选用 JSP 和 Java。若仅作为开发环境使用，而不用于服务器环境，则采用 XAMPP 集成开发套件（Apache+MySQL+PHP）更方便。

在后端处理平台上，需要开发部署与嵌入式开发平台（如使用了 Cortex-A8 的开发板）上已开发的客户端程序相对应的服务端应用程序，以便于接收感知数据并进行相应处理。这里涉及与客户端的 Socket 连接的建立、客户端发送数据的收取、接收数据的清洗、数据库表的建立与数据存储、数据的增删改查等操作。另外，需要开发部署与用户 APP 通信的服务端应用程序，可通过提供 API 接口的方式，实现用户 APP 端与后台业务处理端的解耦。API 提供功能的实现属于中间件层的工作，可使用 PHP 在中间件层编程实现之。用户 APP 可基于 Android 平台采用 Java 实现。

2. 一种温室大棚温湿度自动调节系统

该系统通过部署在温室大棚的温湿度传感器检测大棚内的温湿度，并将数据传输到应

用服务端进行处理,并根据处理结果反馈指令控制大棚内的温湿度调节设备,用户能随时通过手机 APP 查询大棚温湿度,并可随时调整温湿度调节设备启动工作的阈值。根据图 6-12 的框架细化该系统的各开发阶段如图 6-14 所示。

图 6-14　一种温室大棚温湿度自动调节物联网应用系统组成

在感知阶段,温湿度传感器可以采用型号为 SHT11 的产品,该产品具有数字式输出、免调试、免标定、免外围电路及全互换的特点,并提供与单片机的接口电路及相应程序的详细指导文档。

在传输阶段,需要设计一种 ZigBee 网络,包括 ZigBee 终端节点、ZigBee 路由器、ZigBee 网关的设计,以及拓扑结构的确定。ZigBee 终端节点不承担维持网络结构的任务,因此,其任务是将温湿度传感器感知的数据通过串口读入,封装成可进行路由转发的数据包,再发送给相邻的 ZigBee 路由器。ZigBee 路由器需要承担维持网络结构的任务,接收相邻节点(包括 ZigBee 终端节点和 ZigBee 路由器)发过来的数据包,并进行路由转发。例如,根据接收的数据包中的目的地址,查询自身维护的路由表,将数据转发给路由表中匹配项所指出的下一级节点。这两种逻辑类型的节点都可以考虑选用 HFZ-CC2530EM-V1.0 模块来开发,该类模块采用了德州仪器(TI)的 ZigBee 射频芯片 CC2530-F256,片上集成了高性能低功耗 8051 内核、12 比特 ADC、2 个 USART,以及功能强大的 DMA 功能等,支持 ZigBee2007/Pro 协议栈。

ZigBee 网络常用的拓扑结构有星状、树状、网状等,而树状结构兼顾控制逻辑简单和可扩展性好的优势,应用场景更广泛。通过限制树状结构中每个节点的孩子节点数量和树状结构的层次数量,可以控制组网规模。组网过程由一个协调器节点发起。首先,协调器选择一个信道和一个网络 ID(即 Personal Area Network ID,PAN ID),随后启动整个网络。此外,协调器还承担网络的配置工作。一旦完成这些工作,协调器就跟一个 ZigBee 路由器的作用一样,因此,可以选择一个 ZigBee 路由器来充当协调器。

在 ZigBee 终端节点上,需要进行应用程序开发,也可以将已开发好的程序烧写到 ZigBee 终端节点,通过 HFZ-CC2530EM-V1.0 模块的调试接口,可方便地进行程序的调试、下载和协议分析。路由对应用层是完全透明的,应用程序只须向下发送去往任何设备的数据到协议栈中,栈会负责寻找路径,因此,ZigBee 路由器只要具有 ZigBee2007/Pro 协议栈即可胜任工作。

ZigBee 网关除了承担将 ZigBee 网络与因特网连通的任务外,还要充当数据收集网络的汇聚点的角色，并将汇聚的数据发送到应用服务端进行处理。因此，可考虑选用基于 Cortex-A8 的开发板 x210ii 来实现 ZigBee 网关的设计目标。x210ii 是一块以 S5PV210 为主控芯片的开发板，由核心板、底板和液晶板三大块组成，支持 USB 接口 Wi-Fi、以太网 DM9000CEP、GPRS 接口、外置 USB 3G 模块、GPS 接口等。x210ii 通过串口外接一个 CC2530，以实现与 ZigBee 网络的连接，通过外置 USB 3G 模块，实现通过蜂窝网接入因特网的目标。同时，基于 x210ii 的 Android 平台方便开发客户端程序将温湿度数据传输到远端的应用服务器端。数据处理和应用阶段的设计思路可参考室内 PM2.5 自动检测系统的相关部分的设计思路。

3．一种基于 iBeacon 的室内导航系统

iBeacon 是一项通过蓝牙进行室内精确定位的低耗能技术，其工作方式是配备低功耗蓝牙（BLE）通信模块的 iBeacon 设备，使用 BLE 技术向周围发送自己特有的 ID，靠近 iBeacon 设备的支持 BLE 的智能终端都能接收到该 ID，相应的应用软件会根据该 ID 采取一些行动，从而达成某种应用目的。

iBeacon ID 通过一种"通告帧"（Advertising）来发送，该"通告帧"是一种定期发送的广播帧。iBeacon ID 被嵌入在这种通告帧的有效负载部分，它属于苹果公司自主格式的数据，主要由四种资讯构成，分别是 UUID（通用唯一标识符）、Major、Minor、Measured Power。

UUID 是 ISO/IEC11578:1996 标准规定的 128 比特标识符，能唯一标识一个对象。

Major 和 Minor 由 iBeacon 发布者自行设定的 16 位标识符。例如，连锁店可以在 Major 中写入区域资讯，可在 Minor 中写入个别店铺的 ID 等；在家电中嵌入 iBeacon 功能时，可以用 Major 表示产品型号，用 Minor 表示错误代码，用来向外部通知故障。

Measured Power 是 iBeacon 设备与接收器之间相距 1 m 时的参考接收信号强度（Received Signal Strength Indicator，RSSI），接收器根据该参考 RSSI 与接收信号的强度来推算发送模块与接收器的距离。智能移动终端对接收到的 iBeacon 信号进行解释后，向等待 iBeacon 资讯的所有应用软件发送 iBeacon ID（即 UUID、Major、Minor 及靠近程度），发送的靠近程度资讯是 Immediate、Near（1 m 以内）、Far（1 m 以上）之一。接收资讯的应用软件先确认 UUID，如果确认是发送给自己的资讯，则再根据 Major、Minor 的组合进行处理。

有不少团队研究了 iBeacon 技术的相关应用。例如，智石科技的"Bright Beacon"率先在国内推出了整体解决方案，为商家、旅游景点、博物馆等提供完整的 Beacon 基站、App 应用及 SDK；ebeoo 专注于 iBeacon 蓝牙信标的硬件提供，在国内率先推出"ebeoo Beacon"，配备了 TI CC2541 蓝牙芯片、CR2477 纽扣电池和电路稳压芯片等；iBeacon CS 是国内首家面向所有开发者使用的 iBeacon 专业解决方案平台，不仅仅提供技术方案，而且提供面向终端业务用户的业务整合方案。

下面介绍利用一种基于 iBeacon 的室内导航系统设计方案。一个品牌连锁店规划了自己的 UUID。例如，UUID=66666666-3333-3333-3333-BBBBBBBBBBBB。以其中一个店铺为例，规划其 Major=1，标识其为 1 号店铺。由于其租赁在一个大型室内商场的 4 楼居中的一个铺面，因此，至少需要在商场大楼一楼正门处，一楼左侧电梯入口处、四楼左侧电梯出口处各设置一个 iBeacon 信标设备，相应地规划这几个 iBeacon 信标设备的 Minor 分别为 1、2、3。由于属于同一店铺的 iBeacon 信标设备，因此，它们的 UUID 和 Major 的规划值都是一样的。当用户的智能手机安装并开启该品牌连锁店导航 App，则在到达该商场大楼一楼正门，智能手机会接收到 iBeacon ID（UUID=66666666-3333-3333-3333-BBBBBBBBBBBB、Major=1、Minor=1、Near），并转发到后端处理，当后端将处理结果返回，则手机 App 显示"指引用户到一楼左侧电梯入口处的导航信息"，当用户接近一楼左侧电梯入口处时，智能手机会接收到 iBeacon ID（UUID=66666666-3333-3333-3333-BBBBBBBBBBBB、Major=1、Minor=2、Near）。也许也会接收到 iBeacon ID（UUID=66666666-3333-3333-3333-BBBBBBBBBBBB、Major=1、Minor=1、Far），这表明用户正逐渐远离一楼正门。在两个 iBeacon 信标设备的信号覆盖范围有重叠时会出现这种情况。后端软件会根据前一个 iBeacon ID 判断用户在一楼左侧电梯入口附近，并返回导航信息指引用户坐电梯到 4 楼。基于类似的方法，最终指引用户达到目的地。

若要做到无论用户从一楼的哪个大门进入或者从地下车库的哪个入口进入，都能方便获得导航服务，则需要部署更多 iBeacon 信标设备。因此，需要根据 iBeacon 传输的最大射程、商场位置、现场布置、障碍物等精心设计 iBeacon 的部署方案，以实现精确定位用户在大型室内商场中位置，不仅为手持智能终端的消费者提供及时的导航服务，而且能提供基于位置的其他相关信息，让"正确的信息"在"正确的时间和地点"提供给"正确的顾客"。

上述设计思路的要点总结如下。

（1）iBeacon ID 规划：使用单位需要在安装前就规划好 ID 规范，以方便以后业务的展开。

（2）iBeacon 信标设备部署位置规划：使用单位需要确定好 iBeacon 信标设备安装位置、信标设备之间的用户行走距离（可能因障碍物阻隔而非直线距离）。

（3）后端处理平台搭建：参考室内 PM2.5 自动检测系统的相关部分的设计思路，这里需要预先将 iBeacon 信标设备部署图存于后台数据库，主要信息包括各个信标设备的 iBeacon ID、设备之间的权值（即用户行走距离，若无法行走，则标注为无穷大）。

（4）后端程序开发：主要业务功能是当收到用户 App 转发的 iBeacon ID，首先确定该用户在 iBeacon 信标设备部署图上的位置，然后以该位置为起点，用户 App 提交的目的地为终点，使用迪杰斯特拉算法求出最短路径，并将最短路径上与起始点相邻的信标设备位置作为导航的下一站返回给用户 App。

（5）用户 App 开发：主要业务功能是接收 iBeacon 信标设备周期性发送的 iBeacon ID 并转发到后端，同时提交导航的目的地，等待结果返回并及时显示给用户。

思考与练习题

（1）设计智能家居物联网需要考虑哪些问题？

（2）思考基于 IPv4 设计智能家居物联网的优缺点。

（3）设计智能医疗物联网需要考虑哪些问题？

（4）思考基于 IPv6 设计智能医疗物联网的优缺点。

参考文献

[1] European Research Projects on the Internet of Things(CERP-IoT) Strategic Research Agenda (SRA). Internet of things—strategic research roadmap[EB/OL](2009-09-15) [2012-06-12]. http: //ec. europa. eu /information_ society /policy /rfid /documents /in_cerp. pdf.

[2] Commission of the European communities，Internet of Things in 2020，EPoSS，Brussels [EB/OL]. (2008)[2012- 06-12].http: / /www. umic. pt /images /stories /publicacoes2 /Internet-of-Things _ in _ 2020 _ EC-EPoSS _Workshop _Report_2008_v3. pdf.

[3] 温家宝. 2010 年政府工作报告 [EB/OL](2010-03-15)[2012-06-12].http://www.gov.cn /2010lh /content_ 1555767. htm.

[4] 孙其博，刘杰，黎羴，等. 物联网：概念、架构与关键技术研究综述. 北京：北京邮电大学学报，2010-6，33(3):1-9.

[5] 工业和信息化部电信研究院. 物联网白皮书，2011.

[6] 孙利民，沈杰，朱红松. 从云计算到海计算：论物联网的体系结构. 中兴通讯技术，2011-2，17(1):3-7.

[7] 周洪波. 物联网：技术、应用、标准和商业模式. 北京：电子工业出版社，2010.

[8] I EEE 802.15 WPAN Task Group 4(TG4)[EB/OL].http://www.ieee802.org/15/ pub/TG4. html.

[9] 6LoWPAN[EB/OL].http://www.ietf.org/html.charters/6lowpan-charter.html.

[10] Kushalnagar N, Montenegro G, Schumacher C. IPv6 over lowpower wireless personal area network (6LoWPAN): overview, assumptions, problem statement, and goals.IETF RFC4919, 2007.

[11] Montenegro G, Kushalnagar N, Hui J, et al. Transmission of IPv6 packets over IEEE 802.15.4 networks. IETF RFC4944, 2007.

[12] Hui J W, Culler D E. Extending IP to low-power, wireless personal area networks. IEEE Internet Computing, 2008, 12(4).

[13] ROLL[EB/OL].https://datatracker.ietf.org/wg/roll/charter/.

[14] Pister K, Dejean N, Barthel D, et al. Routing metrics used for path calculation in low power and lossy networks draft-ietf-rollrouting-metrics-16[EB/OL].http://tools.ietf.org/ html/ draft-ietf- roll- routingmetrics-16, 2011.

[15] Brandt A, Clausen T, Hui J, et al. RPL: IPv6 routing protocol for low power and lossy networks draft-ietf- roll-rpl-17[EB/OL]. http://tools.ietf.org/html/draft-ietf-roll-rpl-17, 2010.

[16] CoRE[EB/OL].https://datatracker.ietf.org/wg/core/charter/.

[17] Shelby Z, Sensinode, Hartke K, et al. Constrained Application Protocol (CoAP) draft-ietf-core-coap-04[EB/ OL].https://datatracker.ietf.org/doc/draft-ietf-core-coap/, 2011.

[18] Lwip[EB/OL].http://www.ietf.org/mail-archive/web/lwip/current/msg00073.html.

[19] Chen W. Implementation techniques of the lightweight TCP/IP stack draft-chen-lwip-implementataion- 01[EB/OL].http://www.ietf.org/id/draft-chen-lwip-implementataion- 01.txt, 2010.

[20] 陈向阳，肖迎元，陈晓明，等．网络工程设计规划与设计．北京：清华大学出版社，2007.

[21] 白鹭，揭摄．移动通信网络对物联网承载需求分析．电信工程技术与标准化，2010(12):31-34.

[22] 施卫东，高雅．基于产业技术链的物联网产业发展策略．科技进步与对策，2012-2，29(4):52-56.

[23] 刘昕，徐恪，陈文龙，等．融合物联网的下一代互联网体系结构研究．电信科学，2011(11):66-74.

[24] 王利，贺静，张晖．物联网的安全威胁及需求分析．标准化研究，2011(5):45-49.

[25] Nathalie Mitton，David Simplot-Ryl. From the Internet of things to the Internet of the physical world. Comptes Rendus Physique, 2011, 12: 669-674.

[26] D. Simplot-Ryl，I. Stojmenovic，A. Micic，A. Nayak. A hybrid randomized protocol for RFID tag identification. Sensor Review，2006, 26 (2): 147-154.

[27] D. Engels, S. Sarma. The reader collision problem. In: Proc. of IEEE Int. Conference on Systems, Man and Cybernetics, 2002.

[28] S. Piramuthu. Anticollision algorithm for RFID tags. In: Proc. of National Conference on Mobile and Pervasive Computing (CoMPC), Chennai, 2008.

[29] Jihoon Myung and Wonjun Lee. Adaptive Binary Splitting: A RFID Tag Collision Arbitration Protocol for Tag Identification. Mobile Networks and Applications, 2006, 11: 711-722.

[30] Huang，Xu，and Dat Tran. Adaptive Binary Splitting for a RFID Tag Collision Arbitration via Multi-agent Systems. Proceedings of KES2007/WIRN2007, part III, pringer-Verlag, LNAI 4694, 2007:926-933.

[31]Wen-Tzu Chen and Guan-Hung Lin. An Efficient Anti-Collision Method for Tag Identification in a RFID System. IEICE Transactions on Communications, 2006, E89-B(12): 3386-3392.

[32] Girish Khandelwal，Kyonghwan Lee，Aylin Yener and Semih Serbetli. ASAP: A MAC Protocol for Dense and Time-Constrained RFID Systems. In EURASIP Journal on Wireless Communications and Networking, 2007.

[33] Jae-Dong Shin, Sang-Soo Yeo, Tai-Hoon Kim and Sung Kwon Kim. 2007. "Hybrid Tag Anti- Collision Algorithms in RFID Systems." Proceedings of ICCS, Part IV, LNCS 4490, Springer-Verlag, pp. 693-700.

[34] Andrew S. Tanenbaum 著. 计算机网络（第 4 版）. 潘爱民，译. 北京：清华大学出版社，2004.

[35] Jihoon Myung，Wonjun Lee, Jaideep Srivastava, Timothy K. Shih. Tag-Splitting: Adaptive Collision Arbitration Protocols for RFID Tag Identification. IEEE Transactions on Parallel and Distributed Systems, 2007, 18(6): 763-775.

[36] Cha，J.，& Kim，J.. Novel anti-collision algorithms for fast object identification in RFID system. In: IEEE Proceedings 2005 11th Int'l conference parallel and distributed systems (ICPADS), 2005, 2, pp. 63-67.

[37] Vogt, H.. Efficient object identification with passive RFID Tags. Proceedings Pervasive, 2002: 98-113.

[38] Vogt, H.. Multiple object identification with passive RFID tags. 2002 IEEE international conference on systems, Man and Cybernetics.

[39] Jia，L., & Youguang, Z.. The analysis of anti-collision algorithm based on timeslot in RFID system, communication and network, 2006.

[40] 赵思思，袁誉红，张红顺. 物联网发展对频谱需求的分析与思考. 物联网技术，2011(3):52-55.

[41] 魏急波，王杉，赵海涛. 认知无线网络：关键技术与研究现状. 通信学报，2011-11, 32(11):147-158.

[42] 刘利民，肖德宝，李琳，等．物联网感知层中的信息安全对策研究．武汉：武汉理工大学学报，2010-10, 32(20):79-81．

[43] 张学，陆桑璐，陈贵海，等．无线传感器网络的拓扑控制．软件学报，2007-4, 18(4):943-954．

[44] Leal B，Atzori L. Objects communication behavior on multihomed hybrid Ad Hoc networks. In: Proceedings of the 20th Tyrrhenian workshop on digital com- munications: the internet of thing. Pula，Sardinia: Springer Verlag; September 2009．

[45] Dunkels A, Vasseur JP. IP for smart objects. Internet protocol for smart objects (IPSO) alliance.White paper #1 July 2010. http://ipso-alliance.org/, [original version September 2008].

[46] S.-D. Lee, M.-K. Shin, H.-J. Kim. EPC vs. IPv6 mapping mechanism, in: Proceedings of Ninth International Conference on Advanced Communication Technology, Phoenix Park, South Korea, February 2007．

[47] D.G. Yoo, D.H. Lee, C.H. Seo, S.G. Choi. RFID networking mechanism using address management agent, in: Proceedings of NCM 2008, Gyeongju, South Korea, September 2008.

[48] http://ipv6.com/articles/applications/Using-RFID-and-IPv6.htm.

[49] I.F. Akyildiz, J. Xie, S. Mohanty. A survey on mobility management in next generation All-IP based wireless systems. IEEE Wireless Communications Magazine, 2004, 11(4): 16-28.

[50] C. Perkins, IP Mobility Support for IPv4, IETF RFC 3344, August 2002．

[51] V. Krylov, A. Logvinov, D. Ponomarev, EPC Object Code Mapping Service Software Architecture: Web Approach, MERA Networks Publications, 2008.

[52] Clausen T, Hui J, Kelsey R, Levis P, Pister K, Struik R, Brandt A, et al. In: Winter T, Thubert P, editors. RPL: IPv6 routing protocol for low power and lossy networks. Internet draft. draft-ietf-roll-rpl-19; March 2011 [work in progress].

[53] Liang Zhou, Han-Chieh Chao. Multimedia Traffic Security Architecture for the Internet of Things. IEEE Network, 2011, 3: 35-40.

[54] L. Zhou et al.. Context-Aware Multimedia Service in Heterogeneous Networks. IEEE Intelligent Sys. , 2010, 25(2): 40-47.

[55] L. Atzori, A. Iera, and G. Morabito. The Internet of Things: A Survey. Computer Networks, 2010, 54: 2787-2805.

[56] D. Kundur et al.. Security and Privacy for Distributed Multimedia Sensor Networks. Proc. IEEE, vol. 96, no. 1, Jan. 2008:112-130.

[57] Fielding RT, Taylor RN. Principled design of the modern web architecture. ACM Transactions on Internet Technology (TOIT) , 2002, 2(2): 115-150.

[58] Shelby Z. Embedded web services. IEEE Wireless Communications 2010, 17(6): 52-7.

[59] Shelby Z, Hartke K, Bormann C, Frank B. Constrained application protocol(CoAP). draft-ietf-core-coap-07; July 2011 [work in progress].

[60] http://www.tiaozhanbei.net/project/8633/.

[61] Mohsen Darianian，Martin Peter Michael. Smart Home Mobile RFID-based Internet-Of-Things Systems and Services，2008 IEEE International Conference on Advanced Computer Theory and Engineering，p. 116-120.

[62] Mari Carmen Domingo. A Context-Aware Service Architecture for the Integration of Body Sensor Networks and Social Networks through the IP Multimedia Subsystem, IEEE Communications Magazine, 2011, 1: 102-108.

[63] M. El Barachi et al.. The Design and Implementation of a Gateway for IP Multimedia Subsystem/Wireless Sensor Networks Interworking. Proc. VTC '09，Apr. 2009.

[64] G. Camarillo and M. A. García-Martín. The 3G IP Multimedia Subsystem (IMS): Merging the Internet and the Cellular Worlds, Wiley, 2004.

[65] PatientsLikeMe; http://www.patientslikeme.com.

[66] http://iot.10086.cn/2011-12-29/1324534939477.html.